普通高等教育机电类系列教材

传感器原理与工程应用

主编　王文成　管丰年　程志强
参编　陈振学　张建军　吴小进
　　　马世勇　王德杰　张海燕

U0216991

机械工业出版社

本书以现代传感器技术的工程应用为核心，在详细论述传感器的基本原理和特性的基础上，充分考虑教学规律，突出应用型工程人才培养的特点，编入了丰富的工程设计实例，力求做到语言通俗、简洁易懂。

全书共有 13 章，第 1 章介绍传感器的基本知识、基本特性、标定、应用现状和发展趋势；第 2~8 章分别介绍电阻式、电容式、电感式、压电式、磁电式、热电式、光电式等各类经典传感器；第 9~11 章介绍超声波、红外和生物各类新型传感器；第 12 章介绍通用的传感器的信号调理方法；第 13 章介绍传感器在物联网领域的应用。第 2~11 章每章都引入了一种传感器的工程设计实例，有利于增强对各种类型传感器在应用方面的系统而全面的理解。

本书工程应用特色鲜明，实用性强，实例丰富，注重综合性与系统性。本书为多媒体立体化教材，以二维码的形式链接了原理动画，生动形象，通俗易懂。本书可作为自动化、电气工程、机器人工程、机械电子工程、智能制造、测控技术与仪器等专业的教学用书，也可供相关领域的技术人员参考。

★本书配有电子教案，选用本书的教师可登录机械工业出版社教育服务网（www.cmpedu.com）免费下载。

图书在版编目（CIP）数据

传感器原理与工程应用/王文成，管丰年，程志强主编. —北京：机械工业出版社，2020.10（2025.2 重印）
普通高等教育机电类系列教材
ISBN 978-7-111-66916-6

Ⅰ.①传…　Ⅱ.①王…②管…③程…　Ⅲ.①传感器-高等学校-教材　Ⅳ.①TP212

中国版本图书馆 CIP 数据核字（2020）第 222390 号

机械工业出版社（北京市百万庄大街 22 号　邮政编码 100037）
策划编辑：徐鲁融　责任编辑：徐鲁融
责任校对：张晓蓉　封面设计：陈　沛
责任印制：邰　敏
北京雁林吉兆印刷有限公司印刷
2025 年 2 月第 1 版第 6 次印刷
184mm×260mm·15 印张·368 千字
标准书号：ISBN 978-7-111-66916-6
定价：39.80 元

电话服务　　　　　　　　　　网络服务
客服电话：010-88361066　　机　工　官　网：www.cmpbook.com
　　　　　010-88379833　　机　工　官　博：weibo.com/cmp1952
　　　　　010-68326294　　金　书　网：www.golden-book.com
封底无防伪标均为盗版　机工教育服务网：www.cmpedu.com

前　言

传感器技术作为信息获取与信息转换的重要手段，是信息科学最前沿的阵地之一，与计算机技术和通信技术等一起构成了信息技术的完整学科体系。以传感器为核心的自动化系统就像感官和神经一样，源源不断地向人类提供宏观与微观世界的种种信息，成为人们认识自然、改造自然的有力工具，在促进经济发展和推动社会进步等方面起着重要作用。今后，随着微电子技术、微机电系统（MEMS）、信息理论及数据处理算法的持续发展，未来的传感器系统必将变得更加微型化、综合化、系统化和智能化。

为了适应"新工科"建设对工程应用型人才培养的需求，编者结合长期教学、科研工作中的理论和实践经验，精心编写完成本书。本书的编写充分考虑了教学规律，突出了工程应用型教材特点，重点叙述了传感器的结构原理和基本特性，介绍具体类型传感器的章节都配备了工程设计实例，对各种类型的传感器都有较为系统和全面的论述。本书既体现了本科教材应具备的理论性和系统性，又兼备了面向实际问题的实用性，从简单到复杂，从原理到应用，环环相扣。通过本书的学习，学生既可以通过一些传感器应用电路提高自身的动手能力，又可以培养出查阅相关资料和编写技术报告的能力。

本书由王文成、管丰年、程志强任主编，陈振学、张建军、吴小进、马世勇、王德杰、张海燕参编。全书共13章，其中，第1、7、8、9、11章由王文成编写，第2~6章由管丰年编写，第13章由程志强编写，第10章由张建军编写，第12章由吴小进和马世勇编写，第2~11章的所有工程设计实例由王德杰和张海燕共同编写，王文成和陈振学完成全书统稿。本书可使用学时在48学时以上，部分章节可以作为选修或自学内容。本书配有高质量的多媒体课件，可辅助教师进行课堂教学，每章均设思考题，可辅助学生巩固所学内容。

本书的编写参考借鉴了大量相关书籍和资料，力求论述清晰准确、内容丰富新颖，在此感谢前辈和同仁们的宝贵财富，相关文献在参考文献中一并列出。本书的顺利出版，得到了潍坊学院领导和老师给予的大力支持和帮助，尤其是李健和侯崇升两位教授，在此表示衷心感谢！

由于编者水平有限，书中难免有错误和不妥之处，恳请专家、学者、选用本书的师生和其他读者批评指正。

本书以二维码的形式引入"科普之窗""信物百年"模块，紧密结合新工科专业特点，实现了"思政+科技"的有机融合，将"讲好中国故事、传播好中国声音"等党的二十大精神融入教材，激励学生将个人成长和科技创新融入到中华民族伟大复兴的历史使命中。

编　者

目　录

第1章 传感器基础

在已进入信息时代的今天，人们的一切社会活动几乎都是以信息获取为中心的。传感器技术作为信息获取与信息转换的重要手段，是信息科学最前沿的一个"阵地"，是实现信息化的基础技术之一，与计算机技术和通信技术等一起构成了信息技术的完整学科体系。"没有传感器就没有现代科学技术"的观点已逐渐为全世界所公认（扫描右侧二维码观看相关视频）。从浩瀚的海洋到茫茫的太空，几乎每一个复杂的工程系统和现代化项目都离不开各种各样的传感器。它作为自动化系统的核心，就像感官和神经一样源源不断地向人类提供宏观与微观世界的种种信息，成为人们认识自

科普之窗
北斗：想象无限

然、改造自然的有力工具，在工业生产、日常生活、海洋探测、环境保护、医学诊断、宇宙开发，甚至文物保护等领域发挥着重要作用。

本章将重点阐述传感器的基本知识、基本特性和标定方法。首先从传感器的定义、组成、由来和分类方面介绍传感器的基础知识，然后讲解传感器常用的静态特性、动态特性、选型要求和标定方法，最后举例介绍传感器在工业、日常生活、汽车、机器人、航空航天方面的应用和未来发展的趋势。

1.1 传感器的基本知识

1.1.1 传感器的定义

世界是由物质组成的，不同物质所表现出来的物理性质根据其电特性可分为电量和非电量两类。非电量不能直接使用一般的电工电子仪器测量，常常需要转换成与其有一定关系的电量再进行测量，而实现这种转换的器件就是传感器。

如上阐述可理解为传感器（Transducer/Sensor）的狭义定义，与之对应存在广义定义。此外，为保证与国际上说法的一致性，促进行业内的通用性，国家标准《传感器通用术语：GB/T 7665—2005》也给出了传感器的定义。

（1）狭义定义　一种能把外界的非电信号转换成电信号输出的器件。

（2）广义定义　一种能把特定的信息（物理量、化学量、生物量）按一定规律转换成某种可用信号输出的器件和装置。

传感器狭义定义和广义定义的对比如图1-1所示。

（3）国家标准中的定义　能感受被测量并按照一定的规律转换成可用输出信号的器件

图 1-1　传感器狭义定义和广义定义的对比

a）狭义　b）广义

或装置，通常由敏感元件和转换元件组成。

综合以上定义方式，本书采用的传感器定义为：一种能感受到被测量信息的检测装置，并能将感受到的信息按一定规律转换成为电信号或其他所需形式的信息输出，以满足信息的传输、转换、处理、存储、显示、记录和控制等要求。该定义包含以下内容。

1）传感器是测量装置，能完成检测任务。

2）输入量是某种被测量，可能是物理量、化学量或生物量。

3）输出量是某种物理量，便于传输、转换、处理等，可以是气、光、电等物理量，主要是电物理量。

4）输出与输入之间存在确定的关系，且应有一定的精确程度。

1.1.2　传感器的基本组成

输出量为电量的传感器，一般由敏感元件、转换元件和信号调理电路三部分组成，有时还需要辅助电源，其结构如图 1-2 所示。

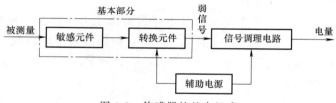

图 1-2　传感器的基本组成

1）敏感元件是直接感受被测量，并输出与被测量成确定关系的某一物理量的元件。在完成非电量到电量的转换时，有些非电量不能直接变换为电量，因此往往将这种被测非电量先变换为另一种易于变换成电量的非电量，然后再将其变换为电量。

2）转换元件是将敏感元件的输出量转换成一定的电路参数的器件，如应变片将应变转换为电阻变化量等。有时敏感元件和转换元件的功能是由一个元件（敏感元件）实现的。

3）信号调理电路是将敏感元件或转换元件输出的电路参数转换、调理成一定形式的电量输出。常用的转换电路有电桥电路、脉冲宽度调制电路、谐振电路等，它们将电阻、电容、电感等电参量转换成电压、电流或频率。

4）辅助电源主要为传感器提供能源。需要外接电源的传感器称为无源传感器，如电阻、电感和电容式传感器；不需要外接电源的传感器称为有源传感器，如压电式传感器、热电偶等。

气体压力传感器的结构如图 1-3 所示。膜盒 2 下半部与壳体 1 固定相连，上半部通过连杆与铁心 4 相连，铁心 4 置于两个电感线圈 3 中，后者接入转换电路 5。这里的敏感元件是膜盒，其外部压力即为大气压力 p_0，内部感受被测压力 p，p 的变化会引起膜盒上半部的移动，输出相应的位移量；转换元件是电感线圈 3，它把输入的位移量转换为电感量的变化。

实际上，传感器的组成方式因被测量、转换原理、使用环境及性能指标要求等具体情况的不同而有较大差异。最简单的传感器由一个敏感元件（兼转换元件）组成，它感受被测量并直接输出电量，如热电偶。有些传感器，转换元件不止一个，由被测量到输出电量要经过若干次转换。

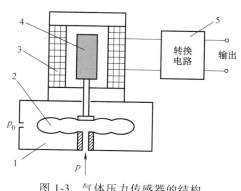

图 1-3 气体压力传感器的结构
1—壳体 2—膜盒 3—电感线圈
4—铁心 5—转换电路

在不同的技术领域中，同一类型的传感器可能使用着不同的术语。如在过程控制领域，将输出为规定的标准信号（4～20mA 电流或 1～5V 电压）的传感器称为变送器；在电子技术领域，常把能感受信号的电子元件称为敏感元件，如热敏元件、磁敏元件、光敏元件及气敏元件等；超声波技术领域强调能量的转换，则称传感器为换能器；在射线检测领域，则称传感器为探测器。

1.1.3 传感器的功能

人类感受周围环境的变化是通过感官来完成的（听、嗅、视、味、触）：耳朵可以听见声音，鼻子可以闻到味道，眼睛可以看见周围环境，舌头可以品尝各种味道，皮肤可以感受冷暖。这些信息经过大脑的思维过程（信息处理），可以支配身体做出相应的动作。而对于一个自动控制系统，传感器检测到外部物理量的变化后将其传输给计算机，计算机将控制执行器实施相应的动作。人体系统与计算机控制系统结构的对比如图 1-4 所示。

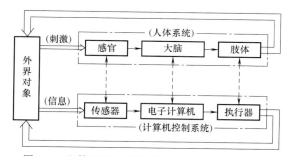

图 1-4 人体系统与计算机控制系统结构的对比

如今，传感器技术、通信技术和计算机技术构成信息科学技术的三大支柱，它们分别起到信息系统的"感官""神经"和"大脑"的作用，分别实现信息采集、信息传输和信息处理的功能。而传感器作为获取信息的主要途径和手段，作用相当于人的五官部分，因此又称为"电五官"，人五官与"电五官"的对比见表 1-1。

表 1-1 人五官与"电五官"对比

感觉	感觉器官	对象	对应的传感器	传感器原理
视觉	眼睛	光	光传感器	光电效应(光→电)
听觉	耳朵	声波	声音传感器	压电效应(声波→电)
触觉	皮肤	压力	压力传感器	压电效应(压力→电)
		温度	温度传感器	热电效应(温度→电)
嗅觉	鼻子	气味	气味传感器	吸附效应(气→电)
味觉	舌头	味道	味觉传感器	电化学效应(相互作用→电)

现代技术创造了多种多样的传感器（扫描右侧二维码观看相关视频），它们的性能已经在许多方面超越了人的感官。例如，一些传感器可以轻而易举地测量紫外线、超声波、磁场等人体所无法感知的量，CT技术能把人体的内部形貌用断层图像显示出来；一些传感器能够在恶劣环境下工作，如镍铬-镍硅热电偶能够在温度为−200~1300℃的环境中工作，并且具有耐高压、耐腐蚀等特性；另外，一些传感器能够实现宽范围、高精确度测量，例如人眼的视觉残留约为0.1s，角分辨力为1°，而

科普之窗
科技让通信更便捷

光晶体管的响应时间可短到1ns以下，光栅测距的精确度可达1″。从这个意义上讲，传感器具有了人类所梦寐以求的"特异功能"。

但是，人的感官在许多方面又优于工程传感器系统，目前来看主要体现在以下几个方面：人具有多维信息感知的能力，对所接触的多变量感知后做出综合决策的能力是超过传感器系统的；虽然传感器服务于人的生产劳动，提高人的生活质量，但是人结合自身情感所做出的判断和行为是传感器系统做不到的；新型传感器的产生和应用始终滞后于人感知外部世界的进程。尽管基础学科、材料学、智能系统等的研究能帮助我们探索外部世界的未知规律，但是符合传感器定义的产品研制总滞后于人对自然规律的认知。

综合以上传感器与人的感官的对比可以发现，传感器缺少对模糊量的处理能力，以及处理全局和局部关系的能力，这正是今后传感器智能化发展的方向。

1.1.4 传感器的分类

传感器的品种繁多、原理各异，有的传感器可以用于测量多种参数，而有时一种物理量又可以用多种不同类型的传感器进行测量。因此，传感器的分类方法很多，而且可能会互相交叉。常见的分类方法有以下几种。

1. 按照被测量分类

以被测物理量命名传感器，如测量温度的传感器称为温度传感器，测量压力的传感器称为压力传感器。常见的被测量可归纳为如下几类。

机械量：位移、力、力矩、转矩、速度、加速度、振动、噪声等。

热工量：温度、热量、流量、压力、风速、液位等。

物性参量：浓度、黏度、比重、酸碱度、密度等。

状态参量：裂纹、缺陷、泄漏、磨损、表面质量等。

这种分类方法实际上也是按用途进行的分类，给使用者提供了方便，使用者可以很容易地根据被测量对象来选择传感器。

2. 按照工作原理分类

传感器按其工作原理可分为电阻式、电容式、电感式、磁电式、压电式、热电式、光电式、超声波等类型。现有传感器的测量原理都是基于物理、化学和生物等学科中的各种效应和定律，这种分类方法便于从原理上认识输入量与输出量之间的变换关系，利于专业人员从原理、设计及应用上做归纳性的分析与研究。

3. 按照信号变换特征分类

结构型：利用传感器结构参量的变化实现信号变换。例如，电容式传感器依靠极板间距离的变化引起电容量的改变；变气隙电感式传感器利用衔铁位置的变化，实现位移的测量。

物性型：利用敏感元件材料本身的物理属性及其各种物理、化学效应来实现信号变换。

例如，水银温度计利用水银的热胀冷缩现象测量温度，压电式传感器利用石英晶体的压电效应测量压力等。

4. 按照能量关系分类

能量转换型：传感器直接由被测对象输入能量而工作。例如热电偶、光电池等，这种类型的传感器也称为有源传感器。

能量控制型：传感器从外部获得能量而工作，由被测量的变化控制外部供给能量的变化。例如电阻式、电感式等传感器，这种类型的传感器必须由外部提供激励源（电源等），因此也称为无源传感器。

5. 按照学科分类

物理传感器：用来测量距离、质量、温度、压力等物理量。

化学传感器：利用化学效应来测定化学物质。

生物传感器：应用某种生物敏感基元来检测物质。

除以上分类方法外，传感器还可按照输出量分为模拟式传感器和数字式传感器，按照测量方式分为接触式传感器和非接触式传感器，按照防爆等级分为普通型、防爆型。

1.2　传感器的基本特性

传感器的基本特性主要是指输出量与输入量之间的关系，根据输入量变换的快慢可分为静态特性和动态特性，常常用微分方程来描述。理论上，将微分方程中的一阶及以上的微分项取为零时，即得到静态特性。因此，传感器的静态特性只是动态特性的一个特例。

理想的情况是，传感器的输出量与输入量之间呈线性关系。但在一般情况下，输出量与输入量之间不会符合所要求的线性关系，同时由于迟滞、摩擦和松动等各种因素的存在，以及外界条件的影响，输入输出关系的唯一确定性也不能保证。传感器基本特性的影响因素如图1-5所示。

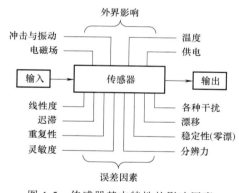

图1-5　传感器基本特性的影响因素

1.2.1　传感器的静态特性

传感器的静态特性是指输入量为常量或变化极慢的量（如温度、压力）的输出量与输入量之间的关系。静态特性曲线由厂家给定，是在静态标准情况下通过实测确定的输入输出关系，也称为静态校准曲线。对静态特性而言，传感器的输入量 x 与输出量 y 之间的关系通常可用多项式表示为

$$y = a_0 + a_1 x + a_2 x^2 + \cdots + a_n x^n \tag{1-1}$$

式中，y 为输出量；x 为输入量；a_0 为零点输出，a_1 为理论灵敏度，a_2，…，a_n 为非线性项系数。

衡量传感器静态特性的主要技术指标有测量范围和量程、线性度、迟滞、重复性、灵敏度等。

1. 测量范围和量程

在误差允许范围内，传感器所能测量的被测量的最大值称为测量上限 y_{max}，被测量的最小值称为测量下限 y_{min}，而用测量下限和测量上限表示的测量区间则称为测量范围，即 $y_{min} \sim y_{max}$。测量上限和测量下限的代数差为量程，表示为 $y_{FS} = y_{max} - y_{min}$。如一个普通水银体温计，能测量的最小值为 35℃，最大值为 42℃，则测量范围是 35～42℃，量程为 7℃。

2. 线性度

线性度是指传感器输出量与输入量之间的实际关系曲线偏离拟合直线的程度，通常用输入输出的校准曲线与其拟合直线之间的最大偏差表示，该偏差称为非线性误差。其相对误差表达方式为

$$\gamma_L = \pm \frac{\Delta L_{max}}{y_{FS}} \times 100\% \tag{1-2}$$

式中，ΔL_{max} 为最大非线性误差；y_{FS} 为输出量程。

非线性误差的大小是以确定的拟合直线为基准得出来的。拟合直线不同，非线性误差也不同。图 1-6 所示为两种常用的拟合直线：端基拟合直线和独立拟合直线。

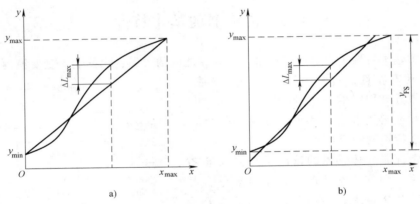

图 1-6　传感器的线性度特性

a）端基拟合直线　b）独立拟合直线

1）端基拟合直线是由传感器校准数据的零点输出平均值和满量程输出平均值连成的一条直线，由此所得的线性度称为端基线性度。这种拟合方法简单直观，应用较广，但拟合精度低。

2）独立拟合直线方程是用最小二乘法求得的，在全量程范围内的误差二次方和最小，但计算复杂。

3. 迟滞

迟滞是指在相同工作条件下，传感器的正行程特性与反行程特性不一致的程度，迟滞特性如图 1-7 所示。迟滞误差又称为回程误差。迟滞误差由实验方法测得，一般以正反行程中输出的最大差值 ΔH_{max} 与满量程之比的百分数表示，即

$$\gamma_H = \pm \frac{\Delta H_{max}}{y_{FS}} \times 100\% \tag{1-3}$$

迟滞的影响因素包括传感器机械结构中的摩擦、间隙和结构材料受力变形的滞后现

象等。

4. 重复性

重复性是指在相同测量条件下，对同一被测量进行连续多次测量所得结果之间的一致性。图 1-8 所示为实际输出的校正曲线的重复特性，正行程的最大重复性偏差为 ΔR_{max1}，反行程的最大重复性偏差为 ΔR_{max2}。重复性误差取这两个最大偏差之中的较大者为 ΔR_{max}，再用与满量程输出之比的百分数表示，即

$$\gamma_R = \pm \frac{\Delta R_{max}}{y_{FS}} \times 100\% \qquad (1-4)$$

重复性误差也常用绝对误差表示。

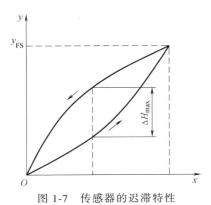

图 1-7 传感器的迟滞特性

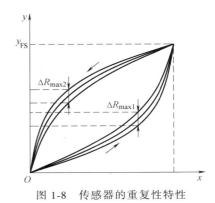

图 1-8 传感器的重复性特性

5. 灵敏度

传感器输出的变化量 Δy 与引起此变化量的输入变化量 Δx 之比，即为静态灵敏度，其表达式为

$$k = \frac{\Delta y}{\Delta x} \qquad (1-5)$$

由此可见，传感器校准曲线的斜率就是其灵敏度。线性传感器的特性曲线斜率处处相同，灵敏度 k 是一常数。灵敏度越高，系统感应输入量微小变化的能力就越强。但是在电子测量中，灵敏度越高，往往越容易引入噪声并影响系统的稳定性及测量范围，在相同输出范围的情况下，灵敏度越高，测量范围越小。

6. 分辨力

分辨力是指传感器在规定测量范围内所能检测出被测输入量的最小变化值。有时用相对满量程输入值的百分数表示，则称为分辨率。

对于数字测试系统，其输出显示系统的最后一位所代表的输入量即为该系统的分辨力。对于模拟测试系统，其输出指示标尺最小分度值的一半所代表的输入量即为其分辨力。

7. 稳定性

稳定性是指在规定的工作条件下，传感器的性能特性在规定时间内保持不变的能力。稳定性一般以室温条件下、经过规定时间间隔后，传感器的输出量与起始标定时的输出量之间的差值来表示。如测试时先将传感器输出调至零点或某一特定点，相隔 4h、8h 或一定的工作次数后，再读出输出值，前后两次输出值之差即为稳定性误差。理想情况下，输入不变时

系统的输出不随时间变化。而实际情况是，大多数传感器的特性会随时间发生变化，如放置长期不用、使用次数增度多后特性改变，或者特性随温度漂移等。图 1-9 所示为闪烁探测器八小时测量的稳定性散点图。

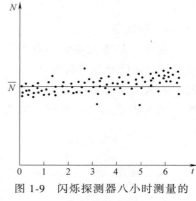

图 1-9　闪烁探测器八小时测量的稳定性散点图

8. 漂移

漂移是指在一定时间间隔内，传感器的输出量存在着与输入量无关的变化。漂移常包括零点漂移和灵敏度漂移。

1）零点漂移是指在某环境量（时间、温度等）的变化间隔内，零点输出的变化。

2）灵敏度漂移是指在某环境量（时间、温度等）的变化间隔内，灵敏度输出的变化。

9. 精度

对某一稳定的被测量，由同一个测量者用同一个传感器在相当短的时间内连续重复测量多次，其测量结果的分散和准确程度用精度表示。精度可分为精密度、准确度和精确度。

1）精密度反映传感器输出值的分散性。精密度是随机误差大小的标志，精密度高，意味着随机误差小。但需要注意的是，精密度高不一定准确度高。

2）准确度反映传感器输出值与真值的偏离程度。如某流量传感器的准确度为 $0.3m^3/s$，表示该传感器的输出值与真值偏离 $0.3m^3/s$。准确度是系统误差大小的标志，准确度高意味着系统误差小。同样，准确度高不一定精密度高。

3）精确度是精密度与准确度两者的总和，精确度高表示精密度和准确度都比较高。在测量中希望得到精确度高的结果。

精度不同的三种情况如图 1-10 所示。

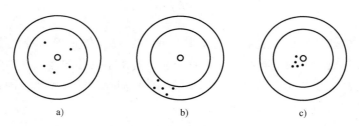

图 1-10　精度不同的三种情况

a）准确度高而精密度低　b）准确度低而精密度高　c）精确度高

1.2.2　传感器的动态特性

动态特性指传感器对随时间变化的输入量（如加速度、振动）的响应特性。由于传感器的惯性和迟滞，当输入量随时间变化时，输出量往往不能马上达到平衡状态，而是处于动态过渡过程之中，所以传感器的输出量也是时间的函数，如图 1-11 所示。

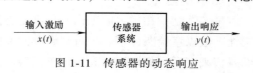

图 1-11　传感器的动态响应

　　一个具有理想动态特性的传感器，其输出量能够再现输入量的变化规律，即两者具有相同的时间函数。而在实际情况下，传感器的输出信号并不会与输入信号具有相同的时间函数，这种输出量与输入量间的差异就是动态误差。

　　为了说明传感器的动态特性，下面简要介绍动态测温的过程。如把一支热电偶从温度为 T_0（℃）的环境中迅速插入一个温度为 T_1（℃）的恒温水槽中（切换时间忽略不计，$T_1 > T_0$）。如图 1-12 所示，理想情况下，热电偶测量的温度从 T_0 突然上升到 T_1 是突变（阶跃变化）的，而实际上热电偶反映出来的温度从 T_0 变化到 T_1 需要经历一段时间，即有一段过渡过程。

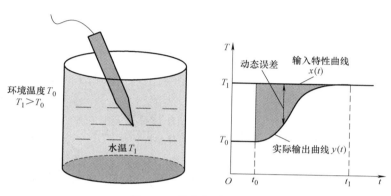

图 1-12 热电偶动态测温

　　热电偶的动态误差是由其热惯性、热阻引起的。这种影响动态特性的"固有因素"是任何传感器都有的，只是表现形式不同。研究传感器动态特性的目的主要为了分析产生动态误差的原因，进而提出改善措施，提高系统动态性能。

1. 数学模型

　　分析传感器动态特性，必须建立其数学模型。由于输入量是随时间变化的动态信号，因此可以用 n 阶常系数线性微分方程描述传感器的输出量 $y(t)$ 与输入量 $x(t)$ 之间的动态关系，即

$$a_n \frac{\mathrm{d}^n y}{\mathrm{d}t^n} + a_{n-1} \frac{\mathrm{d}^{n-1} y}{\mathrm{d}t^{n-1}} + \cdots + a_1 \frac{\mathrm{d}y}{\mathrm{d}t} + a_0 y = b_m \frac{\mathrm{d}^m x}{\mathrm{d}t^m} + b_{m-1} \frac{\mathrm{d}^{m-1} x}{\mathrm{d}t^{m-1}} + \cdots + b_1 \frac{\mathrm{d}x}{\mathrm{d}t} + b_0 x \qquad (1\text{-}6)$$

式中，a_0，a_1，$\cdots$，a_n 及 b_0，b_1，$\cdots$，b_m 是与传感器的结构特性有关的常系数；$\mathrm{d}^n y / \mathrm{d}t^n$ 为输出量 y 对时间 t 的 n 阶导数；$\mathrm{d}^m x / \mathrm{d}t^m$ 为输入量 x 对时间 t 的 m 阶导数。

　　研究线性系统的动态特性，主要是利用数学模型分析输入量 x 与输出量 y 之间的关系，通过对微分方程求解得出动态性能指标。

　　当传感器数学模型的初值为 0 时，对其进行拉普拉斯变换（简称拉氏变换）即可得出系统的传递函数为

$$W(s) = \frac{Y(s)}{X(s)} = \frac{b_m s^m + b_{m-1} s^{m-1} + \cdots + b_1 s + b_0}{a_n s^n + a_{n-1} s^{n-1} + \cdots + a_1 s + a_0} \qquad (1\text{-}7)$$

式中，$Y(s)$ 为传感器输出量的拉普拉斯变换式；$X(s)$ 为传感器输入量的拉普拉斯变换式，$s = \beta + \mathrm{j}\omega$。

式（1-7）的分母表达式是传感器的特征多项式，决定系统的"阶"数。可见，对于定常系统，当系统的微分方程已知时，只要把方程式中各阶导数用相应的 s 变量替换，即可求出传感器的传递函数。

对于稳定的常系数线性系统，可用傅里叶变换代替拉普拉斯变换，相应地有

$$H(j\omega) = \frac{Y(j\omega)}{X(j\omega)} = \frac{b_m(j\omega)^m + b_{m-1}(j\omega)^{m-1} + \cdots + b_1(j\omega) + b_0}{a_n(j\omega)^n + a_{n-1}(j\omega)^{n-1} + \cdots + a_1(j\omega) + a_0} = H_R(\omega) + jH_I(\omega) \tag{1-8}$$

式中，$H(j\omega)$ 称为传感器的频率响应特性；$H_R(\omega)$ 为 $H(j\omega)$ 的实部；$H_I(\omega)$ 为 $H(j\omega)$ 的虚部。此式是传递函数的一个特例，即 $\beta = 0$，$s = j\omega$ 的情况。

通常，频率响应特性 $H(j\omega)$ 是一个复函数，用指数表示为

$$H(j\omega) = A(\omega)e^{j\varphi(\omega)} \tag{1-9}$$

因此，传感器的幅频特性（模）表示为

$$A(\omega) = |H(j\omega)| = \sqrt{[H_R(\omega)]^2 + [H_I(\omega)]^2} \tag{1-10}$$

传感器的相频特性（相位）表示为

$$\varphi(\omega) = \arctan\frac{H_I(\omega)}{H_R(\omega)} \tag{1-11}$$

2. 动态响应

动态特性可以在时域内采用瞬态响应法进行分析，也可以在频域内采用频率响应法来分析，输入信号一般为阶跃量和正弦量，如图 1-13 所示。

输入信号为阶跃量时，传感器输出量随输入量变化的过程，称为阶跃响应（瞬态响应）。

输入信号为正弦量时，传感器在规定的被测量频率变化范围内，输出量的相位、振幅随频率变化的过程，称为频率响应。

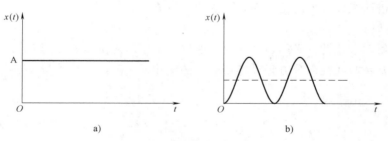

图 1-13　动态响应输入信号

a）阶跃输入信号　b）正弦输入信号

（1）瞬态响应特性指标　在采用阶跃输入信号研究传感器的时域动态特性时，需要对传感器的响应和过渡过程进行分析，常用的指标有延迟时间、上升时间、超调量、响应时间等。一阶传感器和二阶传感器的输出响应曲线如图 1-14 所示。

常用的传感器动态特性表征参数介绍如下。

时间常数 τ：一阶传感器输出量上升到稳态值的 63% 所需的时间。τ 越小，响应越快。

延迟时间 t_d：传感器输出量达到稳态值的 50% 所需的时间。

上升时间 t_r：传感器输出量达到稳态值的 90% 所需的时间。

峰值时间 t_p：二阶传感器输出响应曲线达到第一个峰值所需的时间。

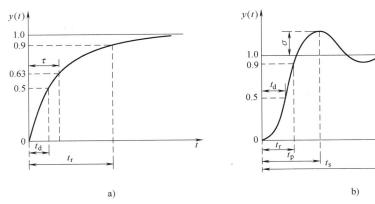

图 1-14　传感器的输出响应曲线

a）一阶传感器　b）二阶传感器

超调量 σ：二阶传感器输出量超过稳态值的最大值。

衰减比 d：衰减振荡的二阶传感器输出响应曲线的第一个峰值与第二个峰值之比。

响应时间 t_s：衰减振荡的二阶传感器输出响应曲线进入所规定的稳态值范围内所需要的时间。

（2）频率响应特性指标　当传感器的输入信号为正弦信号时，其输出响应仍然是同频率的正弦信号，只是与正弦输入信号的幅值和相位不同。频率响应特性分析就是研究传感器输出量与输入量的幅值比和相位差随频率的变化特性。

对于零阶传感器，其传递函数为

$$W(s) = \frac{Y(s)}{X(s)} = k \qquad (1\text{-}12)$$

频率特性为

$$H(j\omega) = k \qquad (1\text{-}13)$$

可见，零阶传感器的输出量与输入量成正比，并且与信号频率无关，不存在幅值和相位失真的问题，具有理想的动态特性（电位器式传感器就是零阶系统的一个例子）。在实际应用中，许多高阶系统在变化缓慢、频率不高时，都可以近似地当做零阶系统处理。

对于一阶传感器，其频率特性为

$$H(j\omega) = \frac{1}{j\omega\tau + 1} \qquad (1\text{-}14)$$

幅频特性为

$$A(\omega) = \frac{1}{\sqrt{1 + (\omega\tau)^2}} \qquad (1\text{-}15)$$

相频特性为

$$\varphi(\omega) = -\arctan\omega\tau \qquad (1\text{-}16)$$

一阶传感器的频率响应特性曲线如图 1-15 所示。

由式（1-14）~式（1-16）和图 1-15 可以看出，时间常数 τ 越小，频率响应特性越好。当 $\omega\tau \ll 1$ 时，$A(\omega) \approx 1$，$\varphi(\omega) = \omega\tau$，表明传感器的输出量与输入量呈线性关系，相位差与

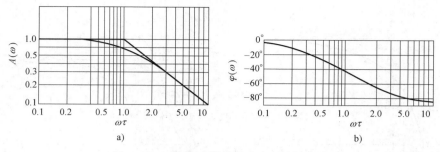

图 1-15　一阶传感器的频率响应特性曲线

a）幅频特性　b）相频特性

频率 ω 呈线性关系，输出量 $y(t)$ 真实反映输入量 $x(t)$ 的变化规律。因此，减小 τ 可以改善传感器的频率特性。

频率响应特性有如下常见指标。

频带 $\omega_{0.707}$：传感器增益保持在某一定值内的频率范围，即对数幅频特性曲线上幅值衰减 3dB 时所对应的频率范围，对应有上、下截止频率。

时间常数 τ：表征一阶传感器的动态特性，τ 越小，频带越宽。

工作频带 $\omega_{0.95}$：当传感器的幅值误差为 ±5% 时，其增益保持在一定值内的频率范围。

1.2.3　传感器的选型要求

传感器种类繁多，原理各异，因此需要根据其使用环境进行选择。具体可按如下选型原则和实施步骤。

1. 根据被测量特点和测量环境确定类型

要进行一个具体的测量工作，首先要考虑采用何种原理的传感器，这需要分析多方面的因素之后才能确定。因为即使是测量同一物理量，也有多种原理的传感器可供选用，哪一种原理的传感器更为合适，则需要根据被测量特点和测量环境考虑如下一些具体问题：量程的大小、被测位置对传感器体积的要求、测量方式为接触式还是非接触式、信号的引出方法是有线还是无线等。

在考虑上述问题之后，就能确定选用何种类型的传感器，然后再考虑传感器的具体性能指标。

2. 根据线性范围选择

传感器的线性范围是指输出量与输入量成正比的范围，在此范围内灵敏度为定值。传感器的线性范围越宽，则其量程越大，并且能保证一定的测量精度。在选择传感器时，当传感器的类型确定以后，首先要看所需量程与传感器的线性范围是否匹配。

但实际上，任何传感器都不能保证绝对的线性，其线性度也是相对的。当所要求的测量精度比较低时，在一定的范围内，可将非线性误差较小的传感器近似看成线性的，这会给测量带来很大方便。

3. 根据灵敏度的选择

通常，在传感器的线性范围内，希望传感器的灵敏度越高越好。因为只有灵敏度高时，与被测量变化值对应的输出信号的变化值才比较大，有利于信号处理。但要注意的是，传感器的灵敏度高，与被测量无关的外界噪声也容易混入，也会被信号放大系统放大，影响测量精度。因此，传感器自身应具有较高的信噪比，尽量减少从外界引入的干扰信号。

4. 根据精度选择

精度是关系到整个测量系统精确程度的一个重要性能。传感器的精度越高，其价格越昂贵。因此，传感器的精度只要满足整个测量系统的精度要求就可以，不必选得过高。这样就可以在满足同一测量目的的诸多传感器中，选择比较便宜和简单的传感器。如果测量是为了定性分析，则选用重复精度高的传感器即可，不必选用绝对精度高的；如果是为了定量分析，则必须获得精确的测量值，就需选用精度等级足以满足要求的传感器。

5. 判断频率响应特性

传感器的频率响应特性决定了被测量的频率范围。传感器的频率响应越高，可测量的信号频率范围就越宽。在动态测量应用中，应根据信号的特点，保证传感器工作在允许频率范围内，避免输出信号失真。

除了以上选用传感器时应充分考虑的一些因素外，还应尽可能兼顾结构简单、体积小、重量轻、价格便宜、易于维修、易于更换等条件。

1.3　传感器的标定

任何一种新研制或生产出来的传感器，在制造、装配完毕后都必须进行一系列试验，以对其技术性能进行全面的检测，确保传感器的实际性能。经过一段时间的储存或使用后，也需要对其性能进行复测。

通常，利用某种标准器具对新研制或生产出来的传感器进行技术检测以建立传感器输出量与输入量之间的关系的过程，称为标定；而对传感器在使用中或储存后进行的性能复测，称为校准。校准在某种程度上说也是一种标定。

传感器标定的基本方法是利用标准器具所产生的已知非电量输入到待标定的传感器中，然后将传感器的输出量与输入的标准量进行比较，获得一系列校准数据或曲线。传感器标定流程如图 1-16 所示。

图 1-16　传感器标定流程

传感器标定的意义包含如下两个方面。

1）新研制的传感器需要进行全面的技术性能测试。用测试数据进行量值传递，同时测试数据也是改进传感器设计的重要依据。

2）校准，即再次标定，可以检测传感器的技术性能是否发生变化，判断其是否可以继续使用。

传感器的标定分为静态标定和动态标定两种。

1.3.1　静态标定

传感器的静态标定是指在输入信号不随时间变化的静态标准条件下，对传感器的静态特性，如灵敏度、非线性、迟滞、重复性等指标的检定。

1. 静态标准条件

传感器的静态特性是在静态标准条件下标定的。所谓静态标准条件，是指没有加速度、振动、冲击（除非这些参数本身就是被测物理量），以及环境温度为 20±5℃、湿度不大于 85%RH、大气压力为 101±7kPa 的条件。

2. 标定仪器设备精度等级的确定

对传感器进行标定，是根据试验数据确定传感器的各项性能指标，实际上也是确定传感器的测量精度。为保证标定精度，必须选择与被标定传感器精度要求相适应的、一定等级的标准器具（一般所用测量仪器和设备的精度至少要比被标定传感器的精度高一个量级），它应符合国家计量量值传递的规定，或经计量部门检定合格。

3. 静态特性标定的方法

对传感器进行静态标定，首先要创造一个静态标准条件，其次要选择合适的标准器具，然后才能对传感器的静态特性进行标定。静态标定一般按照如下步骤进行。

1）将传感器全量程（测量范围）分成若干等间距点。

2）根据传感器量程的分点情况，由小到大输入标准量值，并记录下与各输入值对应的输出值。

3）使输入值由大到小逐渐减小，同时记录下与各输入值相对应的输出值。

4）按 2）、3）所述过程，对传感器进行正、反行程往复循环的多次测试，将得到的输入输出测试数据用表格列出或曲线画出。

5）对测试数据进行必要的处理，根据处理结果就可以确定传感器的线性度、灵敏度、迟滞和重复性等静态特性指标。

1.3.2　动态标定

传感器的动态标定是对传感器输入标准激励信号，测得其输出数据，并做出输出值与时间的关系曲线。其目的主要是研究传感器的动态响应，涉及一阶传感器的时间常数、二阶传感器的阻尼比和固有频率等参数的确定。

为了便于比较和评价，动态标定常常采用阶跃信号为输入信号。

1）基于阶跃响应确定一阶传感器的时间常数 τ。一阶传感器的阶跃响应函数为

$$y(t) = 1 - e^{-\frac{t}{\tau}} \tag{1-17}$$

整理后可得

$$\tau = -\frac{t}{\ln[1 - y(t)]} \tag{1-18}$$

因此，只要测量出一系列 $y(t)$–t 的对应值，就可以通过式（1-18）得到时间常数 τ。这种方法考虑了瞬态响应的全过程，具有较高的可靠性。

2）基于阶跃响应确定二阶传感器阻尼比 ζ 和固有频率 ω_0。二阶传感器一般设计成 $\zeta = 0.7 \sim 0.8$ 的欠阻尼系统，典型的欠阻尼二阶传感器的瞬态响应是以角频率 ω_d 做衰减振荡的，如图 1-14b 所示，其角频率 ω_d 为

$$\omega_d = \omega_0 \sqrt{1 - \zeta^2} \tag{1-19}$$

根据二阶传感器阶跃响应关系，在阻尼比 $\zeta < 1$ 的条件下，最大超调量 σ_p 为

$$\sigma_p = e^{-\frac{\zeta \pi}{\sqrt{1 - \zeta^2}}} \tag{1-20}$$

所以，结合如图 1-14b 所示响应曲线测出最大超调量 σ_p，即可得阻尼比 ζ 为

$$\zeta = \frac{1}{\sqrt{1+(\pi/\ln\sigma_p)^2}} \quad\quad (1-21)$$

按照求极值的通用方法，由于到达第一个极大值 σ_p 所用的时间满足关系 $t_p = \sigma_p/\omega_d$。因此，可得固有频率为

$$\omega_0 = \frac{\pi}{t_p\sqrt{1-\zeta^2}} \quad\quad (1-22)$$

若测得的阶跃响应有较长变化过程，则可获得可靠性更高的阻尼比和固有频率。

1.4 传感器技术的应用现状和发展趋势

传感器技术是材料学、力学、电学、磁学、微电子学、光学、声学、化学、生物学、仿生学、精密机械技术、测量技术、半导体技术、信息处理技术，乃至系统科学、人工智能、自动化技术等众多学科相互交叉的综合性前沿技术，在国民经济发展中发挥着重要作用。

1.4.1 传感器的应用现状

随着物联网、5G、人工智能等技术的不断发展和成熟，全球传感器市场需求不断增长。如今，世界上从事传感器研制和生产的单位已超过 6500 家。美国、欧洲、俄罗斯从事传感器研制和生产的厂家均有 1000 余家，日本有 800 余家。传感器的应用领域已涉及农业、汽车、智能建筑、家用电器、机器人、生物医学、环境保护、航空航天、军事等各个方面。赛迪产业研究院数据显示，2019 年，全球传感器市场规模达到 1521.1 亿美元，同比增长 9.2%。全球传感器市场结构见表 1-2。

表 1-2 全球传感器市场结构

应用领域	所占比例（%）	应用领域	所占比例（%）
汽车领域	32.3	工业领域	15.6
消费电子	17.7	环境保护	5.7
医疗保健	5.5	其他	23.2

1. 传感器在工业中的应用

如图 1-17 所示，反馈信号的检测是任何一个自动控制系统必不可少的环节，而传感器是实现检测的关键，可以说，没有众多优良的传感器，现代化生产也就失去了基础。

在电力、冶金、石化、纺织、化工等流程工业中，设备的运行状态通常需要 24h 在线监测，因此大量传感器应用其中。例如，石化企业输油管道、储油

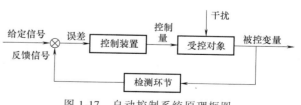

图 1-17 自动控制系统原理框图

罐等压力容器的破损和泄漏检测应用压力传感器；冶金工业中的炉温测量应用温度传感器；智能复合材料热加工生产需要应用光纤传感器；皮带运输机安全警示系统应用红外传感器；

印刷品厚度检测应用电涡流传感器；流水线上电动机的运行状态检测应用速度传感器；机械零件的装配定位应用视觉传感器；纺织印染生产中需要对生产环境的湿度进行准确测量，应用湿度传感器；化工生产中污水排放检测应用化学传感器和生物传感器等。

2. 传感器在日常生活中的应用

传感器在日常生活中的应用无处不在，它通过提高家电产品的功能及自动化程度不断改变着人们的生活方式，给人们生活带来方便、安全和快捷。例如，智能洗衣机应用衣物重量传感器、衣质传感器、水温传感器、水质传感器、透光率光传感器（洗净度）、液位传感器等；数码相机中，其自动对焦应用红外测距传感器，人脸检测应用图像传感器；电视遥控器接收信号应用红外传感器；空调、冰箱应用温度传感器、湿度传感器；电子血压计应用压力传感器；鱼缸应用液位传感器；厨房的烟雾检测应用烟雾报警器；电话接收声音应用驻极电容传感器等。

在我们的生活中用到传感器的地方还有很多，如自动门、声控灯、手机触摸屏、鼠标、电子天平、电子温度计、红外线防入侵报警器等。

3. 传感器在汽车中的应用（扫描右侧二维码观看相关视频）

目前，传感器在汽车中的应用日新月异，其作为汽车电控系统的关键组成部分，直接影响到系统的整体性能。一般来讲，一辆普通汽车内会装有几十到近百个传感器，豪华汽车中则更多。这些传感器通过对汽车行驶速度、行驶距离、发动机旋转速度等参数的测量，为控制器决策提供数据，提高汽车的安全性、舒适性和操控性。广泛应用传感器的电子装置包括汽车安全气囊系统、防盗报警装置、防滑控制装置、防撞预警装置、防抱死装置、电子变速控制装置、排气循环装置、电子燃料喷射装置等。

科普之窗
中国创造：无人驾驶

在电子变速控制装置中，传感器检测车速、发动机转速和水温、节气门开度、变速器液压油油温等参数并发送给控制器；控制器确定汽车运行状态，并与设定的变速规律相比较，经计算、分析、决策，向变速执行机构发出控制信号，电磁阀、气动或电动伺服机构等实施相应动作，完成自动变速。

在防撞预警装配中，激光雷达、微波雷达、图像传感器等车载传感器基于多传感器融合技术，将汽车与周围车辆、障碍物、道路设施的相对距离、相对速度及相对方位等检测出来，微处理器接收传感器信息并进行计算、分析与决策，必要时给出报警信息，或在情况紧急时通过控制系统进行强制减速。

4. 传感器在机器人中的应用（扫描右侧二维码观看相关视频）

目前，在劳动强度大或危险作业的场合，机器人已逐步被应用来代替人完成工作。但多数机器人是用来进行加工、组装、检验等工作，属于生产用的自动机械式单能机器人，这些机器人仅采用检测臂位置和角度的传感器。要使机器人的功能更接近于人，以便从事更高级的工作，机器人则应具有判断能力，这就需要给机器人安装物体检测传感器，特别是视觉传感器和触觉传感器。机器人通过视觉对物体进行识别和检测，通过触觉对物体产生压觉、力觉、滑动感觉和重量感觉，这类机器人称为智能机器人。智能机器人不仅可以从事特殊的生产作业，而且可以承担一般的生产、事务和家务任务。正是传感器的应用，机器人才能具备类似人类的知觉功能和反应能力。

科普之窗
中国创造：外骨骼机器人

5. 传感器在航空航天中的应用（扫描下方二维码观看相关视频）

航空航天飞行器广泛地应用着各种各样的传感器。为获得飞机、火箭等的飞行轨迹，并把它们控制在预定的轨道上，就要使用传感器进行速度、加速度和飞行距离的测量。要了解飞行器的飞行方向和飞行姿态，就需要使用陀螺仪、阳光传感器、星光传感器及地磁传感器等进行测量。此外，对飞行器的周围环境、自身状态及内部设备的监控，也都需要传感器来完成温度、压力、振动、流量、应变、声波、位置等参数的检测。据统计，"阿波罗10"需要对3295个参数进行检测，其中火箭部分使用了2077个传感器，飞船部分使用了1218个传感器。对此，有专家说"整个宇宙飞船就是高性能传感器的集合体"。

科普之窗
神舟一号返回舱

科普之窗
我们的征途：
中国探月工程1

科普之窗
我们的征途：
中国探月工程2

科普之窗
我们的征途：
中国探月工程3

1.4.2 传感器技术的发展趋势

传感器技术是21世纪世界各国在高新技术领域争夺的一个制高点。从20世纪80年代起，日本就将传感器列为优先发展的高新技术之首，美国和欧洲一些国家也将此技术列为国家高科技和国防技术的重点内容。我国的传感器技术及产业在国家"大力加强传感器的开发和在国民经济中的普遍应用"等一系列政策导向和资金的支持下，近年来也取得了迅速发展。目前，伴随着传感器技术新原理、新材料、新工艺的出现，现代传感器正朝着小型集成化、智能化、网络化、仿生化的方向迈进（扫描右侧二维码观看相关视频）。

科普之窗
中国创造：蛟龙号

1. 传感器的小型集成化

由于航空航天、医疗器械加工等对空间结构的限制，传感器必须向小型化方向发展。同时为了减少转换、测量和处理环节，传感器也应向集成化方向发展，进一步减小体积、增强功能、提高稳定性和可靠性。传感器的集成化分为三种情况：一是多个相同功能传感器的集成，就是将同一功能的多个传感元件采用集成工艺排列在同一平面上，组成线性传感器（如CCD图像传感器）；二是不同功能传感器的集成，从而形成一个多功能或具有补偿功能的传感器；三是传感器与放大、运算及补偿等环节的一体化，将它们组装成一个具有处理功能的器件。例如，东芝公司已开发出晶圆级别的组合传感器，它能够同时检测脉搏、心电、体温及身体活动状态等四种生命体征信息，并将数据用无线网络发送至智能手机或平板计算机。集成传感器的优势是传统传感器无法达到的，它不是一个个传感器的简单叠加，而是将辅助电路的元件与传感元件同时集成在一块芯片上，使之具有校准、补偿、自诊断和网络通信功能，可降低成本、减小体积、增强抗干扰性能。

2. 传感器的智能化

智能化传感器是指装有微处理器的传感器系统，属于微型计算机技术与检测技术相结合的产物，不仅具有传统传感器的感知功能，而且还具有判断和信息处理功能。该类传感器发展的一个方向是将多种传感功能与数据处理、存储、双向通信等功能集成，可全部或部分实现信号探测、变换处理、逻辑判断、双向通信，以及内部自检、自补偿、自诊断等功能，具有信息采集精度高、数据可存储和通信、编程自动化和功能多样化等特点。另一个方向是软传感技术，就是将智能传感器与人工智能相结合，目前已出现各种基于模糊推理、神经网络、专家系统等人工智能技术的高度智能传感器，并已经在智能家居等方面得到应用，是传感器的重要发展方向之一。

3. 传感器的网络化

将多个传感器通过通信协议连接在一起就组成一个传感器网络。特别是传感器与智能处理技术相结合，利用云计算、模式识别等各种智能技术扩充应用领域，使得传感器在物联网技术领域引起了广泛的关注。无线传感器网络技术的关键是克服节点资源限制（能源供应、计算及通信能力、存储空间等），以及满足扩展性、容错性等要求。该技术被美国麻省理工学院的《技术评论》杂志评为对人类未来生活产生深远影响的十大新兴技术之首。目前，研发重点主要在路由协议设计、定位技术、数据融合技术、嵌入式操作系统技术、网络安全技术等方面。例如，基于 Zigbee 技术的无线传感器网络以 IEEE802.15.4 协议为基础，它具有低功耗、组网方式灵活、低成本等优点，在军事侦察、环境检测、医疗健康、科学研究等众多领域具有广泛的应用前景。可以大胆预见，未来无线传感器网络将无处不在，将完全融入我们的生活，微型传感器网络终将使家用电器、个人计算机和其他日常用品均与互联网相连，家庭将都可以采用无线传感器网络实现远距离跟踪、安全监控、用电调节等。

4. 传感器的仿生化

传感器相当于人的五官，在许多方面具有超过人的能力，但是在检测多维复合量方面，水平远不及人类。尤其是那些与人体生物酶反应相当的嗅觉、味觉传感器，还远未达到人体感官那样的水平。生物传感器是生物感官功能的延伸，它以生物活性物质，如组织、细胞、酶、抗体、核酸等作为敏感元件，在实现机理上很接近于生物体本身的感官系统，能够对所要检测的物质进行快速分析和追踪。特别是近年来，随着界面科学（如分子自组装技术）与纳米科学（如扫描探针显微镜）的发展，电化学纳米生物传感器获得了前所未有的发展机遇，并引起了极大的关注。而结合人类感官功能的研究，开发能够模仿人体触觉、味觉、嗅觉等感觉的仿生传感器，使其功能尽量向人自身的功能逼近，已成为传感器发展的重要课题。

思　考　题

1-1　什么是传感器？

1-2　传感器的基本组成包括哪些？

1-3　传感器的敏感元件和转换元件之间有什么联系？

1-4　人的感官与传感器技术之间的关系是什么？

1-5　根据工作原理，传感器如何分类？

1-6　什么是传感器的静态特性和动态特性？

1-7　传感器的静态特性指标包括哪些？

1-8　传感器的精密度和准确度存在什么关系？

1-9　传感器的动态特性指标包括哪些？

1-10　什么是标定？为什么要进行传感器的标定？

1-11　传感器静态标定的基本步骤是什么？

1-12　试分析汽车中要用到哪些传感器，其作用是什么？

第2章 电阻式传感器

电阻式传感器通过建立被测量与电阻值之间的对应关系来实现测量。其基本工作过程是将被测量的变化转化为电阻值的变化，然后经过测量电路将电阻值的变化转换成可用的输出电信号。电阻式传感器的种类较多，应用领域也十分广泛。

本章将重点讲解应变电阻式、热电阻式、电位器式传感器的工作原理、结构和测量电路，分析各类传感器的应用场合，简单介绍气敏电阻式、湿敏电阻式及光敏电阻式传感器的工作特性，最后引入电子秤设计的工程实例加深理解。通过本章的学习，应该能够从总体上把握电阻式传感器的工作原理与特性，为工程应用的选型和电路设计奠定基础。

2.1 应变电阻式传感器

应变电阻式传感器是基于金属的应变效应而工作的，它具有体积小、结构简单、性能稳定、精度高、动态响应快等特点，可用于测量位移、加速度、力等多种参数。

2.1.1 应变电阻式传感器的工作原理

1. 应变效应

应变是物体在外部压力或拉力作用下产生机械形变的现象。就金属电阻丝而言，其被拉伸或压缩而产生机械形变时，它的电阻值会随着形变程度的大小而发生相应的变化，这一现象称为金属的电阻应变效应。具有应变效应的电阻称为应变电阻。

金属电阻丝的应变效应示意如图 2-1 所示，其中，金属丝拉伸前的长度为 l，截面积为 S，截面圆半径为 r，电阻率为 ρ。

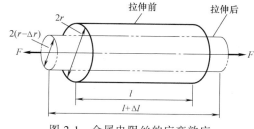

图 2-1　金属电阻丝的应变效应

依据物理学知识，金属丝的电阻值计算式为

$$R = \frac{\rho l}{S} \tag{2-1}$$

金属丝受到轴向拉力 F 作用时会产生形变，沿轴向的长度变化量为 Δl；沿径向的横截面积变化量为 ΔS，截面圆半径变化量为 Δr；电阻率因为金属晶格畸变因素的影响而改变 $\Delta \rho$。形变引起金属丝的电阻值变化量用 ΔR 表示。

对式（2-1）两边取对数得

$$\ln R = \ln \rho + \ln l - \ln S = \ln \rho + \ln l - \ln \pi - 2 \ln r \tag{2-2}$$

对式（2-2）求全微分可得

$$\frac{\mathrm{d}R}{R} = \frac{\mathrm{d}\rho}{\rho} + \frac{\mathrm{d}l}{l} - 2\frac{\mathrm{d}r}{r} \tag{2-3}$$

用 ΔR、$\Delta \rho$、Δl、Δr 分别代替式（2-3）中的微分量 $\mathrm{d}R$、$\mathrm{d}\rho$、$\mathrm{d}l$、$\mathrm{d}r$，则有

$$\frac{\Delta R}{R} = \frac{\Delta \rho}{\rho} + \frac{\Delta l}{l} - 2\frac{\Delta r}{r} \tag{2-4}$$

材料力学中，$\Delta l / l = \varepsilon_x$，称为金属丝的纵向应变或轴向应变；$\Delta r / r = \varepsilon_y$，称为金属丝的横向应变或径向应变。$\varepsilon_y$ 与 ε_x 的关系可表示为

$$\varepsilon_y = -\mu \varepsilon_x \tag{2-5}$$

式中，μ 为金属电阻丝材料的泊松比，或称为泊松系数。

金属丝受拉力作用时，沿轴向伸长，沿径向缩短，式（2-5）中的负号就表示径向应变与轴向应变方向相反。

根据式（2-4）和式（2-5）可得

$$\frac{\Delta R}{R} = \frac{\Delta \rho}{\rho} + (1 + 2\mu)\varepsilon_x = \left(1 + 2\mu + \frac{\Delta \rho / \rho}{\varepsilon_x}\right)\varepsilon_x \tag{2-6}$$

通常把单位应变（指纵向应变 ε_x，通常用 ε 表示）引起的电阻值相对变化量称为金属电阻丝的灵敏度系数，表示为

$$K_0 = \frac{\Delta R / R}{\varepsilon} = (1 + 2\mu) + \frac{\Delta \rho}{\rho \varepsilon} \tag{2-7}$$

由此可见，金属电阻丝的灵敏度系数 K_0 受两个因素的影响：第一项 $(1 + 2\mu)$ 是力作用下的几何尺寸变化引起的，对于确定的材料，$(1 + 2\mu)$ 是常数，其值在 $1 \sim 2$ 之间；第二项 $\Delta \rho / (\rho \varepsilon)$ 是金属电阻丝受力发生形变时材料电阻率的变化。K_0 越大，单位应变引起的电阻相对变化越大，即金属电阻丝越灵敏。

实验证明，金属电阻丝在其拉伸极限内，电阻的相对变化 $\Delta R / R$ 与应变 ε 的关系在很大范围内是线性的，即 K_0 为常数。

对金属材料而言，$\Delta \rho / (\rho \varepsilon)$ 较小，K_0 主要由纵向应变 ε 决定；对半导体材料而言，其 $\Delta \rho / (\rho \varepsilon)$ 比金属材料的 $(1 + 2\mu)$ 大几十倍，$K_0 \approx \Delta \rho / (\rho \varepsilon)$，主要由电阻率的变化决定。

金属丝被绕制为栅栏形状做成敏感栅后，虽然弯曲的圆弧段的电阻应变特性有所不同，但敏感栅的 $\Delta R / R$ 仍然与 ε 有很好的线性关系，即

$$\frac{\Delta R}{R} = K\varepsilon \tag{2-8}$$

式中，K 为敏感栅的灵敏度系数。

实验证明，敏感栅的灵敏度系数 K 总是小于同尺寸、相同材料金属丝的灵敏度系数 K_0，这是受到敏感栅中圆弧段横向应变影响的结果。

2. 工作原理

应变电阻式传感器中的应变电阻元件就是将应变转换为电阻值变化的传感元件。当传感器工作时，被测量作用在粘贴有应变电阻元件的弹性元件上，引起弹性元件发生变形，产生相应的应变或位移，进而传递给与之粘贴的应变电阻元件上，引起应变电阻元件的阻值发生

变化，再通过转换电路变成电信号输出，输出的电信号大小则反映了被测量的大小。工作原理如图 2-2 所示。

图 2-2　应变电阻式传感器的工作原理

2.1.2　电阻应变片的结构和类型

应变片是以敏感栅为核心元件所构成的用于感测应变的片状敏感部件。

1. 电阻应变片的结构

金属电阻应变片的基本结构大体相同，最早使用的是电阻丝应变片，其基本结构如图 2-3 所示，由敏感栅、基底、黏结剂、引线、覆盖层等部分组成。

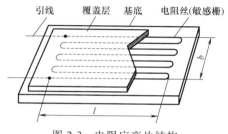

图 2-3　电阻应变片结构

1）敏感栅为应变片的敏感元件，通常用高电阻率的金属丝制成，直径一般为 0.01~0.05mm，并用黏结剂固定在基底上。

2）基底的作用是将试件的应变传递给敏感栅，基底很薄，一般为 0.03~0.06mm。另外，基底还具有良好的绝缘、抗潮和耐热性能。

3）覆盖层贴在敏感栅的上面起保护作用，通常采用纸质或胶质材料。

4）引线将敏感栅的输出端连接到测量电路，一般采用直径 0.10~0.15mm 的低阻镀锡铜线。

5）黏结剂的作用是把覆盖层和敏感栅固定于基底制成应变片，并将应变片基底粘贴于试件表面。

2. 电阻应变片的类型

电阻应变片分为金属电阻应变片和半导体电阻应变片两大类。

（1）金属电阻应变片　金属电阻应变片分为丝式应变片、箔式应变片、薄膜式应变片等。

1）金属丝式应变片的结构如图 2-4 所示。它一般是由高电阻率的康铜丝、镍铬丝或贵金属合金丝绕制成敏感栅，再用黏结剂粘贴于基底和覆盖层之间制成，敏感栅的两端焊接有引出线。

2）金属箔式应变片的结构如图 2-5 所示。它是用制版、光刻、腐蚀等工艺方法制成很薄的金属箔栅，

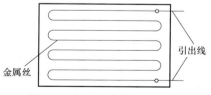

图 2-4　金属丝式应变片结构

其厚度一般为 0.003~0.01mm。箔栅的表面积与截面积之比较大，基底和覆盖层的接触面积也较大，散热好，允许通过较大电流，长时间测量时蠕变较小，并且可以做成任意形状。金属箔式应变片在用于扭矩和流体压力的测量时，箔栅的形状能与弹性元件上的应力分布相适应。图 2-6 为一种金属箔式应变片实物图。

3）金属薄膜式应变片是采用真空蒸镀、沉积或溅射方法，将金属材料在绝缘基底上制成具有一定形状的薄膜敏感栅，再覆盖保护层，薄膜敏感栅厚度一般小于 0.1μm。由于薄

膜式应变片与弹性体之间只有一层仅为几个纳米的超薄绝缘层，很容易通过弹性体散热，因此能通过比其他种类应变片更大的电流，并能获得更高的灵敏度和更好的稳定性。

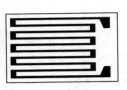

图 2-5　金属箔式应变片结构

图 2-6　金属箔式应变片实物图

（2）半导体应变片　当半导体晶体材料在某一方向受力而产生形变时，它的电阻率会发生变化，这种现象称为半导体材料的压阻效应。半导体应变片就是基于半导体单晶硅的压阻效应制成的一种敏感元件，其结构如图 2-7 所示。图 2-8 为一种半导体应变片实物图。

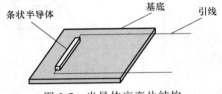

图 2-7　半导体应变片结构

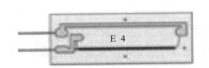

图 2-8　半导体应变片实物图

2.1.3　测量转换电路

应变片能将应变转换为电阻值的变化。但是由于应变都较小（一般在 $10^{-3} \sim 10^{-6}$ 范围内），而常规的电阻应变片的灵敏度系数值也较小，致使电阻值变化范围很小（约为 $10^{-1} \sim 10^{-4}\Omega$ 数量级）。因此要把微小应变引起的微小电阻值变化精确地测量出来，就需要测量转换电路。电阻应变片常用的测量转换电路是直流电桥电路。

1. 电桥的平衡条件

直流电桥原理电路如图 2-9 所示。其中，U 为直流电源电压，R_1、R_2、R_3、R_4 为电桥的桥臂电阻，R_L 为负载电阻。

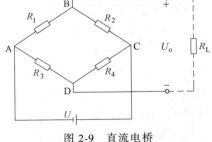

图 2-9　直流电桥

当负载电阻 $R_L \to \infty$ 时（即负载开路），电桥的输出电压为

$$U_o = \left(\frac{R_1}{R_1 + R_2} - \frac{R_3}{R_3 + R_4} \right) U = \frac{R_1 R_4 - R_2 R_3}{(R_1 + R_2)(R_3 + R_4)} U \qquad (2\text{-}9)$$

若 $U_o = 0$，则 B 点与 D 点处的电位相等，称为电桥平衡，此时电桥无输出电压。根据式（2-9）则有

$$R_1 R_4 = R_2 R_3 \quad \text{或} \quad \frac{R_1}{R_2} = \frac{R_3}{R_4} \qquad (2\text{-}10)$$

此式为电桥平衡的条件。

为了测量应变片电阻的微小变化，通常在电桥输出端加放大器，由于放大器的输入阻抗比电桥的输出阻抗大得多，因此仍可将电桥看作是负载开路输出状态。

2. 单臂工作电桥

设 R_1 是应变片电阻，R_2、R_3、R_4 为固定值电阻，电桥仅有一只桥臂"工作"，称为单臂工作电桥（简称单臂桥）。当应变片不受力时，电桥处于平衡状态，则输出电压 $U_o = 0$；当有应变产生时，若应变片的电阻值由初始平衡状态的 R_1 变为 $R_1 + \Delta R_1$，则电桥不再平衡，电桥输出的不平衡电压为

$$U_o = U\left[\frac{R_1 + \Delta R_1}{(R_1 + \Delta R_1) + R_2} - \frac{R_3}{R_3 + R_4}\right] = U\frac{\dfrac{R_4}{R_3}\dfrac{\Delta R_1}{R_1}}{\left(1 + \dfrac{\Delta R_1}{R_1} + \dfrac{R_2}{R_1}\right)\left(1 + \dfrac{R_4}{R_3}\right)} \tag{2-11}$$

由于 $\Delta R_1 \ll R_1$，因此分母中的 $\Delta R_1/R_1$ 可忽略。再令 $R_2/R_1 = R_4/R_3 = n$，可将式（2-11）化简为

$$U_o = U\frac{n}{(1+n)^2}\frac{\Delta R_1}{R_1} \tag{2-12}$$

定义电桥的电压灵敏度为

$$K_U = \frac{U_o}{\Delta R_1/R_1} = U\frac{n}{(1+n)^2} \tag{2-13}$$

电压灵敏度 K_U 越大，表明在应变片电阻相对变化 $\Delta R_1/R_1$ 相同的情况下，电桥输出的电压 U_o 越大。

在 $n = 1$（即 $R_2/R_1 = R_4/R_3 = 1$）时，电桥的电压灵敏度 K_U 取值最大，即灵敏度最高。此时有

$$U_o = \frac{U}{4}\frac{\Delta R_1}{R_1} \tag{2-14}$$

$$K_U = \frac{U}{4} \tag{2-15}$$

由此可知，当电源的电压 U 和电阻相对变化 $\Delta R_1/R_1$ 不变时，电桥的输出电压及其灵敏度也不变，且与各桥臂电阻的阻值大小无关。

注意，式（2-12）的线性关系是在应变很小（$\Delta R_1 \ll R_1$）的情况下，略去式（2-11）分母中的较小项 $\Delta R_1/R_1$ 得到的。若应变片所承受的应变较大，则式（2-12）的假设就不再成立，电桥的输出电压 U_o 与 $\Delta R_1/R_1$ 之间就呈非线性关系。

3. 差动电桥

实际应用中，常采用差动电桥提高电路测量的灵敏度。差动电桥又分半桥差动和全桥差动两种情况，如图 2-10 所示的差动电桥初始状态平衡，且 R_1、R_2、R_3、R_4 相等。

半桥差动是在两个相邻桥臂上接入电阻应变片 R_1、R_2，并且使两片应变片的应变极性相反，即一片承受拉力，而另一片承受压力，构成如图 2-10a 所示半桥差动电路。

半桥差动的输出电压为

$$U_o = U\left[\frac{R_1 + \Delta R_1}{(R_1 + \Delta R_1) + (R_2 - \Delta R_2)} - \frac{R_3}{R_3 + R_4}\right] \tag{2-16}$$

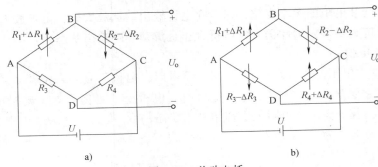

图 2-10　差动电桥

a）半桥差动　b）全桥差动

如果 $\Delta R_1 = \Delta R_2$，则得到

$$U_o = \frac{U \Delta R_1}{2R_1} \tag{2-17}$$

由式（2-17）可知，U_o 与 ΔR_1 呈线性关系，这说明半桥差动电路没有非线性误差，且电桥电压灵敏度比单臂桥应变片工作时提高了一倍，即 $K_U = U/2$。

若将电桥的四个桥臂都接上应变片，且使相邻桥臂应变片的应变极性都相反，构成如图 2-10b 所示的全桥差动电路。

若 $\Delta R_1 = \Delta R_2 = \Delta R_3 = \Delta R_4$，则有

$$U_o = U \left[\frac{R_1 + \Delta R_1}{(R_1 + \Delta R_1) + (R_2 - \Delta R_2)} - \frac{R_3 - \Delta R_3}{(R_3 - \Delta R_3) + (R_4 + \Delta R_4)} \right] \tag{2-18}$$

整理得

$$U_o = U \frac{\Delta R_1}{R_1} \tag{2-19}$$

$$K_U = U \tag{2-20}$$

比较式（2-15）与式（2-20）可知，全桥差动电路不但没有非线性误差，且电压灵敏度是单臂桥应变片工作时的 4 倍。

2.1.4　电阻应变片的温度补偿

1. 电阻应变片的温度误差

由测量现场环境温度改变给应变测量带来的附加误差，称为应变片的温度误差。由于温度变化所引起的电阻值变化与试件应变所产生的电阻值变化几乎在同一数量级上，若不采取克服温度因素影响的措施，则测量精度将无法得到保证。在此以应变电阻丝为例分析导致温度误差产生的两点主要因素。

（1）应变电阻温度系数的影响　应变电阻随温度变化的关系可表示为

$$R_T = R_0 (1 + \alpha_0 \Delta T) \tag{2-21}$$

式中，R_T、R_0 分别为应变电阻在温度为 T（℃）、0℃时的电阻值；α_0 是应变电阻的温度系数；ΔT 是温度差，在此就是（$T - 0$℃）。

由式（2-21）可知，当温度变化 ΔT 时，应变电阻的变化值为

$$\Delta R_\alpha = R_T - R_0 = R_0 \alpha_0 \Delta T \tag{2-22}$$

这说明 ΔR_α 与 α_0、ΔT 都成正比关系。

（2）试件材料和应变电阻材料线膨胀系数的影响　当试件材料和应变电阻材料的线膨胀系数相同时，不论环境温度怎样变化，应变电阻的变形仍与自由状态一样，不会发生附加变形，也就不会带来附加误差。但当它们的线膨胀系数不同时，就会发生附加变形，带来附加误差 ΔR_β。

假设在 0℃ 时应变电阻的阻值为 R_0，应变电阻和试件的长度均为 l_0，它们的线膨胀系数分别为 β_s 和 β_g。温度由 0℃ 变化 ΔT 时，计算可得，温度变化引起的应变电阻值的总变化量为

$$\Delta R_T = \Delta R_\alpha + \Delta R_\beta = R_0 \alpha_0 \Delta T + R_0 K (\beta_g - \beta_s) \Delta T \tag{2-23}$$

式中，K 为应变电阻的灵敏度系数。整理得

$$\frac{\Delta R_T}{R_0} = [\alpha_0 + K(\beta_g - \beta_s)] \Delta T \tag{2-24}$$

由此可见，环境温度变化引起的附加电阻给测量带来误差，该误差的大小取决于环境温度变化量 ΔT、应变片电阻自身的性能参数 K、α_0、β_s，以及试件的线膨胀系数 β_g。

2. 电阻应变片的温度误差补偿方法

（1）电桥补偿法　电阻应变片温度误差补偿最常用的方法是电桥补偿法，其原理电路如图 2-11 所示。

R_1 和 R_2 是应变电阻，其中 R_1 用于测量，R_2 用于补偿，R_3 和 R_4 为定值电阻。根据电路分析原理可知，电桥输出电压 U_o 与桥臂电阻的关系为

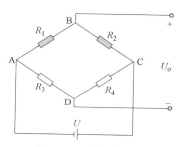

图 2-11　电桥补偿法

$$U_o = U_B - U_D = \frac{R_1}{R_1 + R_2} U - \frac{R_3}{R_3 + R_4} U = \frac{R_1 R_4 - R_2 R_3}{(R_1 + R_2)(R_3 + R_4)} U \tag{2-25}$$

设 $g = U/[(R_1 + R_2)(R_3 + R_4)]$，由于 R_1、R_2 受环境温度或应变影响产生的电阻值变化量都很小，g 可以认为是由桥臂电阻和电源电压决定的常数。

$$U_o = g(R_1 R_4 - R_2 R_3) \tag{2-26}$$

R_1 和 R_2 受温度影响时对电桥输出电压 U_o 的作用方向相反，可以相互抵消。电桥补偿法正是利用了这一基本关系实现误差补偿。

测量时，将工作应变片 R_1 粘贴在试件表面上，补偿应变片 R_2 粘贴在与试件材料完全相同的补偿块上，并放置于试件附近，且只有工作应变片承受应力。

1）当试件不承受应变时，R_1 和 R_2 处于同一温度环境，通过调整电桥参数使之平衡，则有

$$U_o = g(R_1 R_4 - R_2 R_3) = 0 \tag{2-27}$$

工程上，一般按 $R_1 = R_2 = R_3 = R_4$ 选取桥臂的电阻。

当温度变化 ΔT 时，两个应变片因温度引起的电阻变化量相同，即 $\Delta R_1 = \Delta R_2$，仍满足电桥平衡条件，处于平衡状态，有

$$U_o = g[(R_1 + \Delta R_1) R_4 - (R_2 + \Delta R_2) R_3] = 0 \tag{2-28}$$

2）当试件有应变 ε 作用时，工作应变片 R_1 由应变引起的电阻增量 $\Delta R_1' = R_1 K \varepsilon$，但补偿片不承受应变，不会有新的电阻增量，此时电桥的输出电压为

$$U_o = g[(R_1 + \Delta R_1 + \Delta R_1') R_4 - (R_2 + \Delta R_2) R_3] = g \Delta R_1' R_4 = g R_1 K \varepsilon R_4 \tag{2-29}$$

由式（2-29）可知，电桥的输出电压 U_o 只随被测试件的应变 ε 的变化而变化，与环境温度无关。

为了确保补偿效果需要注意：在应变片工作过程中，应保证 $R_3 = R_4$；R_1 和 R_2 两片应变片材质应完全相同；工作片和补偿片应处于同一温度环境中。

（2）自补偿法　当温度变化时，自补偿法能使产生的附加电阻误差降为零或相互抵消。

1）单丝自补偿法。由式（2-24）可知，实现温度补偿的条件为

$$[\alpha_0 + K(\beta_g - \beta_s)] R_0 \Delta T = 0 \tag{2-30}$$

即

$$\alpha_0 = K(\beta_s - \beta_g) \tag{2-31}$$

因此当试件的线膨胀系数 β_g 已知时，通过选择敏感栅材料的线性膨胀系数 β_s，尽可能使式（2-31）成立，就能达到一定程度的补偿。

2）双丝自补偿法。双丝自补偿应变片的补偿方法如图 2-12 所示。图 2-12a 所示应变片的敏感栅是由电阻温度系数一正一负的两种金属丝 R_1 和 R_2 串联而成的，两段敏感栅 R_1 与 R_2 因温度变化而产生的电阻变化分别为 ΔR_1 与 ΔR_2。在一定温度范围内，若 $\Delta R_1 = -\Delta R_2$，则可起到温度补偿作用。

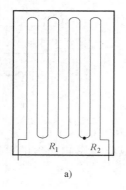 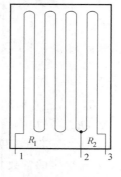 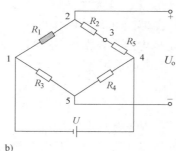

图 2-12　双丝自补偿法

a）双丝自补偿法一　b）双丝自补偿法二

图 2-12b 所示是另一种形式的应变片，敏感栅由电阻温度系数同为正或同为负的两种金属丝 R_1 和 R_2 串接而成，R_1 是应变电阻，处在一个桥臂中；R_2 是具有高温度系数和低应变灵敏度系数的补偿电阻，与一个温度系数很小的附加电阻 R_5 串联作为另一桥臂。调整 R_1、R_2、R_5 的数值，使其满足条件

$$\frac{\Delta R_1}{R_1} = \frac{\Delta R_2}{R_2 + R_5} \tag{2-32}$$

R_5 的值由式（2-32）求得，即可满足温度补偿要求。应注意的是，该补偿法只适用于特定的测试材料，且应变片的灵敏度会有所下降。

（3）热敏电阻补偿法　图 2-13 所示为热敏电阻补偿法。R_1 为应变电阻，R_2、R_3、R_4 分别为定值电阻，

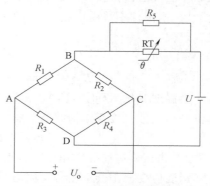

图 2-13　热敏电阻补偿法

R_5 为分流电阻。

热敏电阻 RT 处在与应变电阻相同的温度环境下，当电桥的灵敏度随温度的升高而下降时，热敏电阻 RT 的阻值也下降，使得电桥的输入电压 U_{BD} 随温度升高而增大，因而能提高电桥的输出，补偿应变电阻因温度变化引起的输出下降。适当选择分流电阻 R_5 的阻值，就能起到较好的补偿作用。

2.1.5 应变电阻式传感器的应用

电阻应变片可制作成多种形式的应变式传感器（扫描右侧二维码观看相关视频），用于测量力、扭矩、位移、加速度等量。它们主要利用的变量间的传递关系为

信物百年
新中国最早的万吨水压机

$$x \xrightarrow{\varepsilon=f(x)} \varepsilon \xrightarrow{\frac{\Delta R}{R}=f(\varepsilon)} \frac{\Delta R}{R} \xrightarrow{U_o=f\left(\frac{\Delta R}{R}\right)} U_o \qquad (2\text{-}33)$$

式中，x 为被测物理量；U_o 为转变后的输出电信号。

1. 应变式力传感器

被测量为荷重或力的应变式传感器称为应变式力传感器，其量程一般在几克到几百吨之间。应变式力传感器的弹性元件有柱（筒）形、环形、悬臂梁型等多种形式。柱形弹性元件结构简单，能承受很大的载荷；环形弹性元件多用于测量较大载荷，其上应力分布有正有负，很容易接成差动电桥；悬臂梁型弹性元件结构简单，加工容易，应变片容易粘贴，灵敏度较高，适用于测量小载荷。

柱形力传感器、板环式力传感器和悬臂梁型力传感器的实物如图 2-14 所示。

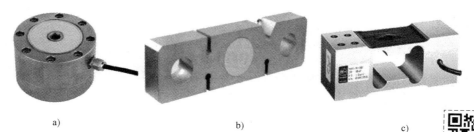

a)   b)   c)

图 2-14 应变式力传感器实物图   原理动画
a）柱形力传感器 b）板环式力传感器 c）悬臂梁型力传感器

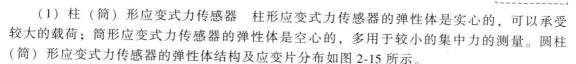

（1）柱（筒）形应变式力传感器 柱形应变式力传感器的弹性体是实心的，可以承受较大的载荷；筒形应变式力传感器的弹性体是空心的，多用于较小的集中力的测量。圆柱（筒）形应变式力传感器的弹性体结构及应变片分布如图 2-15 所示。

应变片对称地粘贴在弹性体外壁上应力分布均匀的中间部分，弹性体上应变片的粘贴和电桥的连接应尽可能消除载荷偏心和弯矩的影响。

作用于圆柱形弹性体上的力 F 在各应变片上产生的应变分别为

$$\varepsilon_1 = \varepsilon_2 = \varepsilon_3 = \varepsilon_4 = \varepsilon + \varepsilon_T \qquad (2\text{-}34)$$

$$\varepsilon_5 = \varepsilon_6 = \varepsilon_7 = \varepsilon_8 = -\mu\varepsilon + \varepsilon_T \qquad (2\text{-}35)$$

式中，μ 为圆柱形弹性体材料的泊松比；ε 为圆柱形弹性体在 F 作用下的轴向应变；ε_T 为温度 T 所引起的附加应变。

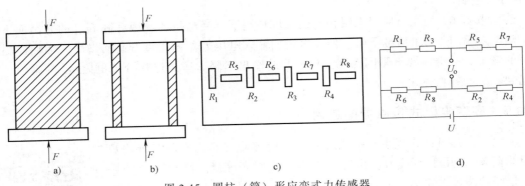

图 2-15　圆柱（筒）形应变式力传感器

a）实心柱体　b）空心柱体　c）柱面展开　d）电桥连接

设柱形弹性体的截面积为 S，材料的弹性模量为 E，根据材料力学原理，沿轴向的应变为

$$\varepsilon = \frac{F}{ES} \tag{2-36}$$

则全桥接法的总应变 ε_0 为

$$\varepsilon_0 \approx \varepsilon_1 + \varepsilon_2 + \varepsilon_3 + \varepsilon_4 - \varepsilon_5 - \varepsilon_6 - \varepsilon_7 - \varepsilon_8 = 4(1+\mu)\varepsilon \tag{2-37}$$

电桥的输出电压为

$$U_o = UK\varepsilon_0 = 4UK(1+\mu)\frac{F}{ES} \tag{2-38}$$

从而求得被测力为

$$F = \frac{ES}{4K(1+\mu)U}U_o \tag{2-39}$$

（2）悬臂梁型力传感器　悬臂梁型力传感器主要有等强度梁、等截面梁、固定梁等形式，其结构原理如图 2-16 所示。

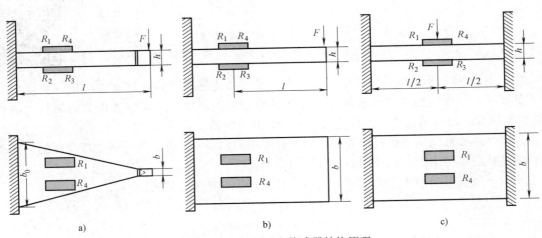

图 2-16　悬臂梁型力传感器结构原理

a）等强度悬臂梁　b）等截面悬臂梁　c）双端固定梁

由应变片 R_1、R_2、R_3、R_4 构成的全桥电路如图 2-17 所示。

图 2-16a 所示为等强度梁应变力传感器，梁厚为 h，梁长为 l，固定端宽度为 b_0，自由端宽度为 b，从固定端到自由端的截面按一定规律变化，呈等腰三角形样式。当外力 F 作用在自由端时，沿梁的长度方向上，距作用点任意距离的截面上的应力 σ 均相等，其应变为

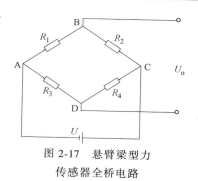

图 2-17　悬臂梁型力传感器全桥电路

$$\varepsilon = \frac{\sigma}{E} = \frac{6Fl}{b_0 h^2 E} \qquad (2-40)$$

图 2-16b 所示为等截面梁应变力传感器，梁厚为 h，梁长为 l，固定端和自由端宽度均为 b，从固定端到自由端的截面处处相同。当外力 F 作用在自由端时，距离固定端越近处，产生的应力 σ 越大，粘贴应变片处的应变为

$$\varepsilon = \frac{\sigma}{E} = \frac{6Fl}{b h^2 E} \qquad (2-41)$$

图 2-16c 所示为固定梁应变力传感器，梁的两端固定，两固定端之间的截面处处相同，梁厚为 h，梁长为 l，梁宽为 b。在梁的中间加载荷，应变片粘贴在中间位置，其应变为

$$\varepsilon = \frac{\sigma}{E} = \frac{3Fl}{4b h^2 E} \qquad (2-42)$$

2. 应变式压力传感器

应变式压力传感器主要用于测量流动介质的动态或静态压力，如内燃机管道进口与出口气体压力、流体输送设备进口与出口压力、流体管道内压力等。这类传感器一般采用膜片式、筒式或组合式的弹性元件。

图 2-18 所示为膜片式压力传感器结构原理。圆形膜片作为敏感弹性元件，与壳体做在一起，被测介质的压力均匀地作用在膜片的一面，应变片粘贴在膜片的另一面。膜片式压力传感器实物如图 2-19 所示。

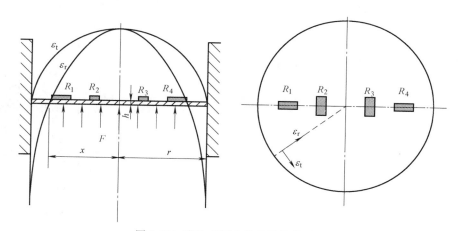

图 2-18　膜片式压力传感器结构原理

在压力 F 的作用下，膜片产生径向应变 ε_r 和切向应变 ε_t，其表达式为

$$\varepsilon_r = \frac{3F(1-\mu^2)(r^2-3x^2)}{8h^2E} \tag{2-43}$$

$$\varepsilon_t = \frac{3F(1-\mu^2)(r^2-x^2)}{8h^2E} \tag{2-44}$$

图 2-19　膜片式压力
传感器实物图

式中，r、h 分别为膜片的半径、厚度；x 为到圆心的径向距离；F 为膜片上均匀分布的压力；μ 为膜片材料的泊松比；E 为膜片材料的弹性模量。

由式（2-43）和式（2-44）可得膜片不同位置的径向应变和切向应变。

1）当 $x=0$ 时

$$\varepsilon_r = \varepsilon_t = \frac{3F(1-\mu^2)r^2}{8h^2E} \tag{2-45}$$

2）当 $x=r$ 时

$$\varepsilon_r = -\frac{3F(1-\mu^2)r^2}{4h^2E} \tag{2-46}$$

$$\varepsilon_t = 0 \tag{2-47}$$

可见，膜片径向应变的绝对值在边缘位置比在中心处大一倍。

3）当 $x=r/\sqrt{3}$ 时

$$\varepsilon_r = 0 \tag{2-48}$$

$$\varepsilon_t = \frac{F(1-\mu^2)r^2}{4h^2E} \tag{2-49}$$

综上可知，切向应变为正值，在膜片中心处最大；径向应变有正有负，在膜片中心处与切向应变相等，在膜片边缘处最大，数值大小是中心处的两倍。在 $x=r/\sqrt{3}$ 处径向应变为零，因此，粘贴应变片时要避开径向应变为零的位置。

3. 应变式加速度传感器

应变式加速度传感器的基本结构原理如图 2-20 所示，其实物图如图 2-21 所示。

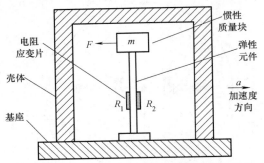

图 2-20　应变式加速度传感器的基本结构原理

图 2-21　应变式加速度传感器实物图

应变式加速度传感器主要由惯性质量块 m、弹性元件、壳体、基座及应变片等组成。当被测物体与传感器一起以加速度 a 运动时，质量块 m 受到惯性力 $F=-ma$ 作用，引起弹性元件的弯曲，使应变片受到应力作用而产生阻值变化。因此，根据应变情况就可测出受力 F 的大小和方向，从而确定物体运动的加速度的大小和方向。

2.2　热电阻式传感器

热电阻式传感器又称为测温-电阻式传感器，是利用导体或半导体材料的电阻率随温度变化的特性制成的传感器，主要用于温度测量。其测温元件一般分为金属热电阻和半导体热敏电阻两大类，习惯上，前者简称为热电阻，后者简称为热敏电阻。

2.2.1　金属热电阻式传感器

利用金属导体材料电阻率随温度变化的温度电阻效应制成的传感器称为金属热电阻式传感器，金属导体材料不同，其测温范围也不同，工业应用中的测温范围一般为−200～500℃。

1. 热电阻测温原理

根据物理学知识，当温度升高时，绝大部分金属导体材料的电阻率会变大，电阻值会增加，具有正温度系数效应。金属导体阻值随温度变化的关系式为

$$R_T = R_0 [1 + \alpha (T - T_0)] \tag{2-50}$$

式中，R_T、R_0 分别代表热电阻在 T、T_0 时的阻值；α 为热电阻的电阻温度系数。

在一定的温度范围内，大多数金属导体的电阻-温度关系是线性的，即 α 值近似为常数。表 2-1 列出了常用金属导体材料在 0～100℃ 范围内的电阻温度系数。

表 2-1　常用金属和合金的电阻温度系数　（单位：℃$^{-1}$）

材料	电阻温度系数 α	材料	电阻温度系数 α
金	0.00324（20℃）	镍	0.0069（0～100℃）
银	0.0038（20℃）	铂	0.00374（0～60℃）
铜	0.00393（20℃）	康铜	5×10^{-7}
铁	0.00651（20℃）	镍铬	7×10^{-7}
铝	0.00429（20℃）	镍铬铁	1.5×10^{-8}

金属导体材料不同，其电阻率与温度关系的线性范围也不同。测温范围超出其线性区域时，电阻温度系数 α 就不能再视为常数，热电阻的通用计算式为

$$R_T = R_0 (1 + \alpha_1 T + \alpha_2 T^2 + \cdots + \alpha_n T^n) \tag{2-51}$$

式中，α_1，α_2，…，α_n 分别为多项式的系数。

热电阻测温时，为了保证良好的测温特性，选用的金属导体材料应具有以下特点。

1）电阻温度系数大且稳定。α 越大，测温灵敏度越高；α 越稳定，电阻率对温度的线性特性越好。纯金属的 α 比合金的高，所以，一般选用纯金属导体作为热电阻材料。

2）物理、化学性质稳定，确保测量准确。

3）电阻率大，在相同灵敏度下能减小电阻的体积。

4）热容量小，以降低热惯性，提高响应速度。

5）材料的提纯、压延、复制等工艺性好，便于制作。

具有以上特点的金属导体材料有铂、铜、镍和铁等，但实际应用中主要以铂材料和铜材料来制作测温热电阻。

2. 常用热电阻

测温过程中，最常用的热电阻是铂热电阻和铜热电阻。

（1）铂热电阻　铂是一种贵金属，其物理和化学性质都很稳定，是目前制造热电阻的最好材料。铂热电阻的测温精度与铂材料的纯度有关，通常用100℃电阻比表示铂材料的纯度，即

$$W(100) = \frac{R_{100}}{R_0} \qquad (2\text{-}52)$$

式中，R_{100} 为100℃时的电阻值；R_0 为0℃时的电阻值。

$W(100)$ 越大，表示铂材料的纯度越高，测温精度也越高。工业用铂热电阻的 $W(100)$ 在 1.387～1.390 之间，实验室或高精度标定测量用的标准铂热电阻要求 $W(100) \geqslant 1.3925$。

铂热电阻的电阻值与温度之间的关系是非线性的，不同温度区段的表示形式如下：

在 -200～0℃ 范围内

$$R_T = R_0 \left[1 + AT + BT^2 + C(T-100)T^3 \right] \qquad (2\text{-}53)$$

在 0～650℃ 范围内

$$R_T = R_0 (1 + AT + BT^2) \qquad (2\text{-}54)$$

式（2-53）和式（2-54）中，R_T 为温度为 T 时铂热电阻的电阻值，R_0 为温度为0℃时铂热电阻的电阻值，常系数 A、B、C 的数值（GB/T 30121—2013）分别为：$A = 3.9083 \times 10^{-3}/℃$，$B = -5.775 \times 10^{-7}/℃^2$，$C = -4.183 \times 10^{-12}/℃^4$。

目前，我国常用的标准化铂热电阻按分度号有 Pt50、Pt100、Pt300 等几种，其对应的电阻初始值（0℃时的电阻值）分别是 50Ω、100Ω、300Ω 等。铂热电阻的允差等级见表2-2所示，这些允差可用于任意标称值的热电阻。

表 2-2　铂热电阻的允差等级（GB/T 30121—2013）

允差等级	有效温度范围/℃		允差值/℃
	线绕元件	膜式元件	
AA	-50～250	0～150	±(0.1+0.0017|T|)
A	-100～450	-30～300	±(0.15+0.002|T|)
B	-196～500	-50～500	±(0.3+0.005|T|)
C	-196～600	-50～600	±(0.6+0.01|T|)

注：$|T|$ =温度绝对值，单位为℃。

表2-3是分度号为 Pt100 的铂热电阻在 -200～850℃ 范围内的分度表，即电阻与温度的对应值表。只要测得热电阻的阻值，利用此表格，就可以查得对应的被测温度数值。

表 2-3　铂热电阻分度表（Pt100）（GB/T 30121—2013）

温度/℃	0	10	20	30	40	50	60	70	80	90
	电阻/Ω									
-200	18.52									
-100	60.26	56.19	52.11	48.00	43.88	39.72	35.54	31.34	27.10	22.83
-0	100.00	96.09	92.16	88.22	84.27	80.31	76.33	72.33	68.33	64.30
+0	100.00	103.90	107.79	111.67	115.54	119.40	123.24	127.08	130.90	134.71
100	138.51	142.29	146.07	149.83	153.58	157.33	161.05	164.77	168.48	172.17

（续）

温度/℃	0	10	20	30	40	50	60	70	80	90
	电阻/Ω									
200	175.86	179.53	183.19	186.84	190.47	194.10	197.71	201.31	204.90	208.48
300	212.05	215.61	219.15	222.68	226.21	229.72	233.21	236.70	240.18	243.64
400	247.09	250.53	253.96	257.38	260.78	264.18	267.56	270.93	274.29	277.64
500	280.98	284.30	287.62	290.92	294.21	297.49	300.75	304.01	307.25	310.48
600	313.71	316.92	320.12	323.30	326.48	329.64	332.79	335.93	339.06	342.18
700	345.28	348.38	351.46	354.53	357.59	360.64	363.67	366.70	369.71	372.71
800	375.70	378.68	381.65	384.60	387.55	390.48				

（2）铜热电阻　铜容易提纯，温度系数比铂大，价格较低，但是铜易于氧化，对于测量精度要求不高、被测温度较低的场合，适合采用铜热电阻。

铜热电阻的电阻-温度特性可表示为

$$R_T = R_0\left[1 + AT + BT(T-100) + CT^2(T-100)\right] \tag{2-55}$$

式中，R_T 为温度为 T 时铜热电阻的电阻值；R_0 为温度为 0℃ 时铜热电阻的电阻值；常系数 A、B、C 的数值（JB/T 8623—2015）分别为：$A = 4.280 \times 10^{-3}/℃$，$B = -9.31 \times 10^{-8}/℃^2$，$C = 1.23 \times 10^{-9}/℃^3$。

铜热电阻在 $-50 \sim 150℃$ 的温度范围内，其电阻-温度特性近似为线性的，可表示为

$$R_T = R_0(1 + \alpha T) \tag{2-56}$$

式中，α 是铜热电阻的电阻温度系数，其值为 $4.25 \times 10^{-3} \sim 4.28 \times 10^{-3}/℃$。

目前，工业上使用的标准化铜热电阻的 R_0 值，按国内统一设计取值有 50Ω 和 100Ω 两种，分度号分别为 Cu50 和 Cu100，铜材料的 $W(100)$ 不小于 1.425，其精度在 $-50 \sim 50℃$ 温度范围内是 ±0.5℃，在 $0 \sim 150℃$ 温度范围内精度是 ±0.01℃。分度号为 Cu50 铜热电阻分度表见表 2-4。

表 2-4　分度号为 Cu50 的铜热电阻分度表（JB/T 8623—2015）

温度/℃	0	10	20	30	40	50	60	70	80	90
	电阻/Ω									
−0	50.000	47.854	45.706	43.555	41.400	39.242				
+0	50.000	52.144	45.285	56.426	58.565	60.704	62.842	64.981	67.120	69.259
100	71.400	73.542	75.686	77.833	79.982	82.134				

3. 热电阻的基本结构

根据应用场合的不同，热电阻的外形结构有多种形式，如普通型、铠装型、表面型等。工业用普通型热电阻传感器一般由电阻体、引线、保护套管和接线盒等部件组成，普通型热电阻传感器结构原理如图 2-22 所示，其实物图如图 2-23 所示。

热电阻丝绕在支架上构成电阻体，支架采用石英、云母、陶瓷或塑料等绝缘材料制成，可根据需要将支架制成不同的形状。为了防止电阻体产生电感，电阻丝一般采用双线并绕法。

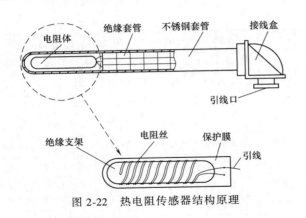

图 2-22　热电阻传感器结构原理

图 2-23　热电阻传感器实物图

4. 热电阻的测量电路

热电阻传感器的测量电路一般采用平衡测量电桥。热电阻作为电桥的桥臂，在与测量电桥进行连接时，其引线连接方式有三种形式，分别是两线制、三线制和四线制。为了消除连接导线的阻值随环境温度变化造成的测量误差，通常采用三线制或四线制方式连接。

（1）两线制测量电路　两线制测量电桥电路如图 2-24 所示，热电阻两端各有一条引线，连接到测量电桥的同一个桥臂上。其中，r 表示引线电阻，R_T 是测温热电阻，R_p 为零位调整电阻，G 为检流计，R_1、R_2、R_3 为固定阻值的桥臂电阻。这种引线连接方式简单，但是引线电阻与热电阻串联并作用在同一个

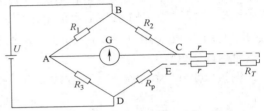

图 2-24　热电阻测量电路的两线制接法

桥臂上，它相当于热电阻的一部分，其阻值随环境温度的变化会带来附加误差。因此，两线制接法适用于引线较短、引线阻值远小于热电阻阻值、测温精度要求不高的场合。

在进行温度测量时，先调整 R_p，使电桥满足初始平衡条件，即

$$R_2 R_3 = R_1 (R_p + 2r + R_T) \tag{2-57}$$

当被测温度变化时，引线电阻 r 的阻值变化与 R_T 一样都将引起测温电桥平衡状态的变化。在 r 变化较小时，R_T 的变化能较好地反映被测温度的变化。

（2）三线制测量电路　为了消除引线电阻对测温精度的影响，工业用热电阻测量电桥电路大多采用三线制接法，如图 2-25 所示。其中，三根引线参数相同，阻值都是 r，其中一条与电桥电源或检流计串联，它对电桥的平衡没有影响，另外两条导线分别连接在电桥的相

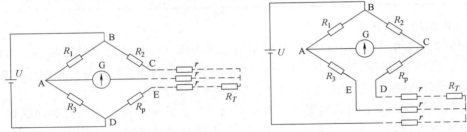

图 2-25　热电阻测量电路的三线制接法

邻两桥臂中。

就图 2-25 中的左侧电路而言，满足初始平衡条件时，应有

$$R_1(R_T+r+R_p) = (R_2+r)R_3 \tag{2-58}$$

整理得

$$R_1(R_T+R_p) = R_2R_3+(R_3-R_1)r \tag{2-59}$$

若令 $R_3=R_1$，则有

$$R_1(R_T+R_p) = R_2R_3 \tag{2-60}$$

即引线电阻 r 在 $R_3=R_1$ 的条件下，对测量电桥的平衡状态不再产生影响。

应注意的是，以上结论是在 $R_3=R_1$ 的条件下，且测量电桥处于平衡状态时才成立。当测量电桥工作在非平衡状态时，引线电阻 r 的影响已经很微小。为了尽可能消除从热电阻测温部分到接线端子间的导线对测量精度的影响，一般要求从热电阻测温部分的根部开接引线，且要求引线参数完全一样，以保证它们的电阻值 r 相等。

（3）四线制测量电路　在高精度测量中，常常采用四线制接法的测量电桥电路，如图 2-26 所示。

热电阻两端分别焊接两条引线，引线参数都相同，阻值都为 r。I 为恒流源，在热电阻 R_T 两端产生的直流电压 U_o 用直流电位差计进行测量。由于恒流源提供的电流值固定，则 R_T 两端电压只受 R_T 阻值的影响，也就是只受被测温度 T 的影响。电位差计在平衡状态下，引线上的电流为零，阻值 r 对 R_T 两端电压 U_o 的测量不产生影响。因此，根据欧姆定律可知

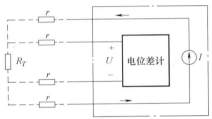

图 2-26　热电阻测量电路的四线制接法

$$R_T = \frac{U_o}{I} = f(T) \tag{2-61}$$

与电位差计配合的四线制接线方式能消除引线电阻对温度测量的影响。需要注意的是，恒流源必须保持电流稳定不变，其数值精度应与 R_T 的测量精度相适应。

2.2.2　半导体热敏电阻式传感器

利用半导体材料电阻率随温度变化而变化的特性制成的传感器称为半导体热敏电阻式传感器，其测温范围一般在 $-50 \sim +300℃$ 温度区间。

1. 测温原理

常温下，由于半导体中参与导电的载流子浓度很低，因此其电阻率比金属导体的电阻率大很多。随着温度的升高，一方面，参与导电的载流子的数目增加很多，导致电阻率按指数规律急剧减小；另一方面，半导体中载流子的平均运动速度升高，又导致电阻率增大。因此，半导体材料和掺入的杂质不同，其电阻-温度特性也不相同，形成了多种类型的半导体热敏电阻。

半导体热敏电阻就是利用半导体的这一电阻-温度特性制成的温度敏感元件。在一定的测温范围内，根据热敏电阻值的变化，就可以求出被测温度的数值。

2. 基本类型及特性

根据热敏电阻随温度变化的不同特性，可以将其分为三种典型类型，分别是负温度系数（NTC）型热敏电阻、正温度系数（PTC）型热敏电阻和在某一特定温度下电阻值会发生突

变的临界温度系数（CTR）型热敏电阻，热敏电阻的电阻率与温度之间的特性曲线如图 2-27 所示。

（1）NTC 型热敏电阻　NTC 型热敏电阻具有负温度系数，它的电阻率 ρ 随着温度的增加而比较均匀地减小，是缓变型热敏电阻，适合在较宽温度范围内进行温度测量，是目前使用最多的一种热敏电阻。这种热敏电阻是用负温度系数且系数绝对值很大的固体多晶半导体氧化物的混合物制成，如用铜、铁、铝、锰、钴、镍等的氧化物按一定比例混合烧结制成，改变氧化物的成分和比例，就可得到不同测温范围、阻值和温度系数的 NTC 型热敏电阻。

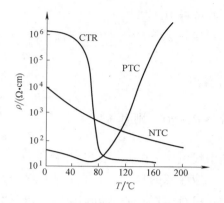

图 2-27　半导体热敏电阻的温度特性曲线

NTC 型热敏电阻的阻值随温度 T（热力学温度）变化的特性称为电阻-温度特性，可近似表示为

$$R_T = R_0 e^{B_N\left(\frac{1}{T}-\frac{1}{T_0}\right)} \tag{2-62}$$

式中，T_0 和 T 分别为被测介质的起始和变化终止时的热力学温度；R_T 和 R_0 分别为热敏电阻在热力学温度为 T 和 T_0 时的电阻值；B_N 为 NTC 型热敏电阻的材料常数，可通过实验获得，一般取 $B_N = 2000 \sim 6000\mathrm{K}$。

热敏电阻自身温度变化 1℃（1K）时，其电阻值的相对变化量称为热敏电阻的温度系数，即

$$\alpha_T = \frac{\mathrm{d}R_T/\mathrm{d}T}{R_T} \tag{2-63}$$

将式（2-62）代入式（2-63）得

$$\alpha_T = -\frac{B_N}{T^2} \tag{2-64}$$

可见，α_T 随着温度的降低而迅速增大，如果 B_N 为 4000K，当 $T = 293.15\mathrm{K}$（20℃）时，由式（2-64）可求得 $\alpha_T = -4.65\%/℃$。

这一温度系数值是相同温度下铂热电阻的 12 倍，因此，半导体测温电阻的灵敏度很高。图 2-28 所示为 NTC 型中的 RRC4 系列热敏电阻的电阻-温度特性曲线。

由于热敏电阻的温度升高会造成其伏安特性变成非线性关系，因此在使用热敏电阻时，应尽量限制流过热敏电阻的电流，以减小热敏电阻自热效应引起的误差。

（2）PTC 型热敏电阻　PTC 型热敏电阻具有正温度系数，在一定的温度范围内，其电阻-温度特性呈非线性显著增加趋势。PTC 型热敏电阻采用钛酸钡系半导体，若掺入微量的金属氧化物，其电阻-温度特性会出现突然急剧变化的现象，急变点及急变温度区的斜率等受配料成分、烧结条件等因素的影响。

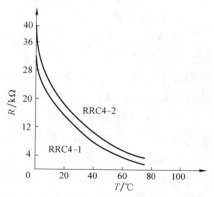

图 2-28　NTC 型热敏电阻的电阻-温度特性

图 2-29 所示为两种 PTC 型热敏电阻的电阻-温度特性曲线。

突变型曲线在温度 T_a 时对应的电阻是一个最小值 R_{min}；当温度高于 T_b 后，电阻值随着温度的升高变化很快，曲线变得很陡，斜率很大。具有这种曲线的 PTC 型热敏电阻称为突变型或开关型 PTC 型热敏电阻，T_b 称为开关温度，其对应的电阻值 R_b 称为开关电阻。

温度在 T_b 以上时，突变型 PTC 型热敏电阻的电阻-温度特性关系近似为

$$R_T = R_0 e^{B_p(T-T_0)}$$

(2-65)

式中，R_T、R_0 分别是热敏电阻在热力学温度为 T、T_0 时的电阻值；B_p 为 PTC 型热敏电阻的材料常数。

缓变型曲线的电阻值随温度的变化比较缓慢，具有这种曲线的 PTC 型热敏电阻称为缓变型 PTC 型热敏电阻，R_T 与 T 的关系近似为线性，常用于温度补偿。

（3）CTR 型热敏电阻　CTR 型热敏电阻的电阻值在某一温度附近会发生突变，在几摄氏度的狭小温度区间内，阻值随温度的升高能降低 3~4 个数量级。典型的 CTR 型热敏电阻的电阻-温度特性曲线如图 2-30 所示。

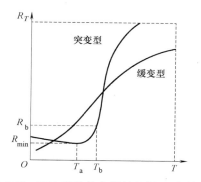

图 2-29　PTC 型热敏电阻的电阻-温度特性

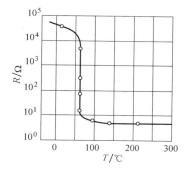

图 2-30　CTR 型热敏电阻的电阻-温度特性

根据 CTR 型热敏电阻的电阻-温度特性曲线可知，其电阻值能在较小的温度范围内很快下降，且下降幅度大，开关特性好。

3. 结构形式

热敏电阻主要由热敏探头、引线、壳体等组成，一般做成两端器件，也有的做成三端或四端器件。两端或三端器件为直热式，四端器件则为旁热式。

根据不同的使用要求，热敏电阻的结构形状多种多样，常用的有珠状、片状、垫圈状、杆状等，如图 2-31 所示。热敏电阻实物如图 2-32 所示。

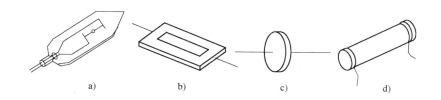

图 2-31　热敏电阻的常见结构
a) 玻璃罩珠状　b) 片状　c) 垫圈状　d) 杆状

热敏电阻具有体积小、反应快、灵敏度高、寿命长、结构简单、使用方便等优点，可测量点温，并适合于动态温度测量。

4. 测量电路

热敏电阻的测量电路一般有分压式和电桥式两种，如图 2-33 所示。

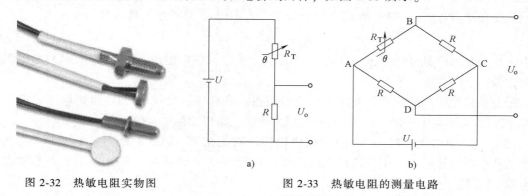

图 2-32　热敏电阻实物图

图 2-33　热敏电阻的测量电路
a）分压式测量电路　b）电桥式测量电路

分压式和电桥式测量电路都建立了测量输出电压与热敏电阻值之间的对应关系，表达式分别为

$$U_o = U \frac{R}{R+R_T} \tag{2-66}$$

$$U_o = U \frac{R}{R+R_T} - \frac{U}{2} \tag{2-67}$$

再根据 $R_T = f(T, T_0)$ 关系式，就可以建立被测温度 T 与输出电压 U_o 之间的关系。

2.2.3　热电阻式传感器的应用

1. 热电阻的应用

图 2-34 是一个比较典型的热电阻温度测量电路，测温元件为 Pt100，测温范围是 20～120℃，对应的输出电压为 0～2.0V，输出电压可直接输入单片机作为显示和控制信号。

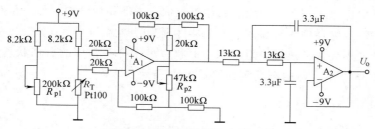

图 2-34　铂热电阻测温应用电路

测温热电阻 Pt100 采用三线制方式接入测量电桥，A_1 用于信号初级放大，信号经 R、C 组成的低通滤波器过滤后，经 A_2 再次放大。测量之前，电路需要进行零点和量程的调节，调节时可采用标准电阻箱来代替热电阻，在 $T = 20℃$ 时，调节 R_{p1} 使 $U_o = 0V$；在 $T = 120℃$ 时，调节 R_{p2} 使 $U_o = 2.0V$。这一电路能把被测温度 T 转化为对应的电压信号 U_o 输出，量程转换关系为 20～120℃ 对应于 0～2.0V。

2. 热敏电阻的应用

图 2-35 是使用 NTC 型热敏电阻构成的一个电加热温度控制电路。其中，热敏电阻 R_T 为测温元件，可调电阻 R_p 用于温度设定，K 是继电器，LED 是电加热指示灯。

当实际温度低于设定温度时，R_T 的阻值较大，VT_1 导通，VT_2 也随之导通，继电器 K 通电吸合，开始电加热；随着电加热的进行，当实际温度升高到设定值时，R_T 的阻值减小到某一数值，此时，VT_1 关断，VT_2 也随之关断，继电器 K 断开，停止电加热，温度开始下降。如此反复进行加热控制，确保温度在要求范围内。

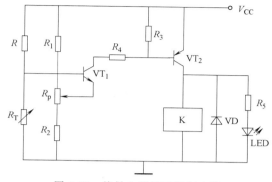

图 2-35　热敏电阻温度控制电路

2.3　电位器式电阻传感器

电位器式电阻传感器是将机械的线位移或角位移转换为与其有一定函数关系的电阻或电压，一般用于测量压力、高度、加速度等参数。电位器式电阻传感器的种类很多，若按电阻元件结构形式的不同，可分为绕线式和非绕线式两大类。绕线式可分为线性和非线性两种，而非绕线式主要包括薄膜式、导电塑料式和光电式等。

2.3.1　绕线电位器式电阻传感器

绕线电位器式电阻传感器的敏感元件可实现机械位移信号与电信号之间的转换，是目前最常用的电位器式电阻传感器，简称绕线电位器。它主要由骨架、电阻丝、滑臂、电刷组成，根据位移形式可分为线位移型传感器和角位移型传感器两种类型，结构原理如图 2-36 所示。图 2-37 所示为线位移型和角位移型传感器实物图。

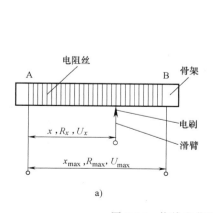

a)

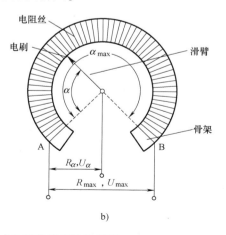

b)

图 2-36　绕线电位器式电阻传感器结构原理

a）线位移型　b）角位移型

图 2-37　绕线电位器式电阻传感器实物图

绕线电位器的骨架一般由胶木等绝缘材料或表面覆有绝缘层的金属材料构成，根据需要可做成不同的形状，如长方体、环带状或螺旋状等；电阻丝的表面涂绝缘漆，绕制在骨架上，两端的引线接电压源；电刷与电阻丝之间接触良好。在有位移输入的情况下，滑臂带动电刷移动，输出电压。

1. 线性绕线电位器

当电位器的骨架截面处处相同，电阻丝的材料和截面均匀，且等节距整齐地绕制在骨架上时，其输入位移与输出电压呈线性关系，这就是线性电位器。

当电位器的输出端不接负载或负载无穷大时，电位器的输出特性称为空载特性；当电位器的输出端接负载时，其输出特性称为负载特性。

（1）空载特性　在如图 2-36a 所示线位移型电位器中，设 A 点到 B 点的位移为 x_{max}。

若把电位器作为电阻器使用，且假定 A 点与 B 点间的电阻为 R_{max}，当滑臂由 A 点向 B 点移动 x 位移时，A 点与电刷之间的阻值为

$$R_x = \frac{x}{x_{max}} R_{max} \tag{2-68}$$

若把电位器作为分压器使用，且假定 A、B 两点之间的电压为 U_{max}，则 A 点与电刷之间的电压为

$$U_x = \frac{x}{x_{max}} U_{max} \tag{2-69}$$

图 2-36b 所示角位移型电位器的工作原理与线位移型电位器相似，把电位器作为电阻器使用时，输出电阻与角位移之间的关系为

$$R_\alpha = \frac{\alpha}{\alpha_{max}} R_{max} \tag{2-70}$$

把电位器作为分压器使用时，输出电压与角位移之间的关系为

$$U_\alpha = \frac{\alpha}{\alpha_{max}} U_{max} \tag{2-71}$$

由式（2-68）~式（2-71）可知，在空载情况下，电位器的输出特性为线性。

线性线位移型电位器剖面结构如图 2-38 所示，骨架的截面宽度为 b，截面高度为 h，电阻丝截面积为 S，电阻率为 ρ，绕线节距为 t。

（2）负载特性　接有负载电阻 R_L 的线性线位移型电位器电路如图 2-39 所示。

负载情况下电位器的输出电压为

$$U_L = U_{max} \frac{R_x R_L}{R_L R_{max} + R_x R_{max} - R_x^2} \tag{2-72}$$

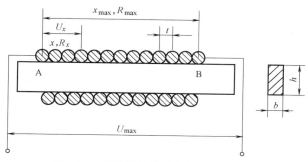

图 2-38 线性线位移型电位器剖面结构

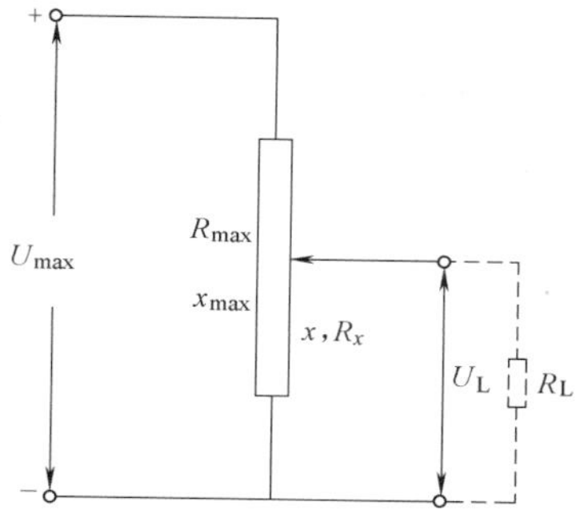

图 2-39 线性线位移型电位器带负载电路

令 $R_x/R_{max}=r$，$R_{max}/R_L=m$，m 称为负载系数，则式（2-72）可改写为

$$U_L = U_{max} \frac{r}{1+rm(1-r)} \qquad (2\text{-}73)$$

由此可知，负载情况下 $m\neq0$，电位器的输出电压不仅与输入位移有关，还与负载电阻的大小有关，是非线性的。

而空载情况下 $m=0$，电位器的输出电压为

$$U_x = U_{max} r \qquad (2\text{-}74)$$

比较式（2-73）和式（2-74）可知，对于相同的位移输入，负载情况下与空载情况下的输出存在差值，称为负载误差，可表示为

$$\delta_L = \frac{U_x - U_L}{U_x} \times 100\% = \left[1 - \frac{1}{1+rm(1-r)}\right] \times 100\% \qquad (2\text{-}75)$$

将式（2-75）对 r 求导数，令 $d\delta_L/dr=0$，则求得当 $r=1/2$ 时，δ_L 取得极大值，且为

$$\delta_{Lmax} = \frac{1}{1+\dfrac{4}{m}} \times 100\% \qquad (2\text{-}76)$$

负载误差 δ_L 与 m、r 之间的关系可用如图 2-40 所示的曲线来描述。

由图可见，无论 m 为何值，电刷在电位器的起始位置（A 点）和终止位置（B 点）时，负载误差都为零；位移变化时，负载误差随之变化；电刷在电位器的中间位置时，负载误差最大，且 m 值越小，δ_{Lmax} 也越小。

（3）阶梯特性和误差 由绕线电位器的结构特点可知，当电刷在电位器的线圈上直线移动时，电位器的阻值随电刷从某一圈移动到另一圈是阶跃变化的，因此，电刷每移动一匝线圈的距离，输出电压就发生一次阶跃变化。若不考虑匝数过渡期间出现的短接问题，则电位器的输出电压曲线如图 2-41 所示。

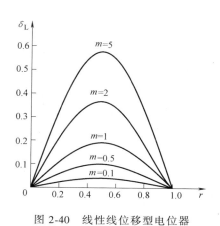

图 2-40 线性线位移型电位器
负载误差曲线

每次阶跃所产生的电压变化为

$$\Delta U = \frac{U_{max}}{n} \qquad (2\text{-}77)$$

式中，n 为电位器线圈的总匝数。

但实际情况是，电刷每次从第 i 匝移动至第 $i+1$ 匝的过程中，都会使得两匝线圈出现一次短时间的短接，致使电位器总匝数由 n 匝变为 $n-1$ 匝。这样，在每一次电压阶跃 ΔU 时又会发生一次小的阶跃，记为 ΔU_n。实际的输出电压曲线如图 2-42 所示。

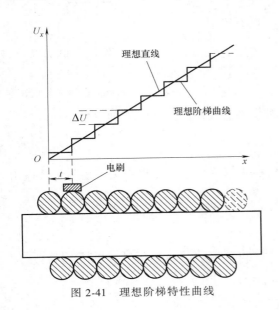

图 2-41　理想阶梯特性曲线　　　　　图 2-42　实际阶梯特性曲线

$$\Delta U_n = \frac{U_{max}}{n-1}i - \frac{U_{max}}{n}i = \frac{i}{n(n-1)}U_{max} \tag{2-78}$$

实际应用中，总是将实际输出特性理想化为如图 2-41 所示的阶梯状特性曲线，由于各个阶梯的大小完全相同，将每个阶梯的中点连接起来构成直线，即为理论直线。阶梯特性曲线围绕该直线上下波动，如此产生的偏差称为阶梯误差。阶梯误差的大小是由绕线电位器自身特性所决定的，是一种理论性误差，它决定了电位器可能达到的最高精度。

2. 非线性绕线电位器

非线性绕线电位器是指在空载时，其输出电压（或电阻）与电刷位移具有非线性函数关系的电位器，它可以实现输出与输入变量间的指数函数、对数函数、三角函数等关系。常用的非线性绕线电位器有变骨架式和变节距式两种。

（1）变骨架非线性电位器　变骨架非线性电位器是通过改变骨架高度的方法来实现非线性函数关系。图 2-43 所示为一种变骨架非线性电位器结构及特性曲线，其电位器参数 ρ、S、t、b 不变，而骨架高度 h 是变化的，因此其电阻-位移特性曲线也随高度的变化而呈现非线性。可见，只要骨架高度满足要求，即可用线性变化规律近似处理非线性问题，以实现线性灵敏度的要求。

（2）变节距非线性电位器　变节距非线性电位器也称为分段绕制的非线性绕线电位器。图 2-44 所示为一种变节距非线性电位器结构及特性曲线。其电位器参数 ρ、S、h、b 不变，节距 t 按某种规律变化，则其电阻-位移特性曲线随节距的变化而呈现非线性。由此可知，只要节距满足要求，也可以用线性特性近似分析和处理非线性问题。

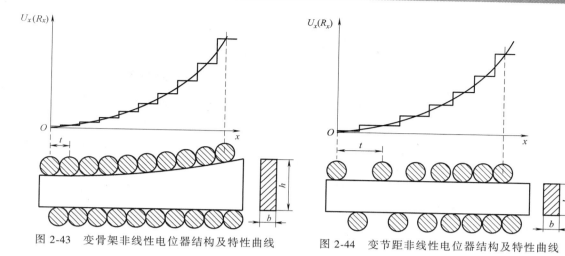

图 2-43 变骨架非线性电位器结构及特性曲线   图 2-44 变节距非线性电位器结构及特性曲线

2.3.2 非绕线电位器式电阻传感器

绕线电位器具有精确度高、性能稳定、易于实现线性变化等优点，但是也具有分辨力低、耐磨性差、使用寿命较短等缺点。与绕线电位器相比较，薄膜式、导电塑料式和光电式等非绕线电位器则具有多方面良好的性能。

1. 薄膜电位器

薄膜电位器一般由基体、电阻膜带、电刷等组成。基体通常用胶木片、陶瓷片或玻璃等绝缘材料制成。电阻膜带相当于绕线电位器中的绕线电阻，通常是在基体上喷涂或蒸镀具有一定形状的电阻膜形成的。根据在基体上喷涂材料的不同，薄膜电位器分为合成膜电位器和金属膜电位器两类。

（1）合成膜电位器 合成膜电位器是在绝缘基体表面喷涂一层由石墨、炭黑等材料配制的电阻液，经烘干后制成。这种电位器的优点是分辨力高、耐磨性较好、成本较低、线性度好，但接触电阻较大，抗潮性较差。

（2）金属膜电位器 金属膜电位器是在玻璃或胶木基体上，用高温蒸镀或电镀方法涂覆一层金属膜而制成。这种金属膜电位器的温度系数小，能在高温（150℃以上）环境下可靠工作，但耐磨性差，功率小，阻值较低（1~2kΩ）。

2. 导电塑料电位器

导电塑料电位器是由塑料粉和导电材料粉压制而成，也称为实心电位器。其耐磨性好，寿命较长，电刷允许的接触压力较大，能适应振动、冲击等恶劣条件，阻值范围大，能承受较大的功率；但是受温度影响较大，接触电阻大，精度不高。

3. 光电电位器

光电电位器是一种无接触式电位器，用光束代替了电刷，克服了接触式电位器耐磨性较差、寿命较短的缺点。

光电电位器由薄膜电阻带、光电导层和金属导电极等主要部分组成，其结构原理如图2-45 所示。

薄膜电阻带和金属导电极之间形成一条间隙，没有光束照射在间隙上时，薄膜电阻带与金属导电极之间是绝缘的，没有电压输出。当有窄光束照射在间隙上时，该处的电阻就变得很小，相当于把薄膜电阻带和金属导电极接通，金属导电极输出与光束位置相应的薄膜电阻带电压。光束移动位置，就相当于电刷移动位置，输出电压也相应变化。

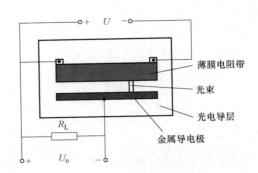

图 2-45　光电电位器结构原理

　　光电电位器的优点是它完全无摩擦，它的精度、寿命、分辨力和可靠性都很高，阻值范围宽（$500\Omega \sim 15M\Omega$）。但光电电位器的工作温度范围比较窄（$<150℃$），输出电流小，还需要配置照明光源和光学系统，因此结构较复杂，体积和重量都较大。

2.3.3　电位器式电阻传感器的应用

1. 电位器式位移传感器

　　电位器式位移传感器结构原理如图 2-46 所示，它能将输入的机械位移转换为相应的电压输出。

　　电阻丝以均匀的间隔绕制在用绝缘材料制成的骨架上，位移杆（位移输入轴）带动触点沿着电阻丝的裸露部分滑动，并由导电片输出与位移相对应的电压。在测量比较小的位移时，往往用齿轮齿条机构把线位移转换为角位移，以提高分辨力，如图 2-47 所示。

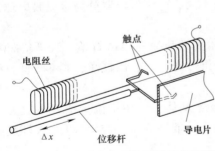

图 2-46　电位器式位移传感器结构原理

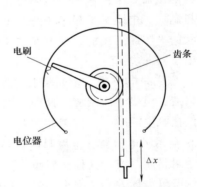

图 2-47　电位器式小位移传感器结构原理

2. 电位器式压力传感器

　　电位器式压力传感器的结构原理如图 2-48 所示。

　　膜盒是敏感元件，当具有一定压力的气体或液体作用在膜盒上时，膜盒将压力转换成膜盒中心点的位移，推动连杆移动，通过杠杆作用带动电刷在电位器的电阻丝上滑动，输出与被测压力成正比关系的电压信号。如航空飞行高度传感器能将飞行器所在高度的大气压强转换成电信号输出，以显示飞行高度；液位传感器能将被测液体底部的压强转换成电信号，以显示液位高度等。

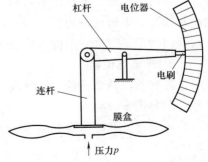

图 2-48　电位器式压力传感器结构原理

2.4 其他类型电阻传感器

2.4.1 气敏电阻传感器

气敏传感器用于检测气体中的特定成分含量，并将其转换成相应的电信号输出。气敏传感器可分为半导体式、固体电解质式等类型，其中最常用的是半导体气敏传感器，其分类及功能见表2-5。本节只介绍电阻式的半导体气敏传感器，即气敏电阻传感器。

表2-5 半导体气敏传感器的分类及功能

	主要物理特征	气敏元件	主要检测气体
电阻式	电阻	SnO_2、ZnO（烧结体、薄膜、厚膜）	可燃性气体
		$La_{1-x}Sr_xCoO_3$	酒精
		$\gamma\text{-}Fe_2O_3$、TiO_2（烧结体）	可燃性气体
		MgO、SnO_2	氧气
非电阻式	二极管整流特性	$Pt\text{-}CdS$、$Pt\text{-}TiO_2$（金属-半导体烧结二极管）	氢气、一氧化碳、酒精
	晶体管特性	铂栅MOS场效应晶体管	氢气、硫化氢

1. 气敏电阻

半导体气敏电阻传感器是利用半导体与气体接触时，其电阻值发生变化的效应制成的，其中的敏感元件称为气敏电阻。此类传感器具有灵敏度高、响应速度快等特点，主要用于检测可燃性气体。

气敏电阻一般采用氧化锡（SnO_2）和氧化锌（ZnO）等较难还原的氧化物，为了提高检测的选择性，还需掺杂少量的贵金属。半导体气敏电阻元件的构造形式有烧结体型、薄膜型和厚膜型，如图2-49所示。

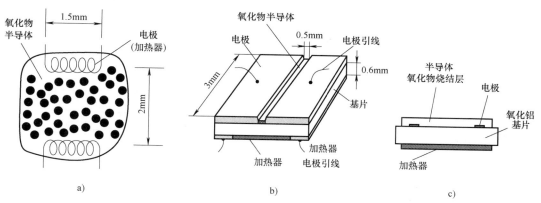

图2-49 半导体气敏电阻元件构造形式
a）烧结体型 b）薄膜型 c）厚膜型

1）烧结体型为多孔质气敏电阻元件，是将电极加热元件埋入金属氧化物中，添加Al_2O_3、SiO_2等催化剂和黏合剂，通电加热并加压成型后低温烧结而成。

2）薄膜型气敏电阻元件是在绝缘基片上蒸发或溅射一层氧化物半导体薄膜制成，薄膜厚度为数微米。

3）厚膜型气敏电阻元件一般是用半导体氧化物粉末、添加剂、黏合剂和载体混合配成浆料，再把浆料印制到基片上，形成厚度为数微米至数十微米的厚膜。

气敏电阻元件都有加热器，一方面是用于烧去附着在元件表面的油污和尘埃，加速气体吸附，从而提高元件的灵敏度和响应速度；另一方面是满足敏感元件对工作温度的要求。

气敏电阻元件与气体接触时，其电阻值发生变化原理为：被加热至稳定状态的气敏元件，当有气体吸附时，吸附的气体分子会在气敏元件的表面自由扩散，失去运动能量。期间，一部分分子蒸发，另一部分分子就固定在吸附处。此时，若半导体的功函数小于吸附分子的电子亲和能，则吸附分子将从半导体夺取电子而变成负离子吸附；若半导体的功函数大于吸附分子的离解能，则吸附分子将向半导体释放电子而成为正离子吸附。氧气和氮氧化物倾向于负离子吸附，称为氧化型气体。H_2、CO、碳氢化合物和酒精类倾向于正离子吸附，称为还原型气体。

氧化性气体吸附到 N 型半导体上，会使载流子减少，半导体电阻率增大；还原性气体吸附到 N 型半导体上，会使载流子增多，半导体电阻率减小。气体吸附到 N 型半导体上时气敏元件电阻值的变化情况如图 2-50 所示。根据图中电阻值的变化情况就可分辨吸附气体的类型，求得气体浓度。

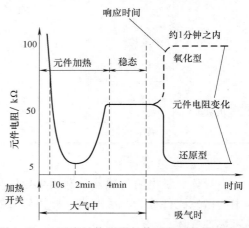

图 2-50 N 型半导体吸附气体时的元件阻值变化

2. 气敏电阻传感器的应用

在各种气敏传感器中，以金属氧化物半导体气敏电阻传感器的应用最多。图 2-51 所示为使用 SnO_2 气敏传感器检测液化石油气泄漏报警器电路。

气敏元件是添加了 1.5% 钯的 N 型 SnO_2 半导体，当气敏元件与还原型气体等接触时，半导体电阻值将随气体浓度的增大而减小，气敏元件电阻与气体浓度的关系曲线如图 2-52 所示。

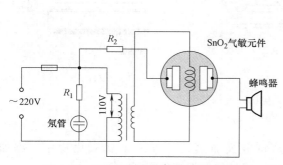

图 2-51 液化石油气泄漏报警器电路

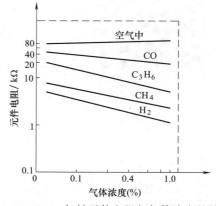

图 2-52 SnO_2 气敏元件电阻与气体浓度的关系

随着危险气体浓度增大，气敏元件电阻值减小，流过蜂鸣器的电流增大，当泄漏气体的浓度超过规定的危险报警值时，电流也相应达到足够大的数值，驱动蜂鸣器发出报警声。

2.4.2　湿敏电阻传感器

湿敏电阻传感器能将大气湿度，即大气中所含水蒸气量转换成相应的电信号输出。水分子易吸附于固体表面并渗透到固体内部，从而引起固态湿敏元件物理参数的变化，如电阻值的变化等。根据电阻特征来感受湿度的敏感元件称为湿敏电阻。湿敏电阻有多种结构形式，常用的有金属氧化物陶瓷型湿敏电阻、金属氧化物膜型湿敏电阻、高分子材料型湿敏电阻等。

1. 金属氧化物陶瓷型

金属氧化物陶瓷湿敏电阻传感器的敏感元件是由电阻型湿敏多孔陶瓷材料制成，其结构原理如图 2-53 所示。图 2-54 所示为金属氧化物陶瓷湿敏电阻实物图。

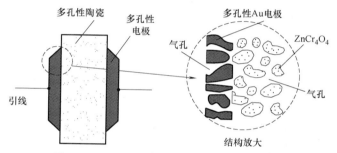

图 2-53　金属氧化物陶瓷湿敏电阻结构原理

图 2-54　金属氧化物陶瓷湿敏电阻实物图

$MgCr_2O_4$-TiO_2 等金属氧化物以高温烧结的工艺制成多孔陶瓷半导体薄片，其气孔率高达 25% 以上，分布有 $1\mu m$ 以下的细孔，水汽很容易吸附于其表层孔隙之中，使其电阻率下降。当相对湿度从 1% 变化到 95% 时，其电阻率变化高达 4 个数量级。金属氧化物陶瓷湿敏电阻的电阻值与相对湿度的关系曲线如图 2-55 所示。

由于多孔陶瓷置于空气中易被灰尘、油烟污染，发生气孔堵塞，使感湿面积下降，所以必须定期给陶瓷通电加热，使污物挥发或烧掉，恢复陶瓷多孔的初始状态。

湿敏电阻对湿度的变化具有"湿滞特性"，在吸湿和脱湿两种情况下的特性曲线不相重合，造成测量误差。金属氧化物陶瓷湿敏电阻吸湿很快（约 3min），但脱湿要慢很多，因而产生滞后现象。对此，可用重新加热脱湿的办法来解决，即每次使用前应先加热 1min 左右，再待其冷却至室温后进行测量。

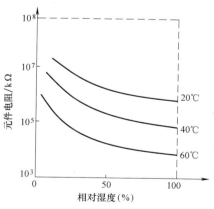

图 2-55　金属氧化物陶瓷湿敏电阻的
电阻值与相对湿度的关系

2. 金属氧化物膜型

Cr_2O_3、Al_2O_3、Mg_2O_3 等金属氧化物吸附或释放水分子的速度比多孔陶瓷快很多，吸湿后导电性增加，电阻下降，是很好的湿敏元件。在制作时，首先在陶瓷基片上制作箔梳状电极，然后采用丝网印制等工艺，将调配好的金属氧化物糊状物印制在陶瓷基片上，再采用烧结或烘干的方法使之固化成膜。这种膜在空气中能吸附或释放水分子，自身电阻值相应发生变化。通过测量两电极间的电阻值就可以检测到相对湿度，响应时间一般小于1min。

3. 高分子材料型

高分子材料湿敏电阻传感器具有响应时间快、线性好、成本低等特点，是应用较广的一类新型湿敏电阻传感器。其湿敏电阻用可吸湿电离的高分子材料制作，如高氯酸锂-聚氯乙烯、有亲水性基的有机硅氧烷、四乙基硅烷的共聚膜等，其电阻值同样随着空气湿度的变化而发生变化。

4. 湿敏传感器的应用

图2-56所示是一种应用湿敏传感器的直读式湿度计电路，其中RH代表氯化锂湿敏传感器。

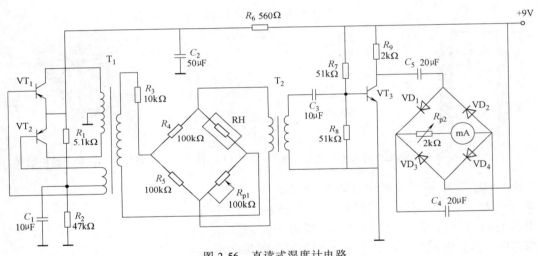

图2-56 直读式湿度计电路

由VT_1、VT_2、T_1等构成湿度测量电桥的电源部分，其振荡频率为$250 \sim 1000Hz$。湿敏元件在如图所示桥臂上，随空气湿度变化，不平衡电桥输出的电压通过变压器T_2、电容C_3耦合至VT_3，经VT_3放大后的信号由$VD_1 \sim VD_4$桥式整流后输出，转化后显示出相应的湿度值。

2.4.3 光敏电阻传感器

半导体材料在光照下，其电阻率相应地发生变化的现象称为光电导效应，具有光电导效应的电阻称为光敏电阻。利用光敏电阻的这一特性制成的传感器称为光敏电阻传感器。

1. 光敏电阻

光敏电阻工作原理如图2-57所示，图2-58所示为光敏电阻实物图。

光敏电阻是在玻璃底板上均匀地制作出半导体材料涂层，再在两端装上金属电极封装而成。光敏电阻受到光照后，由于光电导效应，其导电性能增强，电阻值下降；光照越强，电阻值越小；停止光照，光电导效应消失，电阻值恢复。

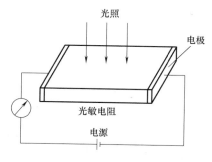

图 2-57 光敏电阻工作原理

图 2-58 光敏电阻实物图

2. 光敏电阻的应用

图 2-59 所示是一种应用光敏电阻的阅读环境照度监视器电路。

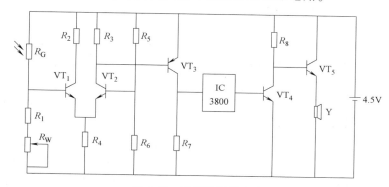

图 2-59 照度监视器电路

由 R_G、R_1 和 R_W 构成采光电路，VT_1 和 VT_2 构成差动放大电路，光敏电阻 R_G 作为 VT_1 的上偏置电阻，VT_2 和 VT_3 的复合电路作为开关去控制音乐集成电路 IC 的工作，VT_4 和 VT_5 构成复合功率放大器以推动扬声器 Y 发声。

R_G 的电阻值随光照度（单位面积上受到的光通量）变化，光照度越大，阻值越小。R_1 和 R_W 的值根据 R_G 在 100lx 光照度时的值来设定。当光照度增大到 100lx 时，R_G 阻值较小，VT_1 导通，VT_2、VT_3 截止，IC 不工作，扬声器不发声。当光照度低于 100lx 时，R_G 阻值较大，VT_1 失去偏置电流而截止，VT_2、VT_3 导通，IC 打开，扬声器发声报警，提示阅读环境光线偏暗。

2.5 工程设计实例

1. 实例来源

电子秤是日常生活和工作中常用的电子装置之一，广泛应用于大中小型商场、超市，以及工业包装、仓储运输等领域，以其准确、快速、方便、显示直观等诸多优点而受到人们的青睐。

本实例主要利用电阻应变片和单片机作为传感器件和控制器，提出一种电子秤设计方案。当重物放在秤盘上时，称重传感器的金属悬臂梁因受到外力作用而产生形变，安装在悬臂梁上的电阻应变片将该应变转换为对应的模拟电信号传递给电子秤硬件电路板，再由硬件电路板上的 A/D 模块将其转换为数字信号传递给作为控制核心的单片机，进行称重数据的运算、处理及显示等。

2. 方案设计

测控系统主要由电源、传感器、A/D转换芯片、语音播报模块、显示屏等部分组成。以国产宏晶科技 STC89C52RC单片机为控制核心实现数据处理，采用24 位高精度称重传感器 A/D 转换芯片HX711 对传感器采集到的模拟量进行A/D 转换，数据显示由 LCD1602 液晶实现。电子秤系统总体结构如图 2-60 所示。

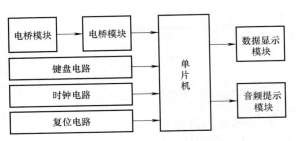

图 2-60　电子秤系统总体结构

（1）传感器模块　本设计采用自制电阻应变式称重传感器。将 4 个应变片引线连接成惠更斯电桥后，利用应变胶将电阻应变片粘贴在悬臂梁上来实现，R_1、R_3 和 R_2、R_4 的受力方向必须相反。传感器惠更斯电桥如图 2-61 所示。

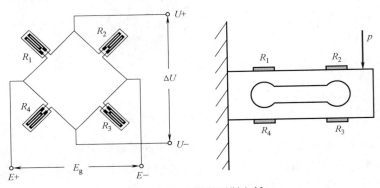

图 2-61　传感器惠更斯电桥

（2）单片机　STC89C52RC 是 STC 公司生产的一种低功耗、高性能 CMOS 8 位微控制器，具有 8KB 系统可编程 Flash 存储器。STC89C52 使用经典的 MCS-51 内核，但是做了很多的改进，使得芯片具有了传统 51 单片机不具备的功能。STC89C52RC 因其高性价比、高灵活性、强抗干扰力等优点，在嵌入式控制系统中得到了广泛的应用。

（3）A/D 转换模块　HX711 是一款专为高精度电子秤而设计的 24 位 A/D 转换器芯片，如图 2-62 和图 2-63 所示。该芯片集成了包括稳压电源、片内时钟振荡器等在内的其他同类型芯片所需要的外围电路，具有集成度高、响应速度快、抗干扰性强等优点。降低了电子秤的整机成本，提高了整机的性能和可靠性。该芯片与后端 MCU 芯片的接口和编程非常简单，所有控制信号由引脚驱动，无需对芯片内部的寄存器编程。

（4）报警芯片　NVC 系列的 NV040C 是一款性能稳定的语音芯片，如图 2-64 和图 2-65 所示。该芯片无需任何外围电路，

图 2-62　HX711 实物图

能在恶劣的噪声环境下工作，正常工作范围宽达 2~5.5V，可以直接驱动 0.5W 的扬声器，音质清晰。内置 LVR 复位，无需外加复位电路。内置精确的内阻频率振动器，无需外接电阻。

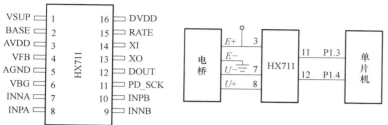

图 2-63　HX711 集成电路

图 2-64　NV040C 实物图

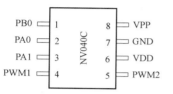

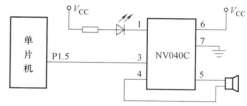

图 2-65　NV040C 音频模块电路

（5）显示模块　与传统数码管相比，LCD1602 液晶显示模块具有功耗低、体积小、显示稳定、显示内容丰富等特点，是单片机应用设计中最常用的信息显示器件，如图 2-66 所示。LCD1602 显示模块电路如图 2-67 所示。

3. 软件设计

本实例电子秤设计的编译环境为 keil UV4，采用 C51 语言编程。软件编程主要包括初始化、按键检测、数据采集（A/D 转换）、数据处理及显示几个部分，主程序流程如图 2-68 所示。

图 2-66　LCD1602 实物图

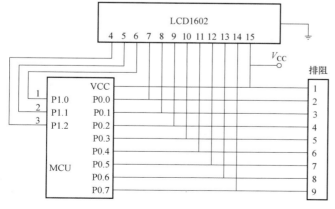

图 2-67　LCD1602 显示模块电路

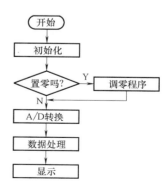

图 2-68　主程序流程图

4.性能分析

金属悬臂梁固定在支架上，支架高度不大于 40cm，支架及秤盘的形状与材质不限。电子秤的结构原理如图 2-69 所示。

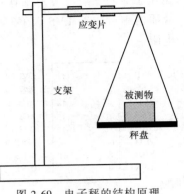

1）电子秤可以数字显示被称物体的重量，单位为克（g）。

2）电子秤称重范围为 5 ~ 500g，称重误差小于 1g。

3）电子秤可以设置单价（元/克），可计算物品金额并实现金额累加。

本案例设计的电子秤可实现去皮、清零、计价、金额累加、超重声光报警等功能，具有测量精度高、性能稳定、制作和操作简单等优点，作为一个典型案例非常适合于学生和单片机爱好者进行技术实训。

图 2-69　电子秤的结构原理

思 考 题

2-1　电阻式传感器的基本工作原理是什么？

2-2　什么是应变效应？什么是应变片？

2-3　电阻应变片包括哪些类型？具有哪些优点？

2-4　什么是电桥的平衡条件？

2-5　单臂工作电桥、半桥差动电桥和全桥差动电桥存在怎样的关系？

2-6　为什么要对电阻应变片进行温度补偿？常见方法有哪些？

2-7　电阻应变式传感器适合测量哪些参数？

2-8　热电阻和热敏电阻有什么不同？

2-9　常用的热电阻有哪些？具有什么样的特点？

2-10　常见的热电阻传感器的外形结构有哪些？

2-11　热电阻传感器的测量电路有哪些形式？

2-12　热敏电阻有几种典型类型？其特性分别是什么？

2-13　什么是电位器式电阻传感器？有哪些类型？

2-14　电位器式电阻传感器有什么样的应用？

2-15　气敏电阻传感器、湿敏电阻传感器和光敏电阻传感器的原理分别是什么？

2-16　如何利用一个电阻式传感器设计一个酒驾测试仪？

第3章 电容式传感器

电容式传感器是利用电容器的原理将被测量的变化转换为电容量的变化，再经转换电路转化为电信号的传感器。它结构简单，体积小，分辨力高，动态响应快，广泛应用于压力、液位、振动、位移、加速度变量的测量。

本章将介绍变面积式、变极距式和变介电常数式三种类型的电容式传感器的工作原理，重点分析桥式电路、双 T 形电路、调频电路及双脉冲调制电路的工作特性，然后介绍电容式传感器在加速度、湿度、液位和压力测量方面的应用。并引入 UYB 型电容式液位计工程应用设计实例，进一步巩固电容式传感器的工作原理。

3.1　电容式传感器的工作原理及分类

3.1.1　电容式传感器的工作原理

由物理学知识可知，电容器的电容量与电容器极板的面积、间距以及极板间介质的介电常数成函数关系。就最简单的平行板电容器而言，其基本结构原理如图 3-1 所示。

图中，S 为两平行极板的有效面积，d 为两极板间的距离，ε 为极板间介质的介电常数，则该电容器的电容量为

$$C = \frac{\varepsilon S}{d} \tag{3-1}$$

由式（3-1）可知，在 S、d、ε 三个变量中，只要固定其中任意两个变量，就可以构建电容量与另外一个变量间的单值函数关系，即电容量 $C = f(S, d, \varepsilon)$。电容式传感器正是基于这一函数关系进行工作的。

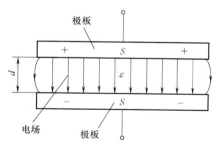

图 3-1　平行板电容器基本结构原理

3.1.2　电容式传感器的分类

根据电容量 $C = f(S, d, \varepsilon)$ 所建立的单值函数关系，可以制成变面积式、变极距式和变介电常数式三种类型的电容式传感器。

1. 变面积式电容传感器----------------------------原理动画

在电容量 C 的表达式中，将介质的介电常数 ε 和极板间距 d 固定，则有 $C = f(S)$，即可构成变面积式电容传感器。变面积式电容传感器从结构形式上

可分为平板形直线位移式、圆筒形直线位移式和半圆形角位移式。

（1）平板形直线位移式　平板形直线位移式电容传感器的结构原理如图 3-2 所示，其中，一个极板固定不动，称为定极板；另一个极板是可产生直线位移的动极板，如图中的动极板可左右移动。

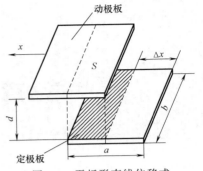

图 3-2　平板形直线位移式
电容传感器结构原理

若极板间介质的介电系数为 ε，两极板初始状态下的有效重叠长度为 a，极板宽度为 b，极板间距离固定为 d，初始状态下的有效面积为 $S=ab$。当动极板向左移动 Δx 后，两极板的重叠面积 S 将减小，电容量也随之减小，则电容量 C 可表示为

$$C = \frac{\varepsilon b(a-\Delta x)}{d} = C_0\left(1-\frac{\Delta x}{a}\right) \tag{3-2}$$

式中，$C_0 = \varepsilon ba/d$ 为初始电容量。

电容量变化为

$$\Delta C = C - C_0 = -\frac{\varepsilon b \Delta x}{d} \tag{3-3}$$

由式（3-3）可知，电容量变化 ΔC 与线位移变化量 Δx 呈线性关系。

传感器的灵敏度为

$$K = \frac{\Delta C}{\Delta x} = -\frac{\varepsilon b}{d} \tag{3-4}$$

由式（3-4）可知，增大极板宽度 b 或减小极距 d，可提高灵敏度。

（2）圆筒形直线位移式　圆筒形直线位移式电容传感器的结构原理如图 3-3 所示。其中，外圆筒固定不动，作为固定极；内圆筒可上、下直线移动，作为可动极。

设内、外圆筒的半径分别为 r 和 R，二者初始状态下的有效重叠高度为 h，当内圆筒向下移动 Δx 时，则这两个同轴圆筒的重叠面积将减小，电容量 C 也随之减小，其大小为

$$C = \frac{2\pi\varepsilon(h-\Delta x)}{\ln(R/r)} = C_0\left(1-\frac{\Delta x}{h}\right) \tag{3-5}$$

式中，$C_0 = 2\pi\varepsilon h/\ln(R/r)$ 为初始电容量。

传感器的灵敏度为

$$K = \frac{\Delta C}{\Delta x} = -\frac{2\pi\varepsilon}{\ln(R/r)} \tag{3-6}$$

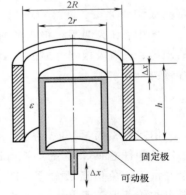

图 3-3　圆筒形直线位移式
电容传感器结构原理

由式（3-5）和式（3-6）可知，电容量 C（或电容变化量 ΔC）与线位移变化量 Δx 呈线性关系，且内、外圆筒的半径差越小，灵敏度越高。

（3）半圆形角位移式　半圆形角位移式电容传感器的结构原理如图 3-4 所示。

设两极板完全重叠时的极板重叠面积为 S，重叠角度 θ 为 π，极板间距离为 d，极板间介质的介电系数为 ε。定极板固定不动，当动极板绕轴旋转一个角位移 $\Delta\theta$ 时，两极板的重叠面积减小，电容量也随之减小，电容量的表达式为

$$C = \frac{\varepsilon S}{d}\left(1 - \frac{\Delta\theta}{\pi}\right) = C_0\left(1 - \frac{\Delta\theta}{\pi}\right) \tag{3-7}$$

式中，$C_0 = \varepsilon S/d$ 为初始电容量。

传感器的灵敏度为

$$K = \frac{\Delta C}{\Delta\theta} = \frac{\varepsilon S}{\pi d} \tag{3-8}$$

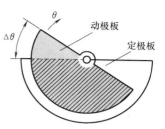

图 3-4　半圆形角位移式
电容传感器结构原理

由式（3-7）和式（3-8）可知，电容量 C（或电容变化量 ΔC）与角位移变化量 $\Delta\theta$ 呈线性关系，且 S/d 的值越大，灵敏度越高。

在实际应用中，可增加动极板的数目，使多片同轴动极板在等间距排列的定极板间隙中转动，以增加电容量（重叠面积 S），提高灵敏度。

变面积式电容传感器的灵敏度是常数，输出特性是线性的，多用于检测直线位移、角位移、尺寸等参数，还可以制作成变面积式的容栅，用于微小位移的测量。

2. 变极距式电容传感器

变极距式电容传感器的结构原理如图 3-5 所示。

设两极板间的有效面积为 S，初始零位移时的极距为 d。动极板上下位移就会改变两极板之间的距离，从而使电容量发生变化。当动极板向上移动 Δx 时，极板间距减少 Δx，电容量变大，则有

$$C = \frac{\varepsilon S}{d - \Delta x} = \frac{\varepsilon S}{d}\left(1 + \frac{\Delta x}{d - \Delta x}\right) = C_0\left(1 + \frac{\Delta x}{d - \Delta x}\right) \tag{3-9}$$

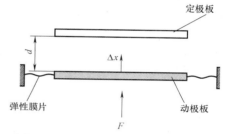

图 3-5　变极距式电容传感器结构原理

式中，$C_0 = \varepsilon S/d$ 为初始电容量。于是电容变化量为

$$\Delta C = C - C_0 = C_0\frac{\Delta x}{d - \Delta x} \tag{3-10}$$

由式（3-9）和式（3-10）可知，电容量 C（或电容变化量 ΔC）与位移 Δx 不是线性关系。

传感器的灵敏度为

$$K = \frac{\Delta C}{\Delta x} = \frac{C_0}{d - \Delta x} = \frac{\varepsilon S}{d(d - \Delta x)} \tag{3-11}$$

由式（3-11）可知，灵敏度 K 随 Δx 变化而变化，也不为常数，并且对于同样的动极板位移 Δx，极板间距 d 越小，产生的 ΔC 越大，灵敏度较高。所以在实际应用时，总是使初始极距 d 尽量小些，以提高灵敏度。但这也带来了变极距式电容传感器的行程较小的问题。电容量与极板间距的关系曲线如图 3-6 所示。

一般变极距式电容传感器的初始电容量 C_0 设置在十几皮法至几十皮法的范围内，初始极距 d 设置在 $100 \sim 1000\mu m$ 的范围内，位移 Δx 的最大值以小于初始极距的 1/4 为宜。

为了提高变极距式电容传感器的灵敏度，降低非线性，通常把传感器做成差动形式。图 3-7 所示为差动变极距式电容传感器原理。其中，中间极板作为动极板，上、下极板作为定极板。

当动极板向上移动 Δx 后，C_1 的极距变为 $d_1 = d - \Delta x$，而 C_2 的极距变为 $d_2 = d + \Delta x$，电容量 C_1 和 C_2 差动变化，经过电容测量转换电路处理后，灵敏度可提高近一倍，输入与输出信

号的非线性状况也会得到有效改善。

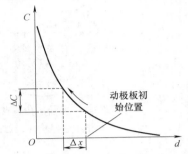

图 3-6 电容量与极板间距的关系曲线

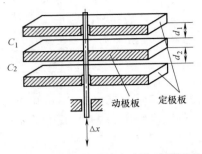

图 3-7 差动变极距式电容传感器原理

3. 变介电常数式电容式传感器

由于不同介质的介电常数不同，在电容器两极板间插入不同的介质时，电容器的电容量也不同，基于这一原理可制成变介电常数式电容传感器，用于检测片状材料的厚度、性质以及颗粒状物体的含水量、液体的液位等。图 3-8 所示为变介电常数式电容传感器结构原理。其中，电容极板长度为 l_0，宽度为 b，极板间距为 d，空气的介电常数为 ε_0，被测材料的介电常数为 ε_1，被测材料的厚度为 δ_1，宽度也为 b。

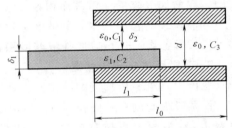

图 3-8 变介电常数式电容式
传感器结构原理

空气的介电常数很小，一般远小于被测介质的介电常数，即 $\varepsilon_0 \ll \varepsilon_1$。当被测材料处于两极板之间时，其占有的气隙体积越大，电容器的电容量也越大。变介电常数式电容传感器中，电容器的形成实质上包含了电容器的串、并联关系。就如图 3-8 所示电容器而言，可看作是 C_1 与 C_2 串联后，再与 C_3 并联构成。电容器的总电容量为

$$C = \frac{C_1 C_2}{C_1 + C_2} + C_3 = C_0 + C_0 \frac{l_1}{l_0} \frac{1 - \varepsilon_0/\varepsilon_1}{\delta_2/\delta_1 + \varepsilon_0/\varepsilon_1} \tag{3-12}$$

式中，$C_0 = \varepsilon_0 b l_0 / d$，代表极板间的介电常数全为 ε_0 时的电容量。

由此可见，电容量 C 与被测介质的移动量 l_1 呈线性关系，与 δ_2/δ_1 的比值呈非线性关系，与 ε_1 也呈非线性关系。

3.2 电容式传感器的测量电路

电容式传感器在将被测量转换为电容量的变化后，还须采用测量电路将其转化为电信号。电容式传感器的测量电路种类很多，常用的有桥式电路、双 T 形电路、调频电路、脉冲宽度调制电路等。

3.2.1 桥式电路

（1）单臂接法 图 3-9 所示为桥式测量电路的单臂接法。

图中，电容器 C_1、C_2、C_3、C_x 构成电桥的四个桥臂，其中 C_x 为传感器的可变电容量，

C_1、C_2、C_3 分别为固定值电容量，u 为高频激励电源电压。在电桥平衡时，则有

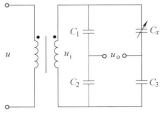

$$\frac{C_1}{C_2} = \frac{C_x}{C_3} \qquad (3\text{-}13)$$

此时，$u_o = 0$，无电压输出。

当 C_x 变化时，桥路不再平衡，$u_o \neq 0$，则有电压输出，输出电压大小为

图 3-9　桥式测量电路的单臂接法

$$u_o = \left(\frac{C_1}{C_1 + C_2} - \frac{C_x}{C_x + C_3} \right) u_i \qquad (3\text{-}14)$$

若初始平衡状态下，$C_1 = C_2 = C_3 = C_x$，且 C_x 的极距为 d，极板面积为 S，介电常数为 ε。当 C_x 的极板间距减小 Δd 时，电桥的空载输出电压为

$$u_o = \left[1 - \frac{1}{1 - \Delta d / (2d)} \right] \frac{u_i}{2} \qquad (3\text{-}15)$$

由式（3-15）可知，u_o 与 Δd 呈非线性关系。

（2）差动接法　图 3-10 所示为电容传感器桥式测量电路的差动接法。

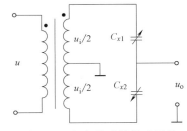

图中，电桥右侧两个桥臂上的 C_{x1}、C_{x2} 为差动电容器，其初始平衡电容量均为 C_0，初始极距均为 d，极间介电常数均为 ε，极板面积均为 S。当极板间距变化 Δd 时，差动电桥的空载输出电压为

图 3-10　电容传感器桥式测量电路的差动接法

$$u_o = \frac{C_{x1} - C_{x2}}{C_{x1} + C_{x2}} \cdot \frac{u_i}{2} \qquad (3\text{-}16)$$

$$C_{x1} = \frac{\varepsilon S}{d + \Delta d} \qquad (3\text{-}17)$$

$$C_{x2} = \frac{\varepsilon S}{d - \Delta d} \qquad (3\text{-}18)$$

将式（3-17）、式（3-18）代入式（3-16）得

$$u_o = \pm \frac{\Delta d}{d} \cdot \frac{u_i}{2} \qquad (3\text{-}19)$$

由式（3-19）可知，电容传感器桥式测量电路为差动接法时，若负载阻抗无穷大，即使是变间隙形式，其输出电压与输入位移也呈线性关系，并且灵敏度约为单臂接法的两倍。

3.2.2　双 T 形电路

电容式传感器测量电路中双 T 形电桥电路如图 3-11 所示。

图中，u_i 是频率为 f 的高频方波激励电压源。VD_1 和 VD_2 为特性参数完全相同的两支二极管，固定值电阻 $R_1 = R_2 = R$，C_{x1}、C_{x2} 为传感器的两个差动电容器，R_L 为负载电阻。初始值 $C_{x1} = C_{x2} = C_0$，激励电压源与负载电流波形如图 3-12 所示。

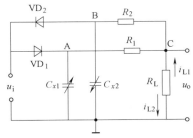

图 3-11　双 T 形电桥电路

1）在 t_1 时刻之前，u_i 为正半周期，VD_1 导通、VD_2 截止，C_{x1} 被迅速充电至 $+U$ 并保持。

2）在 $t=t_1$ 时刻，u_i 开始负半周期，VD_1 截止、VD_2 导通，C_{x2} 被迅速充电至 $-U$。由于此时 A 点处电位是 $+U$，B 点处电位是 $-U$，则 C 点处的电位应为零，负载电阻 R_L 两端的电位差为零，负载电流为零。

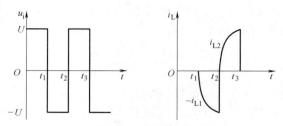

图 3-12　双 T 形电桥电路的输入输出信号波形

3）在 t_1 时刻后，由于 C_{x1} 放电，A 点处电位按指数规律下降，B 点处电位保持，则 C 点处电位由零按指数规律变负，R_L 上产生由下向上的电流 i_{L1}，且按指数规律变化。

4）在 $t=t_2$ 时刻，u_i 又开始正半周期，VD_1 导通、VD_2 截止，C_{x1} 又被迅速充电至 $+U$，由于此时 A 点处电位为 $+U$，B 点处电位是 $-U$，C 点处的电位为零，因此，流经负载电阻 R_L 的电流突然变为零。

5）在 t_2 时刻后，C_{x2} 放电，B 点处电位按指数规律下降，A 点处电位保持，则 C 点处电位由零按指数规律变正，R_L 上产生由上向下的电流 i_{L2}，且按指数规律变化。

在初始状态，由于 $C_{x1}=C_{x2}$，所以电流 $i_{L1}=i_{L2}$，且方向相反，在一个周期内流过 R_L 的平均电流 $I_L=0$。

若差动电容传感器的 $C_{x1} \neq C_{x2}$，则 $i_{L1} \neq i_{L2}$。在一个周期内，流过 R_L 的平均电流 I_L 就不为零，输出电压 u_o 在一个周期内的平均值为

$$U_o = R_L I_L = R_L \frac{1}{T}\int_0^T \left[i_{L1}(t) - i_{L2}(t) \right] \mathrm{d}t \approx \frac{R(R+2R_L)}{(R+R_L)^2} R_L U f (C_{x1}-C_{x2}) \tag{3-20}$$

令

$$\frac{R(R+2R_L)}{(R+R_L)^2} R_L = K \tag{3-21}$$

式中，K 为常数。则有

$$U_o = KU f(C_{x1}-C_{x2}) = K_T \Delta C \tag{3-22}$$

式中，K_T 为灵敏度。

由式（3-22）可知，输出电压平均值 U_o 与双 T 形电桥电路中的电容量 C_{x1} 和 C_{x2} 的差值成正比。电路的灵敏度 K_T 与激励电源 u_i 的电压幅值 U 及频率 f 有关，故对激励电源稳定性要求较高。

3.2.3　调频电路

将传感器电容 C_x 作为 LC 振荡器谐振回路的一部分，或作为晶体振荡器中的石英晶体的负载。电容量 C_x 发生变化，会使振荡器的振荡频率产生相应的变化，起到对振荡器频率的调制作用，这样就实现了电容到频率的转换，故称为调频电路。图 3-13 所示为电容传感器 LC 振荡

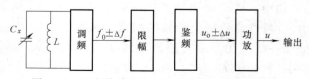

图 3-13　电容传感器 LC 振荡调频电路原理框图

调频电路原理框图。

调频振荡器的频率可由下式决定：

$$f = \frac{1}{2\pi\sqrt{LC_x}}$$

(3-23)

被测量变化时，电容量 C_x 变化，振荡器的输出信号频率随之变化，即产生受电容 C_x 控制的调频波；调频波频率的变化在鉴频器中转换为电压幅度的变化；再经过功率放大器放大、检波后就可用仪表来显示，以反映电容量的变化情况，即反映了被测量的变化情况。

3.2.4 脉冲宽度调制电路

脉冲宽度调制电路是通过对半导体开关器件的通断控制，生成一系列按一定规律变化的等幅不等宽的矩形波脉冲。利用电容量的不同所引起的充、放电时间的变化，可使矩形波脉冲发生电路输出脉冲的占空比随之变化，再通过低通滤波器的滤波就可以得到对应于电容量变化的直流电信号，即得到被测量的变化情况。图 3-14 所示为电容传感器脉冲宽度调制电路。

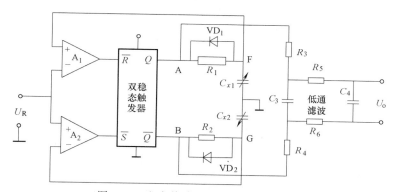

图 3-14 电容传感器脉冲宽度调制电路

电路中，A_1、A_2 为比较器，C_{x1}、C_{x2} 为差动电容器。双稳态触发器的 Q 端输出高电平时，过 A 点通过 R_1 对 C_{x1} 充电，则 F 点的电位逐渐升高。在 Q 端为高电平期间，$\overline{Q}$ 端输出为低电平，C_{x2} 通过二极管 VD_2 迅速放电，G 点被钳制在低电位。当 F 点电位升高超过参考电压 U_R 时，A_1 产生"置 0 脉冲"，触发双稳态触发器翻转，A 点跳变为低电位，B 点跳变为高电位。此时，C_{x1} 经二极管 VD_1 迅速放电，F 点被钳制在低电位，同时 B 点的高电位经 R_2 向 C_{x2} 充电。当 G 点电位超过 U_R 时，A_2 产生一个"置 1 脉冲"，使触发器再次翻转，A 点恢复为高电位，B 点恢复为低电位。如此反复，就在双稳态触发器的两输出端各自产生一个宽度受 C_{x1}、C_{x2} 调制的方波脉冲。

脉冲宽度调制电路的各点电压波形如图 3-15 所示。

当 $C_{x1} = C_{x2}$ 时，A、B 两点间的平均电压为零；当 $C_{x1} > C_{x2}$ 时，C_{x1} 的充电时间 t_1 大于 C_{x2} 的充电时间 t_2，经低通滤波器后，获得的输出电压平均值 U_o 为正值；当 $C_{x1} < C_{x2}$ 时，C_{x1} 的充电时间 t_1 小于 C_{x2} 的充电时间 t_2，经低通滤波器后，获得的输出电压平均值 U_o 为负值。

A、B 两点间的电压 U_{AB} 经滤波后的输出电压 U_o 为 A、B 两点电压的均值之差，即

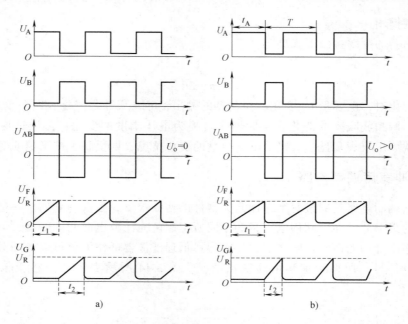

图 3-15　脉冲宽度调制电路的各点电压波形

a)　$C_{x1} = C_{x2}$　b)　$C_{x1} > C_{x2}$

$$U_o = \overline{U}_A - \overline{U}_B = \frac{t_1}{t_1 + t_2}U_Q - \frac{t_2}{t_1 + t_2}U_Q = \frac{t_1 - t_2}{t_1 + t_2}U_Q \qquad (3\text{-}24)$$

式中，U_Q 为双稳态触发器输出的高电平。

由电路的基本知识可知

$$t_1 = R_1 C_{x1} \ln \frac{U_Q}{U_Q - U_R} \qquad (3\text{-}25)$$

$$t_2 = R_2 C_{x2} \ln \frac{U_Q}{U_Q - U_R} \qquad (3\text{-}26)$$

设 $R_1 = R_2 = R$，将上述 t_1、t_2 代入式（3-24）得

$$U_o = \frac{C_{x1} - C_{x2}}{C_{x1} + C_{x2}}U_Q = \frac{\Delta C_x}{C_{x1} + C_{x2}}U_Q \qquad (3\text{-}27)$$

可见，直流输出电压 U_o 正比于电容量 C_{x1}、C_{x2} 的差值，且有方向性。

对于变极距式差动电容传感器，则有

$$U_o = \frac{d_2 - d_1}{d_1 + d_2}U_Q = \frac{\Delta d}{d}U_Q \qquad (3\text{-}28)$$

同样，对于变面积式差动电容传感器，有

$$U_o = \frac{S_1 - S_2}{S_1 + S_2}U_Q = \frac{\Delta S}{S}U_Q \qquad (3\text{-}29)$$

由此可知，对于差动脉冲宽度调制电路，无论是变极距式差动电容传感器，还是变面积式差动电容传感器，电路输出电压都与变化量（ΔC_x、Δd、ΔS）呈线性关系。

3.3 电容式传感器的应用

电容器的电容量受三个因素影响，只要固定其中两个变量，电容量 C 就与另一个变量成单值函数关系。因此，只要将被测量转换成极距、极间相对面积或介电常数的变化，就可以通过测量电容量这个参数来达到求取被测变量的目的。

3.3.1 电容式加速度传感器

电容式加速度传感器的结构原理如图 3-16 所示。图 3-17 所示为电容式加速度传感器的实物图。

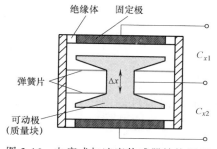

图 3-16 电容式加速度传感器结构原理

图 3-17 电容式加速度传感器实物图

当电容式加速度传感器感受到上下方向的振动时，质量块 m 由于惯性作用产生相对于固定极的位移，则 C_{x1}、C_{x2} 差动变化，其中一个电容量增大，另一个电容量减小，再由转换电路将电容量的差值 ΔC_x 转换成直流电信号输出，输出电信号的特性反映振动状态。

电容式加速度传感器如果安装在汽车上，就可以作为碰撞传感器使用。当正常刹车和轻微碰擦时，传感器输出信号较小，安全气囊不工作；当传感器输出信号超过设定值，即负加速度值超过设定值时，故障判别单元判断为发生了碰撞，立刻启动安全气囊工作。

3.3.2 电容式湿敏传感器

电容式湿敏传感器利用吸湿性强的绝缘材料作为电容介质，并在其两侧面镀上多孔性电极。当相对湿度增大时，吸湿性介质吸收空气中的水蒸气，两电极之间的介电常数增加，电容量增大。

电容式湿敏传感器主要使用多孔性氧化铝和高分子吸湿膜作为电容介质。多孔性硅MOS 型 Al_2O_3 湿敏电容的结构及特性如图 3-18 所示。MOS 型 Al_2O_3 湿敏电容是在单晶硅基底上制成 MOS 晶体管，其栅极绝缘层是厚度约为 80mm 的 SiO_2 膜，在此 SiO_2 膜上生成多孔性 Al_2O_3 吸湿膜，然后镀上多孔 Au 膜作为电极。

由于多孔性氧化铝可以吸附和释放水分子，所以其介电常数随湿度变化，即电容量随湿度而变化。同时，其漏电电阻也随湿度变化，构成对湿度敏感的电容器。

将该湿敏电容作为 LC 振荡器中的振荡电容，通过测量其振荡频率和振荡幅度，就可求得空气湿度的变化情况；也可以将其用于 RC 振荡器进行湿度测量。

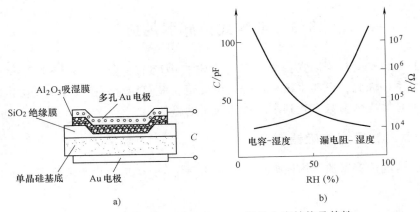

图 3-18　多孔性硅 MOS 型 Al$_2$O$_3$ 湿敏电容结构及特性

a）结构示意　b）特性曲线

3.3.3　电容式液位传感器

电容式液位传感器常用于金属储罐中液位的测量，其测量原理如图 3-19 所示。图 3-20 所示为电容式液位传感器实物图。

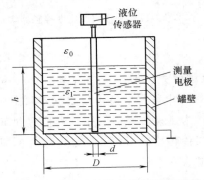

图 3-19　电容式液位传感器测量原理

图 3-20　电容式液位传感器实物图

电容式液位传感器就是利用电容器的介电常数随液位变化，进而引起电容量变化的特性工作的传感器。图示测量电极安装在金属储罐中，储罐的金属壁作为另一电极，两电极构成电容器。当被测非电解质液体的液面在两个金属电极间上下变化时，引起两电极间不同介电常数介质（上部分为空气，下部分为液体）的高度发生变化，因而导致总电容量的变化。

电容量随液面高度 h 变化的关系式为

$$C = \frac{k(\varepsilon_1 - \varepsilon_0)h}{\ln \dfrac{D}{d}}　　　　　　　　(3\text{-}30)$$

式中，k 为比例系数；ε_0 为空气的介电常数；ε_1 为被测液体的介电常数；d 为测量用电极的外直径；D 为金属储罐的内直径。

由式（3-30）可知，测得电容量的值，就能求出液体高度。并且，液体与空气的介电常数差值越大，传感器的灵敏度越高。

3.3.4 电容式差压传感器

电容式差压传感器的结构原理如图 3-21 所示。其核心部件是一对差动变极距式电容器，它是在两个热膨胀系数很小的凹玻璃（陶瓷）体曲面上镀上一层金属薄膜作为两固定极，中间夹着有弹性的平面金属薄膜作为可动极，形成可变差动电容器 C_{x1} 和 C_{x2}。图 3-22 所示为电容式差压传感器实物图。

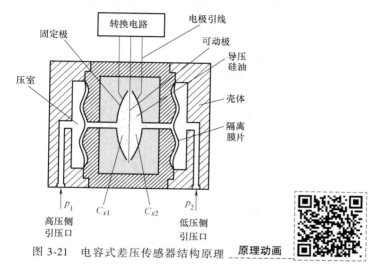

图 3-21 电容式差压传感器结构原理

图 3-22 电容式差压传感器实物图

当 p_1 与 p_2 相等时，可动极处于中间位置，与两边的固定极距离相等，则 $C_{x1} = C_{x2}$，经转化后的输出电压 $U_o = 0$；当 p_1 与 p_2 不相等时，$C_{x1} \neq C_{x2}$，则 $U_o \neq 0$，其大小与 $\Delta p = p_1 - p_2$ 的大小成正比例关系。

3.4 工程设计实例

1. 实例来源

某公司己二酸装置中的二元酸熔融罐液位的测量中，液体介质为熔融二元酸，温度为 175℃。因待测液体具有温度高、腐蚀性强、易结晶的特点，论证后选用具有防腐性能的 UYB 型电容式液位计。

2. 方案设计

液体储罐必须为金属罐壁。

（1）UYB 型液位计原理 UYB 型液位计的探极与被测液体储罐的罐壁构成一个同轴电容传感器 C_x，其测量原理如图 3-23 所示。

$$C_x = K_1 h_1 + K_2 h_2 = K_2 H + (K_1 - K_2) h_1 \quad (3\text{-}31)$$

式中，K_1、K_2 为与储罐结构和介电常数 ε_1、ε_2 有关的系数；$K_1 h_1$ 为液体部分的电容量；$K_2 h_2$ 为气体部分的电容量。

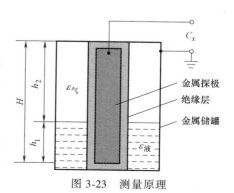

图 3-23 测量原理

由此可见，电容 C_x 与液位 h_1 呈线性关系，通过检测 C_x 的变化即可测量液位的变化。

电容传感器在实际工作时，总会有少量的挂料附着，挂料形成的电容 C_g 和电阻 R_g 叠加在传感器的总输出阻抗 Z_x 上，使测量结果产生虚假液位。其等效电路如图 3-24 所示。UYB 型液位计的信号处理器采用了射频导纳技术，以改善挂料对液位测量的影响，在挂料附着情况轻微时测量精度基本不受影响。

UYB 型液位计的信号处理器工作原理如图 3-25 所示。其主要由阻抗测量、处理、HART 通信和电流发送四部分组成。微控制器控制阻抗测量电路工作，获取随液位变化而变化的传感器电容量 C_x，再根据零点和量程设定值计算出液位高度。液位百分值显示在 LCD 屏上，同时输出 $4 \sim 20mA$ 的标准电流信号。

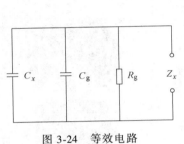

图 3-24　等效电路

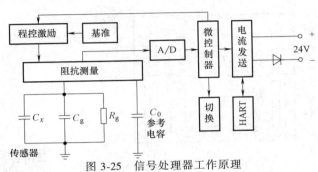

图 3-25　信号处理器工作原理

（2）选型　综合考虑罐体尺寸、液体性质、安装方式等因素，选择 UYB-50 型电容式液位计。

该液位计的测量电极（探极）材料为 022Cr17Ni12Mo2，外敷绝缘材料为 PFA，能适应被测介质压力 3.2MPa、介质温度 $-200 \sim 250℃$、耐高酸碱度，能满足二元酸熔融罐液位测量的要求。

根据液体的下限位置和罐体尺寸，确定合适的探极长度，安装方式采用内插式，连接采用法兰式。由于被测介质温度较高，需在探极与变送头间加装散热组件。UYB 型液位计总体结构如图 3-26 所示。

（3）安装　内插式安装是通过过程连接接口直接将 UYB 型液位计探极插入容器内部的安装方式，如图 3-27 所示。

图 3-26　UYB 型液位计总体结构

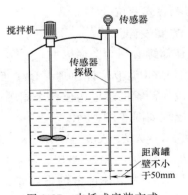

图 3-27　内插式安装方式

1）安装时应小心细致操作，避免传感器探极外表包覆的 PFA 绝缘层破损，特别要注意探极不要被法兰管口划伤。

2）安装时应紧固上、下法兰，使上、下法兰盘处于电气连通状态，接触电阻为 0Ω。如果法兰或用于紧固法兰的螺纹连接件生锈，安装前应进行除锈处理使电气接触良好。

3）若液罐有搅拌机，安装时应使传感器探极远离搅拌叶片，避免损坏传感器探极。

（4）调试　安装后需要进行零点与量程的调整。

1）检查接线无误后接通电源。

2）根据工艺情况确定液位的零点和满点位置，并使用液位计的零点和量程设置功能计算并设置零点电容和满点电容，进行零点与量程的调整。

3）调整完成后投入使用。

3. 测试结果

UYB-50 型电容式液位计在使用中，测量过程稳定可靠，测量误差满足要求，液体结晶挂料对测量精度基本上没有影响。

思　考　题

3-1　电容式传感器的基本工作原理是什么？

3-2　电容式传感器包括哪些类型？具有哪些优点？

3-3　变面积式、变极距式和变介电常数式电容传感器中，哪些是近似线性的？

3-4　常见的电容式传感器的测量电路有哪些？

3-5　双 T 形电桥电路的工作过程是怎样的？

3-6　脉冲宽度调制电路的工作过程是怎样的？

3-7　电容式传感器适合测量哪些参量？

3-8　电容式传感器测量加速度的原理是什么？

3-9　如何利用一个电容式传感器设计一个测量汽车油箱油量的装置？

第4章　电感式传感器

电感式传感器是利用被测量的变化引起线圈自感系数或互感系数的变化，从而导致线圈电感量的变化这一物理现象来实现测量的。根据其转换原理，电感式传感器通常分为自感式、互感式和电涡流式三种类型。它可将微小的机械量，如位移、振动、压力造成的长度、内径、不平行度、偏心、椭圆度等非电量物理量的几何变化转换为电信号的微小变化，是一种灵敏度较高的传感器，具有结构简单可靠、输出功率大、抗阻抗能力强、对工作环境要求不高、稳定性好等一系列优点。

本章将重点介绍自感式、互感式（差动变压器式）和电涡流式传感器的工作原理、测量电路及其应用，最后介绍一个利用电涡流式传感器用于硬币鉴别的工程实例。

4.1　自感式传感器

自感式传感器又称为变磁阻式传感器，其感应转换部件由线圈、铁心和衔铁组成，可分为变间隙型、变面积型和螺管型三种类型。

4.1.1　自感式传感器的工作原理

1. 变间隙型自感式传感器

变间隙型自感式传感器结构原理如图 4-1 所示。图中点画线表示磁路，铁心是固定部件，衔铁是可动部件，铁心和衔铁由导磁材料制成，两者之间留有气隙，气隙宽度为 δ。

若线圈匝数为 N，通入线圈的电流为 i，每匝线圈产生的磁通为 Φ，则产生的电感为

$$L = \frac{\Phi N}{i} \tag{4-1}$$

设磁路总磁阻为 R_Σ，则产生的磁通可表示为

$$\Phi = \frac{iN}{R_\Sigma} \tag{4-2}$$

于是有

$$L = \frac{N^2}{R_\Sigma} \tag{4-3}$$

由于气隙较小，因此气隙中的磁场可看作是均匀的。设铁心的磁路长度为 l_1，截面积为 S_1，磁导率为 μ_1；设衔铁的磁路长度为 l_2，截面积为 S_2，磁导率为 μ_2；设每

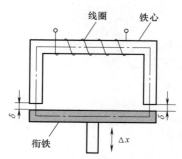

图 4-1　变间隙型电感式
传感器结构原理

段气隙的宽度为 δ，截面积为 S，气隙中空气的磁导率为 μ_0，则磁路总磁阻 R_Σ 由铁心磁阻、衔铁磁阻及气隙磁阻组成，即

$$R_\Sigma = \frac{l_1}{\mu_1 S_1} + \frac{l_2}{\mu_2 S_2} + \frac{2\delta}{\mu_0 S} \tag{4-4}$$

若铁心和衔铁用同一种导磁材料且磁导率为 μ，截面积相同且均为 S，则

$$L = \frac{N^2}{(l_1 + l_2)/(\mu S) + 2\delta/(\mu_0 S)} \tag{4-5}$$

由于传感器的铁心与衔铁工作在非饱和状态下，其磁导率远大于空气的磁导率，即铁心的磁阻与气隙的磁阻相比是很小的，为了分析问题的方便，铁心磁阻忽略不计。于是式（4-5）可表示为

$$L = \frac{N^2}{(l_1 + l_2)/(\mu S) + 2\delta/(\mu_0 S)} \approx \frac{N^2}{2\delta/(\mu_0 S)} = \frac{\mu_0 S N^2}{2\delta} \tag{4-6}$$

由此可知，自感 L 是气隙截面积 S 和气隙宽度 δ 的函数，即

$$L = f(S, \delta) \tag{4-7}$$

若保持 S 不变，则 L 为气隙宽度 δ 的单值非线性函数，可构成变间隙型自感传感器。

设自感传感器的初始气隙宽度为 δ_0，初始电感量为 L_0，衔铁位移 $\pm\Delta x$ 引起的气隙变化为 $-(\pm\Delta\delta)$，则由式（4-6）可得

$$L = L_0 \pm \Delta L = \frac{L_0}{1 \mp \Delta\delta/\delta_0} \tag{4-8}$$

当 $\Delta\delta/\delta_0 \ll 1$ 时，用泰勒级数展开得

$$L = L_0 \pm \Delta L = L_0\left[1 \pm \frac{\Delta\delta}{\delta} + \left(\frac{\Delta\delta}{\delta}\right)^2 \pm \cdots\right] \tag{4-9}$$

忽略高次项，即线性化处理后得电感量的相对变化量为

$$\frac{\Delta L}{L_0} = \frac{\Delta\delta}{\delta_0} \tag{4-10}$$

传感器的灵敏度为

$$K = \frac{\Delta L/L_0}{\Delta\delta} = \frac{1}{\delta_0} \tag{4-11}$$

由式（4-11）可以看出，要提高灵敏度，就要减小测量范围。根据式（4-8）和式（4-9），要提高线性度，$\Delta\delta/\delta_0$ 应很小。因此，变间隙型自感传感器适用于测量微小位移的场合。实际应用中，为了减小非线性误差，广泛采用差动变间隙型自感传感器，灵敏度可提高一倍，线性度也可明显改善。

2. 变面积型自感式传感器

由式（4-7）可知，如果保持间隙宽度 δ 不变，铁心与衔铁之间的相对覆盖面积 S 随被测量的变化而变化，构成变面积型自感式传感器，其结构原理如图 4-2 所示。

根据式（4-6）可知，线圈的电感量 L 与 δ 呈非线性关系，但与 S 呈线性关系，特性曲

线如图 4-3 所示。

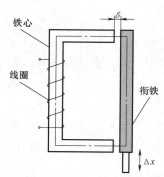

图 4-2　变面积型自感式传感器结构原理

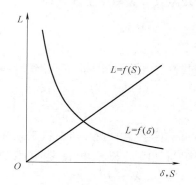

图 4-3　自感式传感器特性曲线

3. 螺管型自感式传感器

螺管型自感式传感器的结构原理如图 4-4 所示。螺管型传感器的衔铁移动，引起螺管线圈磁力线路径上的磁阻发生变化，导致电感量变化。线圈电感量的大小与衔铁在线圈的深度有关。

设线圈长度为 l，线圈的平均半径为 r，线圈的匝数为 N，衔铁进入线圈的长度为 l_a，圆柱形衔铁的半径为 r_a，衔铁的有效磁导率为 μ_m，则线圈的电感量 L 与衔铁进入线圈的长度 l_a 的关系为

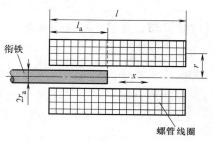

图 4-4　螺管型自感式传感器结构原理

$$L=\frac{4\pi^2 N^2}{l^2}\left[lr^2+(\mu_m-1)l_a r_a^2\right]$$

（4-12）

由式（4-12）可见，$L=f(l_a)$ 为线性函数关系，即线圈电感与衔铁进入线圈内部的长度呈线性关系。

通过对以上三种形式的自感式传感器的分析可得出以下结论。

1）变间隙型灵敏度较高，但非线性误差较大，且制作装配比较困难。

2）变面积型较前者灵敏度低，但线性较好，量程较大。

3）螺管型灵敏度较低，但量程大，线性好，结构简单，是广泛使用的电感式传感器。

4. 差动式自感传感器

在实际测量时，为了减小非线性误差、提高灵敏度，一般使两个相同的传感线圈共用一个衔铁构成差动式自感传感器。图 4-5 所示是变间隙型、变面积型及螺管型三种类型的差动结构形式。

图中，L_1、L_2 是电气参数和几何尺寸完全相同的线圈，绕制在材料成分和几何尺寸完全相同的铁心上，并共用一个衔铁。衔铁上下移动，使两个磁通回路中的磁阻大小产生相反的变化，导致一个线圈的电感量增大，另一个线圈的电感量减小，构成差动自感的形式，其电感总变化量的泰勒级数展开式为

$$\Delta L=\Delta L_1+\Delta L_2=2L_0\frac{\Delta\delta}{\delta_0}\left[1+\left(\frac{\Delta\delta}{\delta}\right)^2+\left(\frac{\Delta\delta}{\delta}\right)^4+\cdots\right]$$

（4-13）

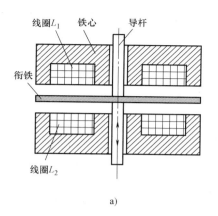
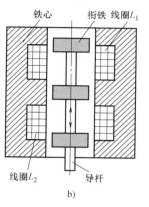
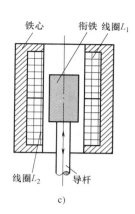

a)   b)   c)

图 4-5 差动式自感传感器的差动结构形式
a）变间隙型　b）变面积型　c）螺管型

由此可知，差动变间隙型自感式传感器的灵敏度是单线圈变间隙型自感式传感器灵敏度的 2 倍，线性度也可得到有效改善。

同样道理，根据式（4-6）和式（4-12）可分别推导得出，差动变面积型和差动螺管型自感式传感器的灵敏度是非差动方式灵敏度的 2 倍，且仍保持线性。

4.1.2 自感式传感器的测量电路

交流电桥是自感式传感器的主要测量电路，包括交流电桥和变压器式交流电桥等。

1. 交流电桥式电路

为了提高灵敏度、改善线性度，自感线圈一般接成差动形式。图 4-6 所示为自感传感器的交流电桥测量电路。

图中，u 为角频率为 ω 的交流电压源，u_o 为输出电压，Z_1、Z_2 分别为两个差动自感线圈的阻抗，R_1、R_2 为两个固定值桥臂电阻。在初始平衡状态时，令 $L_1 = L_2 = L_0$，$Z_1 = Z_2 = Z_0 = R_0 + j\omega L_0$，$R_1 = R_2 = R_0$。其中，$R_0$、$L_0$、$Z_0$ 分别为初始平衡状态时差动线圈的电阻、电感和复阻抗值。

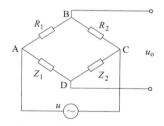

图 4-6 交流电桥测量电路

交流电桥工作时，若 $Z_1 = Z_0 + \Delta Z$，$Z_2 = Z_0 - \Delta Z$，则电桥输出开路电压为

$$u_o = \frac{u}{2} \frac{\Delta Z}{Z_0} = \frac{u}{2} \frac{j\omega \Delta L}{R_0 + j\omega L_0} \tag{4-14}$$

式中，ΔZ 为阻抗的变化量；ΔL 为电感的变化量。

当自感线圈的品质因数 Q 值很高时，即 $R \ll \omega L$，线圈的电阻值可以忽略，则式（4-14）可写成

$$u_o \approx \frac{u}{2} \frac{\Delta L}{L_0} \tag{4-15}$$

将式（4-10）代入式（4-15）得

$$u_o \approx \pm \frac{u}{2} \frac{\Delta \delta}{\delta_0} \tag{4-16}$$

可见，测量微小位移时，电桥输出电压 u_o 与 $\Delta \delta$ 近似为线性关系，输出电压的相位与衔

铁的移动方向有关。输出电压由于是交流信号，因此还要经过相敏检波电路处理才能准确反映衔铁位移的大小及方向。

2. 变压器式交流电桥

变压器式交流电桥电路如图 4-7 所示。

图中，电桥两臂阻抗为差动自感线圈的阻抗 Z_1、Z_2，另外两臂阻抗为交流变压器二次绕组的 1/2 阻抗，电压都为 $u/2$，输出电压 u_o 取自 A、B 两点。假定 D 点为参考零电位，则输出电压为

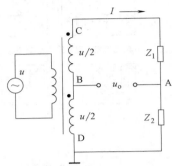

$$u_o = u_A - u_B = \frac{Z_2}{Z_1+Z_2}u - \frac{u}{2} = \frac{Z_2-Z_1}{Z_1+Z_2}\frac{u}{2} \qquad (4-17)$$

1）当衔铁在初始的中间位置时，由于两线圈磁路完全对称，因此有 $Z_1 = Z_2 = Z_0$，此时交流电桥处于平衡状态，$u_o = 0$。

图 4-7 变压器式交流电桥电路

2）当衔铁上移 $\Delta\delta$ 时，线圈 L_1 的阻抗 Z_1 增大，线圈 L_2 的阻抗 Z_2 减小，阻抗的变化量大小近似相等，都为 ΔZ，则有

$$Z_1 = Z_0 + \Delta Z \qquad (4-18)$$
$$Z_2 = Z_0 - \Delta Z \qquad (4-19)$$
$$u_o = \frac{Z_2-Z_1}{Z_1+Z_2}\frac{u}{2} = -\frac{\Delta Z}{Z_0}\frac{u}{2} \qquad (4-20)$$

在差动线圈的品质因数 Q 值很高时，即 $R \ll \omega L$，线圈的电阻值可以忽略，则有

$$u_o = -\frac{\Delta L}{L_0}\frac{u}{2} \qquad (4-21)$$

3）当衔铁向下移动时，同理可以推导出

$$u_o = \frac{\Delta L}{L_0}\frac{u}{2} \qquad (4-22)$$

从式（4-21）和式（4-22）可知，由于输出电压 u_o 为交流，当衔铁上、下移动的距离相同时，其值大小相等、方向相反。与电阻平衡臂交流电桥一样，只通过输出电压无法判断衔铁移动方向，仍需要采用相敏检波电路来确定。

3. 相敏检波电路

图 4-8 所示为带相敏检波电路的差动自感交流电桥电路。

以如图 4-5 所示差动自感传感器的两个线圈 L_1 和 L_2 作为交流电桥的相邻工作桥臂，参数相同的 C_1 和 C_2 为交流电桥的另两个桥臂。VD_1、VD_2、VD_3 和 VD_4 构成相敏整流器，R_1、R_2、R_3 和 R_4 为四个线绕电阻，用于减小温度误差，C_3 为滤波电容。电桥电路的工作电压 u 加在 E、F 两点之间，输出信号从 G、H 两点取出，并由电压表 V 进行指示。

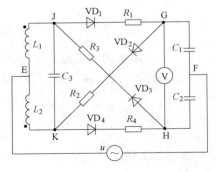

图 4-8 带相敏检波电路的差动自感交流电桥电路

1）当差动自感传感器的衔铁位于中间位置时，

$L_1 = L_2$，电桥处于平衡状态，$U_G = U_H$，输出电压为零，电压表指针不偏转。

2）当衔铁上移时，线圈电感 L_1 增大，线圈电感 L_2 减小。如果输入交流电压处于正半周，即 E 点电位为正，F 点电位为负，则二极管 VD$_1$、VD$_4$ 导通，VD$_2$、VD$_3$ 截止。在 EJGF 支路中，G 点电位由于 L_1 的增大而（从平衡时的电位）降低；而在 EKHF 支路中，H 点电位由于 L_2 的减小而（从平衡时的电位）升高。所以，H 点电位高于 G 点，电流由 H 流向 G，电压表指针正向偏转。

如果输入交流电压处于负半周，即 E 点电位为负，F 点电位为正，则二极管 VD$_1$、VD$_4$ 截止，VD$_2$、VD$_3$ 导通。在 EKGF 支路中，G 点电位由于 L_2 的减小而（从平衡时的电位）降低；而在 EJHF 支路中，H 点电位由于 L_1 的增大而（从平衡时的电位）升高。因此，仍然是 H 点电位高于 G 点电位，电压表指针仍正向偏转。

3）当衔铁下移时，线圈电感 L_1 减小，线圈电感 L_2 增大。同理分析可知，无论输入交流电压处于正半周还是负半周，H 点电位总是低于 G 点，电流由 G 流向 H，电压表指针反向偏转。

这样，通过电压表指针的偏转幅度和偏转方向，相敏检波电路就能既反映衔铁位移量的大小，又反映衔铁移动的方向。

4.1.3 自感式传感器的应用

自感式传感器可测量小到 $0.1\mu m$ 的直线位移，灵敏度较高，输出信号较大，但存在非线性问题，消耗功率较大，测量范围较小。因此，自感式传感器一般用于接触式测量，主要用于静态和动态微位移测量，也可测量振动、压力、荷重、流量、液位等参数。

1. 用于压力测量

在自感式压力传感器中，多采用变间隙型电感作为敏感元件，并使其与弹性元件组合在一起构成传感器的核心，其基本结构原理如图 4-9 所示。

传感器中的衔铁与弹性元件膜盒相连接，当压力 p 改变时，膜盒带动衔铁产生位移，使衔铁与铁心之间的气隙发生变化，引起传感器线圈的电感量发生相应的变化，再通过电桥电路将电感的变化转换成电压信号输出。由于输出的电压信号与被测压力之间呈线性关系，所以根据输出电压就可得知被测压力的大小。需要注意的是，传感器输出信号的大小取决于衔铁位移的大小，输出信号的相位则取决于衔铁移动的方向。

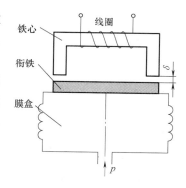

图 4-9 变间隙型自感式压力传感器的基本结构原理

2. 用于工件尺寸测量

图 4-10 所示为用于圆柱直径尺寸测量的轴向式电感测微传感器的结构原理，其实物图如图 4-11 所示。

轴向式电感测微传感器中的两组线圈与两组电容构成平衡桥路，电路原理如图 4-8 所示。当被测工件使传感器中的衔铁处于线圈中间位置时，$L_1 = L_2$，电桥平衡，没有电信号输出；当被测工件的尺寸发生变化时，$L_1 \neq L_2$，电桥不再平衡，电路输出相应的电信号。根据电信号的大小和变化方向，就能判定被测工件尺寸的大小和变化情况。

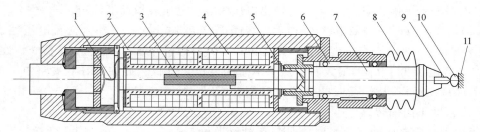

图 4-10 轴向式电感测微传感器的结构原理

1—引线 2—固定磁筒 3—衔铁 4—线圈 5—测力弹簧 6—钢球导轨
7—测杆 8—密封套 9—测端 10—被测工件 11—基准面

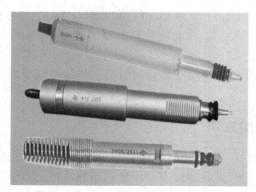

图 4-11 轴向式电感测微传感器实物图

4.2 差动变压器式传感器

将被测量的变化转换为线圈互感量变化的传感器称为互感式传感器。由于互感式传感器根据变压器的基本原理制成，其二次绕组又采用了差动连接方式，故又称之为差动变压器式传感器。

差动变压器式传感器的结构类型有变间隙型、变面积型和螺管型，它们的工作原理基本相同，都是基于线圈互感量的变化进行测量的。实际应用最多的是螺管型差动变压器式传感器，它可以测量 1～100mm 范围内的机械位移，具有测量精度高、结构简单、性能可靠等优点。

4.2.1 差动变压器式传感器的工作原理

1. 工作原理

螺管型差动变压器式传感器的结构原理及等效电路如图 4-12 所示。

图 4-12 所示差动变压器式传感器结构中，一次绕组位于中间位置，绕组匝数为 N_1，电感为 L_1，电阻为 R_1；上下两侧是两个结构完全相同的二次绕组，绕组反向串接，绕组匝数分别为 N_{2a} 和 N_{2b}，电感分别为 L_{2a} 和 L_{2b}，电阻分别为 R_{2a} 和 R_{2b}；螺线管内有可以移动的圆柱形衔铁。

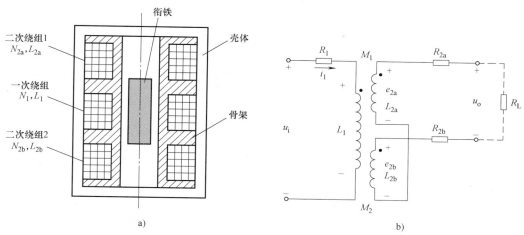

图 4-12　螺管型差动变压器式传感器结构原理及等效电路

a）结构原理　b）等效电路

1）当衔铁处于初始的中间平衡位置时，一次绕组 L_1 与两个二次绕组 L_{2a} 和 L_{2b} 的互感系数 M_1 和 M_2 相等，即 $M_1 = M_2 = M_0$，则产生的两个感应电动势 e_{2a} 和 e_{2b} 也相等。由于两个二次绕组反向串接，因此差动变压器的输出 $u_o = 0$。

2）当衔铁从中间位置上移时，在磁阻的影响下，互感系数 $M_1 > M_2$，则 e_{2a} 增加，e_{2b} 减小。同理，当衔铁从中间位置下移时，互感系数 $M_1 < M_2$，则 e_{2a} 减小，e_{2b} 增大。因此，随着衔铁位置的变化，差动变压器的输出电压 $u_o = e_{2a} - e_{2b}$ 也将发生变化。

2. 输出特性

根据如图 4-12 所示差动变压器式传感器的等效电路，当二次侧开路时有

$$i_1 = \frac{u_i}{R_1 + j\omega L_1} \qquad (4\text{-}23)$$

根据电磁感应定律，二次绕组中感应电动势的表达式分别为

$$e_{2a} = -j\omega M_1 i_1 \qquad (4\text{-}24)$$

$$e_{2b} = -j\omega M_2 i_1 \qquad (4\text{-}25)$$

由于二次绕组 L_{2a} 和 L_{2b} 反向串接，则可得

$$u_o = e_{2a} - e_{2b} = -\frac{j\omega (M_1 - M_2) u_i}{R_1 + j\omega L_1} \qquad (4\text{-}26)$$

输出电压的有效值为

$$U_o = \frac{\omega (M_1 - M_2) U_i}{\sqrt{R_1^2 + (\omega L_1)^2}} \qquad (4\text{-}27)$$

式中，U_o、U_i 分别为 u_o、u_i 的有效值。

由式（4-27）可知，当 U_i、ω、L_1、R_1 为固定值时，差动变压器的输出电压只是 M_1 和 M_2 的函数，只要确定 M_1 和 M_2 与衔铁位移 x 之间的关系，就可以得到差动变压器的输出特性。

1）当衔铁位于互感线圈的中间位置时，对应着衔铁位移 $\Delta x = 0$，此时 $M_1 = M_2 = M_0$，故

输出电压为

$$U_o = \frac{\omega(M_1 - M_2)U_i}{\sqrt{R_1^2 + (\omega L_1)^2}} = 0 \qquad (4\text{-}28)$$

2）当衔铁位于中间偏 L_{2a} 位置时，对应着衔铁位移 $\Delta x > 0$，此时 $M_1 = M_0 + \Delta M$，$M_2 = M_0 - \Delta M$，输出电压为

$$U_o = \frac{\omega(M_1 - M_2)U_i}{\sqrt{R_1^2 + (\omega L_1)^2}} = \frac{2\omega \Delta M U_i}{\sqrt{R_1^2 + (\omega L_1)^2}} \qquad (4\text{-}29)$$

此时，u_o 与 e_{2a} 同相位。

3）当衔铁位于中间偏 L_{2b} 位置时，对应着衔铁位移 $\Delta x < 0$，此时 $M_1 = M_0 - \Delta M$，$M_2 = M_0 + \Delta M$，输出电压为

$$U_o = \frac{\omega(M_1 - M_2)U_i}{\sqrt{R_1^2 + (\omega L_1)^2}} = -\frac{2\omega \Delta M U_i}{\sqrt{R_1^2 + (\omega L_1)^2}} \qquad (4\text{-}30)$$

此时，u_o 与 e_{2b} 同相位。

因此，螺管型差动变压器式传感器的输出特性曲线如图 4-13 所示。

3. 零点残余电压

在如图 4-13 所示差动变压器输出电压 U_o 与衔铁位移 Δx 的关系曲线中，u_o 的实线曲线表示理想的输出特性，而虚线曲线表示实际的输出特性。当衔铁位于中间位置时，差动变压器输出电压并不等于零，把差动变压器在衔铁零位移时的输出电压称为零点残余电压，记作 Δu_o。零点残余电压一般在几十毫伏以下，使传感器在零点附近不灵敏，给测量带来误差，它的大小是衡量差动变压器性能好坏的重要指标。

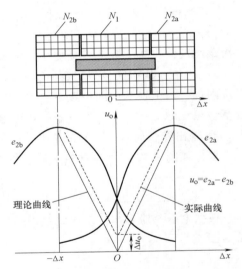

图 4-13　螺管型差动变压器式
传感器的输出特性曲线

（1）零点残余电压的产生原因　变压器的两个二次绕组的电气参数与几何尺寸不对称，导致产生的感应电动势幅值不等、相位不同，构成了零点残余电压的基波；由于磁性材料磁化曲线的非线性（磁饱和、磁滞），产生了零点残余电压的高次谐波（主要是三次谐波）；励磁电压本身含高次谐波。

（2）减小零点残余电压的方法

1）尽可能使变压器两个二次绕组的几何尺寸、线圈电气参数及磁路对称。磁性材料要经过处理，消除内部的残余应力，以使其性能均匀稳定。

2）选用合适的测量电路。如采用相敏整流电路，既可判别衔铁移动方向，又可改善输出特性，减小零点残余电压。

3）采用补偿线路减小零点残余电动势。在差动变压器二次侧串、并联适当大小的电阻、电容元件，调整这些元件使零点残余电压减小。

4.2.2　差动变压器式传感器的测量电路

差动变压器式传感器的输出交流电压只能反映衔铁位移的大小，不能反映位移的方向，也不能消除零点残余电压。要解决这一问题，通常采用差动整流电路判别位移方向和消除零点残余电压。

差动整流电路是根据半导体二极管的单向导通原理进行工作的。它对两个二次电压分别整流，然后将整流后的电压或电流的差值作为输出。图 4-14 所示是一个差动整流电路，电阻 R_0 作为电位器用于消除零点残余电压。

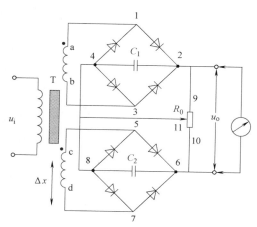

由图示电路可知，无论两个二次绕组的输出瞬时电压极性如何，流经电容 C_1 的电流方向总是从 2 端到 4 端，2、4 两端间的电压为 U_{24}。流经电容 C_2 的电流方向总是从 6 端到 8 端，6、8 两端间的电压为 U_{68}。整流电路的输出电压为

$$U_o = U_{24} - U_{68} \tag{4-31}$$

1）当衔铁位于中间位置时，$\Delta x = 0$，$U_{24} = U_{68}$，故输出电压 $U_o = 0$。

图 4-14　差动整流电路

2）当衔铁位于中间偏上位置时，$\Delta x > 0$，$U_{24} > U_{68}$，则 $U_o > 0$。

3）当衔铁位于中间偏下位置时，$\Delta x < 0$，$U_{24} < U_{68}$，则 $U_o < 0$。

可根据 U_o 的符号判断衔铁的位置是在零位处、零位以上或零位以下。同时，由于 U_{24} 和 U_{68} 的电压极性相同，相减后可以抵消零点残余电压。差动整流电路的波形如图 4-15 所示。

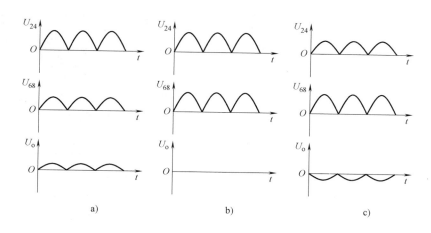

图 4-15　差动整流电路的波形

a）衔铁在零位以上　b）衔铁在零位处　c）衔铁在零位以下

差动整流电路结构简单，不需要考虑相位调整和零点残余电压的影响，具有分布电容影响小和便于远距离传输等优点，因而获得广泛应用。

4.2.3 差动变压器式传感器的应用

差动变压器式传感器可用于测量位移或与位移相关的机械量，例如振动、压力、加速度、应变、比重、张力等。

1. 差动变压器式微压传感器

图 4-16 所示为差动变压器式微压传感器的结构原理。无压力时，与膜盒中心连接的衔铁位于差动变压器的中间位置，因而输出电信号为零。有压力时，膜盒产生相应的位移，并带动衔铁移动，差动变压器产生的输出电压的变化就能反映被测压力的变化。

这种传感器可测量 $-4\times10^4 \sim 6\times10^4\,\mathrm{Pa}$ 的压力，精度可达 1.0%。

2. 差动变压器式振动和加速度传感器

图 4-17 所示为差动变压器式加速度传感器的结构原理。

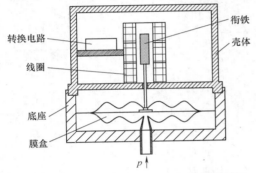

图 4-16 差动变压器式微压传感器结构原理

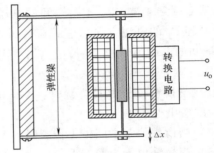

图 4-17 差动变压器式加速度传感器结构原理

该传感器主要由悬臂梁差动变压器及转换电路构成。测量时，连接弹性梁的衔铁与被测物体相连，当被测物体加速运动或振动时，衔铁的位移 Δx 就会按相应的规则变化，并通过差动变压器及转换电路输出对应的电压信号，电压信号的变化规律反映了加速度或振动状态。

3. 差动变压器式扭矩传感器

图 4-18 所示为差动变压器式扭矩传感器的结构原理。该传感器能将被测轴的扭转角转化为衔铁的直线位移。

差动变压器式扭转传感器的衔铁内部加工了一个螺旋角为 λ 的螺旋槽，扭杆轴上安装了一个带轴承的凸块，凸块嵌入在螺旋槽中。扭杆轴在受到扭矩作用时会产生转动，其上凸块就会沿螺旋槽滑动，从而使衔铁移动，这样就将轴的转角

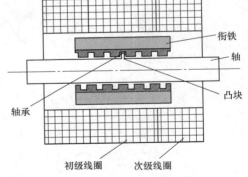

图 4-18 差动变压器式扭矩传感器结构原理

转化为衔铁在螺线管内的直线位移，再通过差动变压器和转换电路生成对应的电信号输出。

4.3 电涡流式传感器

当导体处于交变磁场中时，铁心会因为电磁感应而在内部产生自行闭合的电涡流。应用

这一特性制成的电涡流式传感器可用于探测金属性质，非接触测量微小位移、振动、工件尺寸、转速、表面温度等参数，还可用于无损探伤，其最大特点是测量的非接触性。

4.3.1 电涡流式传感器的工作原理

1. 电涡流效应

根据法拉第电磁感应定律，金属导体置于变化的磁场中时，导体中就会有感应电流产生。电流的通路在金属导体内自行闭合，这种由电磁感应产生的旋涡状感应电流称为电涡流，这种现象称为电涡流效应。电涡流式传感器就是利用电涡流效应来检测导体的各种物理参数的。

电涡流式传感器的工作原理如图4-19所示。

当激励源产生的高频电流 i_1 通过电感线圈 L_1 时，将产生高频磁场 H_1。当被测导体置于该交变磁场范围内时，该被测导体中就会产生电涡流 i_2，这种电涡流在金属导体的纵深方向不是均匀分布的，而是主要集中在金属导体的表面，这称为趋肤效应，趋肤效应是电涡流的一种特征。

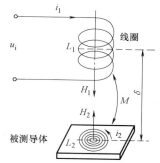

图4-19 电涡流式传感器的工作原理

趋肤效应与激励源的频率 f，以及导体的电导率 σ、磁导率 μ 等有关。工程上还定义了趋肤深度（穿透深度）h，它是指电流密度下降到表面电流密度的 0.368（即 $1/e$）时的厚度，表示为

$$h = \frac{1}{\sqrt{\pi f \mu \sigma}} \tag{4-32}$$

由式（4-32）可知，频率 f 越高，电涡流的穿透深度就越浅，趋肤效应就越明显。图4-20所示为不同频率的电流流经圆柱状导体时，自由电子的分布情况。

由于存在趋肤效应，电涡流效应多用于检测导体表面的各种物理参数。改变 f 的大小可控制检测的深度。检测技术中激励源的频率一般为 100k～1MHz。为了使电涡流能深入金属导体，或者对较远、较厚的金属导体进行探测，可采用十几千赫兹甚至几百赫兹的激励源频率。

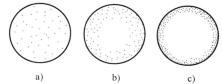

图4-20 自由电子的分布情况

a）直流 b）中频交流 c）高频交流

2. 电涡流线圈等效阻抗分析

导体在交变磁场 H_1 作用下感应出电涡流 i_2 的同时，根据楞次定律，i_2 会产生一个与 H_1 相反的磁场 H_2。由于磁场 H_2 的反作用，在形成电涡流时，线圈 L_1 的等效阻抗发生变化，电涡流 i_2 越大，对 L_1 的影响也越大。电涡流等效电路如图4-21所示。

图中，用 R_1、L_1 表示线圈 L_1 在没有电涡流时的电阻和电感。若有被测非磁性导体靠近线圈 L_1，则被测导体可等效为一个耦合电感 L_2（短路环），线圈 L_1 与导体之间就

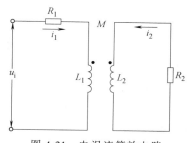

图4-21 电涡流等效电路

存在互感 M，M 随线圈与被测导体之间距离 δ 的变化而变化。L_2 可以看作只有一匝的短路线圈，用 R_2、L_2 表示其等效电阻和等效电感，其等效电阻的计算方法为

$$R_2 = \frac{2\pi\rho}{h\ln\dfrac{r_a}{r_i}} \tag{4-33}$$

式中，ρ 为被测导体电阻率；h 为电涡流的深度；r_a 为短路环的外径；r_i 为短路环的内径。

根据基尔霍夫电压定律，可以列出如下方程组：

$$\begin{cases} R_1 i_1 + j\omega L_1 i_1 - j\omega M i_2 = u_i \\ -j\omega M i_1 + R_2 i_2 + j\omega L_2 i_2 = 0 \end{cases} \tag{4-34}$$

由方程组（4-34）可求得线圈 L_1 受被测金属导体影响后的等效阻抗为

$$Z = \frac{u_i}{i_1} = \left[R_1 + R_2 \frac{\omega^2 M^2}{R_2^2 + (\omega L_2)^2} \right] + j\omega \left[L_1 - L_2 \frac{\omega^2 M^2}{R_2^2 + (\omega L_2)^2} \right] = R + j\omega L \tag{4-35}$$

式中，R、L 分别代表产生电涡流效应后线圈 L_1 的等效电阻和等效电感；ω 为线圈 L_1 激励电源的角频率。

当线圈 L_1 与被测金属导体间距离 δ 减小时，M 增大，等效电感 L 减小，等效电阻 R 增大。由于线圈 L_1 的感抗 X_L 的变化比 R 的变化大得多，故此时流过线圈 L_1 的电流 i_1 增大。从能量守恒角度看，就是增加流过线圈 L_1 的电流，从而为被测金属导体的电涡流提供更多的能量。

由于线圈 L_1 的品质因数 $Q = X_L/R = \omega L/R$，当电涡流增强时，Q 下降。因此，可以通过测量 Q 值的变化来判断电涡流的状态。

实际情况是，线圈 L_1 受被测导体电涡流影响时的等效阻抗 Z 的变化要比式（4-35）复杂得多。f、μ、σ 也会影响电涡流 i_2 在金属导体中的深度，即线圈 L_1 的阻抗变化也与金属导体的 μ、σ 有关，此外还与金属导体的形状、表面因素 γ 有关，加之线圈 L_1 与金属导体的距离 δ 的关系，线圈 L_1 的阻抗可表示为

$$Z = R + j\omega L = g(f, \mu, \sigma, \gamma, \delta) \tag{4-36}$$

在保持 f、μ、σ、γ 不变的条件下，线圈 L_1 的阻抗 Z 就是 δ 的单值函数，这是制作位移非接触测量电涡流式传感器的理论依据。

如果保持 δ、f 不变，就可以用来检测与表面因素 γ 有关的表面电导率 σ、表面温度、表面裂纹等参数，或用来检测与材料磁导率 μ 有关的材料成分、表面硬度等参数。

4.3.2 电涡流式传感器的测量电路

电涡流式传感器将探头与被测金属导体间互感的变化转化为探头线圈的等效阻抗及品质因数 Q 等参数的变化，然后再把这些参数转换成频率或电压输出。其测量电路主要有调幅、调频两种形式。

1. 调幅式电路

调幅式电路是以定频调幅信号反映电涡流探头与被测金属导体之间的关系，其测量原理如图 4-22 所示。

首先由石英晶体振荡器产生频率和幅值稳定的中频或高频激励电源，通过限流电阻 R

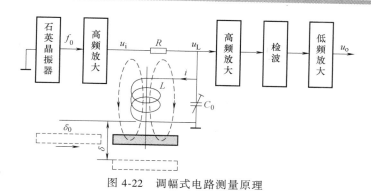

图 4-22　调幅式电路测量原理

后，施加在由探头线圈和一个微调电容 C_0 组成的并联谐振回路上。由于限流电阻 R 较大，故可将 i 视为一个恒流源。

在被测金属导体与探头之间的距离 δ 很大时，调节 C_0，使 LC_0 的谐振频率等于石英晶体振荡器的频率 f_0，此时谐振回路的 Q 值和阻抗 Z 最大，LC_0 并联谐振电路两端的电压 u_L 也最大，为

$$u_L = i_1 Z \tag{4-37}$$

（1）被测导体为非磁性金属　当探头靠近时，距离 δ 减小，探头线圈的等效电感 L 减小，导致 Q 值下降，并联谐振回路的谐振频率 $f>f_0$，即处于失谐状态，阻抗 Z 降低。由于限流电阻 R 较大，流过 R 的电流 i 近似定值，所以线圈两端的电压 u_L 随失谐的程度而改变。

设定被测导体与电涡流线圈的距离为固定值 δ_0（δ_0 通常等于线圈 L 的直径），使被测导体从左向右平移逐渐靠近线圈时，电压 u_L 会逐渐降低；当移动过电涡流线圈的轴线后，输出电压又会逐渐增大。

（2）被测导体为磁性金属　磁性金属存在磁力线集中的现象，使探头线圈的电感增大，但由于被测磁性金属导体的磁滞损耗，因此探头线圈的 Q 值会下降较大，输出电压也会降低较多。

定频调幅特性曲线如图 4-23 所示。

被测导体与探头的间距越小，输出电压 u_L 就越低。经检波低放之后，输出电压 u_o 对应的就是被测导体的位移量。

需要注意的是，调幅式电路的输出电压 u_o 与位移 δ 是非线性关系，需进行线性化处理；另外，电压放大器放大倍数漂移影响测量准确度，须采取相应的温度补偿措施。

2. 调频式电路

调频式电路以 LC 振荡器的频率 f 作为位移 δ 对应的输出信号。调频式电路测量原理如图 4-24 所示。

并联谐振回路的谐振频率为

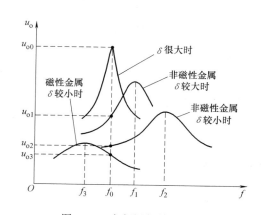

图 4-23　定频调幅特性曲线

$$f \approx \frac{1}{2\pi\sqrt{LC_0}} \tag{4-38}$$

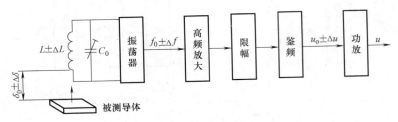

图 4-24　调频式电路测量原理

当线圈与被测导体的距离 δ 变化时，线圈的电感 L 产生相应变化。由式（4-38）可知，当非磁性金属靠近线圈时，谐振电路的谐振频率 f 升高；当磁性金属靠近线圈时，电感 L 增大，谐振频率 f 则降低。谐振频率的变化量 Δf 通过鉴频器转换为电压变化量 Δu，也可以用频率计检测频率的变化，这样就能用 Δu 或 Δf 反映位移 δ 的变化情况。

4.3.3　电涡流式传感器的应用

电涡流式传感器具有可非接触连续测量、灵敏度较高、适用性强等特点。利用位移作为变换量，可以做成测量位移、厚度、振幅、转速等的传感器；利用材料电阻率作为变换量，可以做成测量温度、材料分选等的传感器；利用磁导率作为变换量，可以做成测量应力、硬度等的传感器；利用位移、电阻率和磁导率等综合指标，可以做成无损探伤装置等。电涡流式传感器实物如图 4-25 所示。

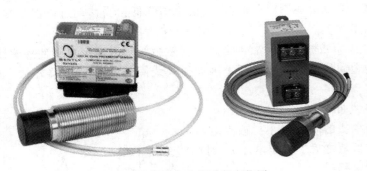

图 4-25　电涡流式传感器实物图

1. 振动测量

电涡流式传感器可以无接触地测量机械振动，测量范围从几十微米至几毫米，图 4-26 所示为轴振动状态测量示意图，将多个电涡流式传感器并排安置在轴附近，获取各传感器所在位置的瞬时振幅，观察分析轴的瞬时振动状态。

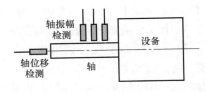

图 4-26　电涡流式传感器振动测量示意图

2. 转速测量

图 4-27 所示为转速测量示意图。在转动轴上安装一图示齿轮状金属体，跟随轴同步旋转，在其附近安装电涡流式传感器。当轴旋转时，传感器不断检测到轮齿的经过，产生周期性的电脉冲信号，再用频率计测出脉冲频率，就能通过计算得出轴的转速。

3. 无损探伤

电涡流式传感器用于无损探伤，能非破坏性地探测金属材料的表面裂纹、热处理裂纹及焊接裂纹等。如图 4-28 所示，使传感器与被测金属体的距离保持不变，平行地相对移动。若遇有裂纹，金属的电导率、磁导率就发生变化，裂缝处的电感量也随之改变，从而引起电涡流式传感器探头线圈的等效阻抗发生变化，再通过测量电路处理，实现金属无损探伤。

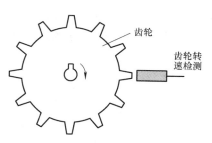

图 4-27 电涡流式传感器转速测量示意图

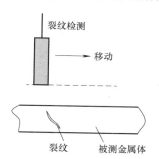

图 4-28 电涡流式传感器无损探伤示意图

4.4 工程设计实例

1. 实例来源

现代生活中，硬币广泛应用于无人售票公交车、自动售货机、电子游戏机等设备，大大降低了人工成本。但是大量假币的出现，损害了经营者的利益，因此硬币自动检测系统的开发具有重要的意义。在我国市场上流通的硬币面值主要是五角和一元，由于假币和真币材质和规格存在差异，因此对硬币实现快速检测有一定的可行性。

2. 方案设计

本实例基于电涡流式传感器提出了一种硬币检测系统的设计方案。设计思路是根据假硬币不同的物理特性，利用电涡流式传感器对硬币进行检测，检测信号经过振荡器芯片分频后被送入微控制器中，微处理器进行数据处理后，将识别信息通过显示屏显示，并对假币实现蜂鸣报警和清退。因此，该检测系统主要由电涡流式传感器、信号调理电路、显示电路、报警电路等几部分组成，总体结构如图 4-29 所示。

（1）传感器模块 本系统是将铜漆包线绕制在铁氧体磁心上形成线圈，不同厚度和材质的硬币通过传感器时，引起的电涡流效应会有所不同。为了提高辨伪的准确度，实际应用中基于差分原理采用了双侧对称式结构。如图 4-30 所示，两个电感线圈置于硬币通道两侧，

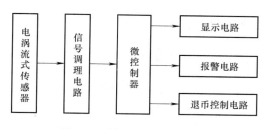

图 4-29 检测系统总体结构

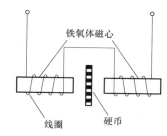

图 4-30 双侧传感器结构示意图

用于检测硬币通过时的频率信号，这样可以减小输出信号受硬币的摆动、温度、干扰噪声等环境因素造成的影响。

没有金属硬币从电涡流式传感器端面间通过时，传感器输出信号最大，并保持恒定不变。有金属硬币从电涡流式传感器的端面间通过时，随着硬币与传感器相对覆盖面积的不断变化，电涡流传感器的输出信号也随之改变。

（2）信号调理电路　图 4-31 为检测信号调理电路，其中 CD4060BM 是 14 位二进制串行计数器/分频器，它由两部分组成，一部分是 14 级分频器，输出二进制分频信号；另一部分是振荡器，由两个串接的反相器和外接电阻电容构成。采用该芯片可以直接实现振荡和分频的功能。

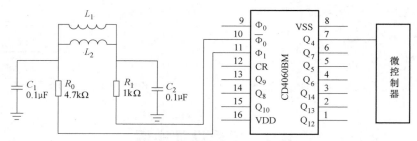

图 4-31　检测信号调理电路

其中，引脚 10 为 CD4060BM 的内部振荡器信号反向输出端口，引脚 11 为信号输入端口，引脚 7 为四分频输出端口。不同面值的硬币通过电涡流式传感器时，Q_4 端口输出的方波信号频率均不相同，为了建立真币基准数据以用于检测信号的比较，前期需要使用大量不同类型的硬币分别对该硬币的正、反面进行测试，记录不同数据，根据上述测试数据，可以设定阈值来区分五角硬币、一元硬币及假币。

（3）退币控制电路　为了实现对假币的清退功能，系统采用电磁铁为退币执行器，通过其控制拨片的摆动来改变硬币的滚动通道，从而实现硬币的存入与清退。图 4-32 为硬币通道的结构示意图。

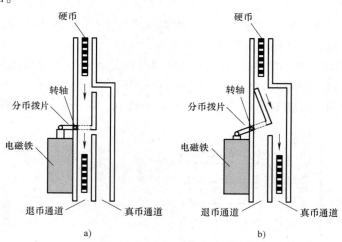

图 4-32　硬币通道结构示意图

a）清退　b）存入

（4）报警电路 报警电路的集成电路选择了 CW9561，用以对检测到假币的情况发出警报声。其电路如图 4-33 所示，其中 VT 为 NPN 三极管。

此外，单片机、显示模块及其外围电路均为常用电路，它们的原理在此不再详述。

3. 软件设计

开启电源后，系统初始化，显示屏显示结果为 0。当有硬币投入时，由电涡流式传感器产生的信号经过处理后被送入单片机，并与单片机内部存储的值进行比较，使其对硬币进行检测辨识并输出结果。如果是真币，则电磁铁动作，改变硬币通道使其滚入收集器，显示屏显示额度；如果是假币，扬声器发出警报声，电磁铁不动作，使假币滚入退币通道。主程序流程图如图 4-34 所示。

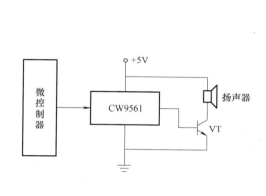

图 4-33 报警电路

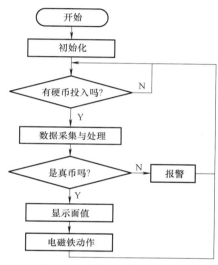

图 4-34 系统主程序流程图

本实例所述的是一个实用化的硬币检测系统，能够识别人民币五角、一元两种面值的硬币及假币，且检测速度快，结构简单，灵敏度高，具有一定的实用价值，可广泛应用于无人售票公交车、自动售票机和电子游戏机，具有显著的社会效益和经济效益。

思 考 题

4-1 电感式传感器的基本工作原理是什么？

4-2 自感式传感器的基本组成是什么？有哪些常见类型？

4-3 变间隙型自感式传感器的工作原理是什么？

4-4 常见的自感式传感器的测量电路有哪些？

4-5 电感式传感器包括哪些类型？它们之间有什么区别与联系？

4-6 什么是零点残余电压？如何减小或消除呢？

4-7 如何设计测量加速度的差动变压器式传感器？

4-8 什么是电涡流效应？

4-9 常见的电涡流式传感器的测量电路有哪些？

4-10 如何利用一个电涡流式传感器设计金属探测仪？

第5章 压电式传感器

压电式传感器是基于压电材料的压电效应制成的典型有源传感器，主要用于各种与力相关的参数的测量。压电式传感器体积小，重量轻，工作频率宽，在各种动态力、机械冲击与振动中应用比较广泛。

本章将重点阐述压电效应的原理，分析石英晶体、压电陶瓷和半导体压电材料的主要特性，介绍压电式传感器测量电路中的电压放大器和电荷放大器及其应用，最后提供了一个通过压电薄膜监测车辆状态的工程实例。

5.1 压电式传感器的原理

5.1.1 压电效应

1. 压电效应原理

某些材料沿某一特定方向受力并发生机械变形时，材料内部会产生极化现象，并在其两个对应表面上产生符号相反的等量电荷；若停止受力，电荷也随之消失，材料重新恢复为不带电状态。这种机械能转化为电能的现象称为"顺压电效应"或"正压电效应"，简称压电效应。

反过来，在材料的极化方向上施加电场，材料也会产生机械变形；在撤去外加电场后，材料的变形现象也随之消失。这种将电能转化为机械能的现象称为"逆压电效应"或"电致伸缩效应"。

因此，压电效应具有自发电性和可逆性，其原理示意如图 5-1 所示。由此制成的压电式传感器是一种典型的有源传感器件。

当作用力的方向改变时，电荷的极性也会随之改变，输出电压的频率与动态力的频率相同。值得注意的是，当受

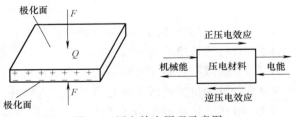

图 5-1 压电效应原理示意图

力由动态力变为静态力时，电荷将由于材料表面的漏电而很快消失。

具有压电效应的材料称为压电材料。在自然界中，大多数晶体都具有压电效应，只是多数晶体的压电效应都十分微弱。

2. 压电效应方程

在压电材料的晶体切片上，压电效应的受力与产生的电荷的分布关系如图 5-2 所示。

根据压电效应原理，压电材料在一定方向力的作用下，其相应的表面会产生一定量的电荷，作用力与表面电荷之间的关系为

$$Q_i = d_{ij}F_j \tag{5-1}$$

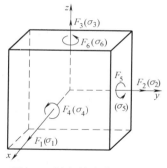

图 5-2　压电效应力-电分布

式中，F_j 为 j 方向的作用力；d_{ij} 为 j 方向的作用力使 i 表面产生电荷的压电常数；Q_i 为在 i 表面上产生的电荷量；$i = 1$、2、3，$j = 1$、2、3、4、5、6。下标 i 表示压电材料产生电荷的面，$i = 1$、2、3 分别表示产生电荷的面是垂直于 x 轴、y 轴、z 轴的晶片表面；下标 $j = 1$、2、3 分别表示晶体沿 x 轴、y 轴、z 轴方向承受单向力；下标 $j = 4$、5、6 分别表示晶体在垂直于 x 轴、y 轴、z 轴的平面内承受剪切力，即垂直于 yz 平面、xz 平面、xy 平面上承受剪切力。规定单向拉力取正号，压力取负号；剪切力的符号则由右手螺旋定则确定，确定方法见如图 5-2 所示压电效应的力-电分布示意图。

为了更好地描述压电效应，将晶体在任意受力状态下所产生的表面电荷由方程组表示为

$$\begin{cases} Q_1 = d_{11}F_1 + d_{12}F_2 + d_{13}F_3 + d_{14}F_4 + d_{15}F_5 + d_{16}F_6 \\ Q_2 = d_{21}F_1 + d_{22}F_2 + d_{23}F_3 + d_{24}F_4 + d_{25}F_5 + d_{26}F_6 \\ Q_3 = d_{31}F_1 + d_{32}F_2 + d_{33}F_3 + d_{34}F_4 + d_{35}F_5 + d_{36}F_6 \end{cases} \tag{5-2}$$

式中，Q_1、Q_2、Q_3 分别为垂直于 x 轴、y 轴、z 轴的平面上的电荷量；F_1、F_2、F_3 分别为沿着 x 轴、y 轴、z 轴方向的单向力；F_4、F_5、F_6 分别为垂直于 x 轴、y 轴、z 轴的平面内的剪切力；d_{ij} 为压电常数。

5.1.2　压电材料及其主要特性

常见的压电材料包括石英晶体和各种压电陶瓷等。

1. 石英晶体

石英晶体为单晶体，俗称"水晶"，它的压电系数 $d_{11} = 2.31 \times 10^{-12} \mathrm{C/N}$，在几百摄氏度的温度范围内稳定性好，是理想的压电材料。

（1）石英晶体的压电效应　目前使用的石英晶体都是居里点（石英的晶态发生转化，压电特性消失的温度）为 573℃，六角晶系结构的 α-石英，其外形规则，呈六角棱柱体结构。图 5-3 所示为晶体外形、晶体坐标和晶体切片（晶片）的结构示意。石英晶体实物如图 5-4 所示。

石英晶体在各个方向的特性不同：三维直角坐标系中，z 轴被称为光轴，它是用光学方法确定的，在该轴方向上无压电效应；经过晶体棱线并垂直于光轴的 x 轴称为电轴，在垂直于此轴的棱面上的压电效应最强；与 x 轴和 z 轴同时垂直的 y 轴称为机械轴，在电场作用下，沿该轴方向的机械变形最明显。

通常把晶体沿电轴 x 方向受力而产生电荷的压电效应称为"纵向压电效应"，把沿机械轴 y 方向受力而产生电荷的压电效应称为"横向压电效应"，而沿光轴 z 方向受力时不产生

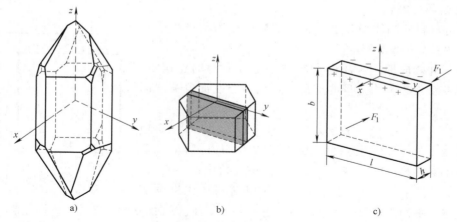

图 5-3　石英晶体结构示意图

a）晶体外形　b）晶体坐标　c）晶体切片

压电效应。晶片上电荷极性与受力方向的关系如图 5-5 所示。

图 5-4　石英晶体实物图

1）纵向压电效应。石英晶体沿轴线方向切下的薄片称为压电晶体切片，如图 5-3c 所示。晶体切片沿 x 轴方向受到外力 F_1 作用时，会产生厚度变形，并发生极化现象。在晶体线性弹性范围内，垂直于 x 轴的晶体表面上的总电荷量 Q_1 为

$$Q_1 = d_{11}F_1 \tag{5-3}$$

从式（5-3）可以看出，当晶体受到 x 方向的外力作用时，晶体表面上产生的电荷量 Q_1 与力 F_1 呈线性关系，与晶片的几何尺寸无关。电荷 Q_1 的极性根据 F_1 是压力还是拉力而定，如图 5-5a、b 所示。

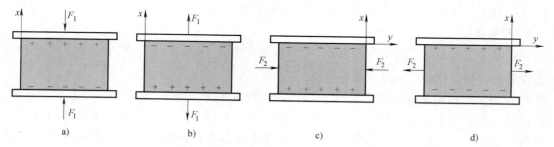

图 5-5　晶片上电荷极性与受力方向的关系

a）纵向受压力　b）纵向受拉力　c）横向受压力　d）横向受拉力

2）横向压电效应。晶片所受作用力是沿着机械轴 y 方向时，其电荷仍在与 x 轴垂直的平面上出现，极性如图 5-5c、d 所示。

此时电荷量为

$$Q_1 = d_{12}\frac{lb}{bh}F_2 = d_{12}\frac{l}{h}F_2 \tag{5-4}$$

式中，d_{12} 为石英晶体在 y 方向受力时的压电常数；l、b 分别为石英晶片的长度和宽度。

可见，沿机械轴方向施加作用力时，晶片产生的电荷量与其几何尺寸有关。

由此可得如下结论：无论是正压电效应还是逆压电效应，其作用力与电荷量之间均呈线性关系；晶体在哪个方向有正压电效应，则在此方向也存在逆压电效应；石英晶体不是在任何方向都存在压电效应。

（2）石英晶体压电效应的机理　石英晶体的压电效应是由晶格结构在力的作用下所发生的变形引起的。石英晶体的化学分子式为 SiO_2，在一个晶体单元结构中，有 3 个硅离子（Si^{4+}）和 6 个氧离子（O^{2-}），且 1 个硅离子和 2 个氧离子交替排列，其简化结构及压电效应机理示意如图 5-6 所示。硅、氧离子呈正六边形排列，图中"$\oplus$"代表 Si^{4+}、"$\ominus$"表示 $2O^{2-}$。

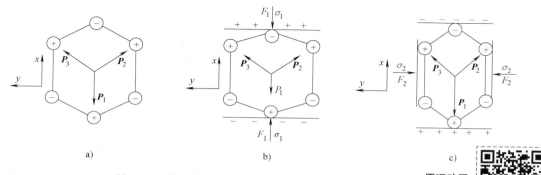

图 5-6　石英晶体单元的简化结构及压电效应机理示意图

a）晶体单元简化结构　b）x 方向受力　c）y 方向受力

原理动画

1）没有外力作用时，正离子（Si^{4+}）和负离子（$2O^{2-}$）正好分布于正六边形顶点上，形成三个互成 120° 夹角的电偶极矩 P_1、P_2、P_3，如图 5-6a 所示。此时正、负电荷中心重合，电偶极矩的矢量和等于零，即

$$P_1 + P_2 + P_3 = 0 \tag{5-5}$$

所以晶体表面没有带电。

2）当晶体受到外力作用时，P_1、P_2、P_3 在 x（或 y）方向上电偶极矩的矢量和不为零，则相应的晶体表面产生极化电荷而带电，其电荷量 Q 与施加的力成正比，即

$$Q = dF \tag{5-6}$$

式中，d 为压电常数。

根据作用力的施加方向不同，分别讨论如下。

1）当晶体受到沿 x 轴方向的压力 F_1 作用，或受到沿 y 轴方向的拉力作用时，晶体沿 x 轴方向将产生收缩，正、负离子的相对位置随之发生变化，如图 5-6b 所示。此时，正、负电荷中心不再重合，电偶极矩在 x 方向的分量 $(P_1 + P_2 + P_3)_x > 0$，在 y、z 方向上的分量均为零，即 $(P_1 + P_2 + P_3)_y = 0$，$(P_1 + P_2 + P_3)_z = 0$。因此，晶体在 x 轴正向的相应表面出现正电荷，在 y、z 轴方向的相应表面则不出现电荷。

2）当晶体受到沿 y 轴方向的压力 F_2 作用，或受到沿 x 轴方向的拉力作用时，晶体沿 y 轴方向将产生压缩，离子的相对位置如图 5-6c 所示。与如图 5-6b 所示的情况相似，但此时

P_1 增大，P_2、P_3 减小，电偶极矩的 3 个分量 $(P_1+P_2+P_3)_x<0$，$(P_1+P_2+P_3)_y=0$，$(P_1+P_2+P_3)_z=0$。因此，晶体仍在 x 轴方向的相应表面出现电荷，其极性与如图 5-5b 所示情况相反，而在 y 轴和 z 轴方向的相应表面则不出现电荷。

3）当晶体受到沿 z 轴方向的作用力 F_3 时，因为晶体在 x 方向和 y 方向产生的变形完全相同，所以其正、负电荷中心保持重合，电偶极矩的矢量和为零，晶体表面不出现电荷。这表明对晶体沿 z 轴方向施加作用力 F_3 时，晶体不会产生压电效应。

当作用力的方向变得相反时，电荷的极性也随之变得相反。如果对石英晶体沿各个方向同时施加相等的力，则石英晶体仍保持电中性，不产生压电效应。

2. 压电陶瓷

压电陶瓷是人造多晶体，其压电效应机理与石英晶体不同，从性质上看，压电陶瓷是一种经过极化处理后的人工多晶铁电体。

（1）压电陶瓷的压电效应　压电陶瓷在没有极化处理之前是非压电材料，不具有压电效应，但经过极化处理后就具有了压电效应。

将压电陶瓷的极化方向定义为 z 轴，在垂直于极化方向的平面内，可任意选择一正交轴系为 x 轴和 y 轴，这与石英晶体不同。极化压电陶瓷的平面是具有各向同性的，它的 x 轴和 y 轴是可以互换的。其压电效应机理示意如图 5-7 所示，实物图如图 5-8 所示。

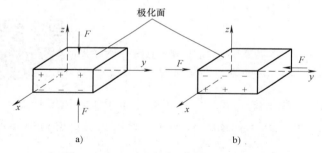

图 5-7　压电陶瓷的压电效应机理示意图
a）总压电效应　b）横向压电效应

图 5-8　压电陶瓷实物图

压电陶瓷的表面电荷量 Q 与受力 F 的大小成正比，即

$$Q = d_{33}F \tag{5-7}$$

式中，d_{33} 为压电陶瓷的纵向压电常数。

（2）压电陶瓷压电效应的机理　压电陶瓷具有类似于铁磁材料磁畴的"电畴"结构，每个单晶形成一个电畴，电畴是分子自发极化的区域。没有外电场作用时，各电畴在晶体内杂乱分布，它们的极化效应被相互抵消，压电陶瓷内极化强度为零，不具有压电效应。压电陶瓷中的电畴及其极化示意如图 5-9 所示。

要使陶瓷具有压电特性，必须进行极化处理，即在一定温度下对陶瓷施加强直流电场，使电畴的自发极化方向旋转至与外加场方向一致，则陶瓷就具有了一定极化强度，如图 5-9b 所示。撤去外加电场后，电畴的极化方向基本保持不变，陶瓷内部出现剩余极化强度，具有了压电特性，如图 5-9c 所示。

若用电压表接到陶瓷片的两个电极上进行压电效应测量，是无法测出陶瓷片存在的极化

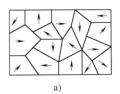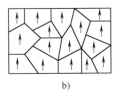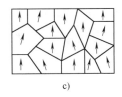

图 5-9 压电陶瓷中的电畴及其极化示意图

a）未极化 b）正在极化 c）极化后

强度的。这是因为，陶瓷片内的极化强度以电偶极矩的形式表现出来，即在陶瓷的一端出现束缚正电荷，而在另一端出现束缚负电荷。由于束缚电荷的作用，陶瓷片的极化两端会吸附一层来自外界的自由电荷，自由电荷与陶瓷片内的束缚电荷极性相反，数量相等，抵消了陶瓷片内极化强度对外的作用，因此陶瓷片对外不呈现极性，如图 5-10 所示。

若在陶瓷片上施加与极化方向平行的压力 F，如图 5-11 所示，陶瓷片会产生压缩形变，片内的正、负束缚电荷之间的距离变小，电畴发生偏转，极化强度也变小，原来吸附在电极上的自由电荷有一部分被释放，而出现放电现象。

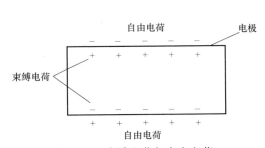

图 5-10 束缚电荷与自由电荷

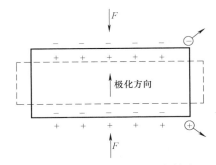

图 5-11 压电陶瓷的正压电效应

当压力停止作用后，陶瓷片恢复原状，片内的正、负电荷之间的距离变大，极化强度变大，电极上又吸附一部分自由电荷而出现充电现象。

压电陶瓷在力的作用下发生机械形变的过程中，伴随着自由电荷的放电，这种由机械能转变为电能的现象就是压电陶瓷的正压电效应。

3. 高分子材料

高分子材料属于有机分子半结晶或结晶的聚合物。高分子材料的压电效应机理比较复杂，不仅要考虑到晶格中的均匀内应变，还要考虑到高分子材料产生非均匀内应变的同时所产生的各种高次效应等因素。对于聚偏氟乙烯（PVDF）高分子压电材料，其压电效应可采用类似铁电体的机理进行解释，如图 5-12 所示。利用 PVDF 制作的压电薄膜实物如图 5-13 所示。

聚偏氟乙烯是碳原子为奇数的聚合物，经

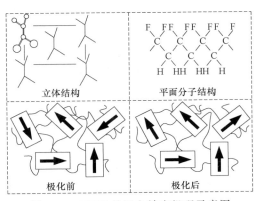

图 5-12 PVDF 的压电效应机理示意图

图 5-13　高分子压电薄膜实物图

过机械滚压和拉伸而制成薄膜之后，链轴上带负电的氟离子和带正电的氢离子分别被排列在薄膜表面的对应的上、下面上，形成尺寸为 10~40nm 的微晶偶极距结构，再经过一定时间的外电场和温度的共同作用之后，晶体内部的偶极距进一步旋转定向，形成趋向于垂直薄膜表面的碳-氟偶极距固定结构。正是由于这种固定取向后的极化和外力作用时的剩余极化强度的变化，产生了压电效应。

5.2　压电式传感器的测量电路

5.2.1　压电元件的等效电路

当压电元件受力时，在其两个表面上会分别聚集等量的正、负电荷，带电荷的两个表面相当于电容器的两个极板，两极板间的物质则相当于介质，于是，压电元件就可等效为平行板介质电容器，如图 5-14 所示。

若压电元件的面积为 S，厚度为 d，介质的介电系数为 ε，则其电容量为

$$C = \frac{\varepsilon S}{d} \tag{5-8}$$

压电元件的电源等效电路如图 5-15 所示。

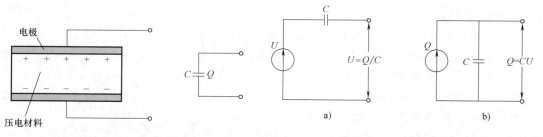

图 5-14　压电元件等效为电容器

图 5-15　压电元件的等效电路
a）电压源等效电路　b）电荷源等效电路

1）当需要压电元件输出电压时，可以把压电元件等效为一个电压源与一个电容串联的电压源等效电路，如图 5-15a 所示。在开路状态下，其输出端电压为

$$U = \frac{Q}{C} \qquad (5-9)$$

2）当需要压电元件输出电荷时，可以把压电元件等效为一个电荷源与一个电容并联的电荷源等效电路，如图 5-15b 所示。在开路状态下，其输出端电荷量为

$$Q = CU \qquad (5-10)$$

在实际使用时，压电式传感器总是与测量仪器或测量电路相连接，因此还需要考虑连接电缆的等效电容 C_e、压电元件的漏电阻 R_d、放大器的输入电阻 R_i 及放大器的输入电容 C_i。则压电式传感器在测量系统中的等效电路如图 5-16 所示。

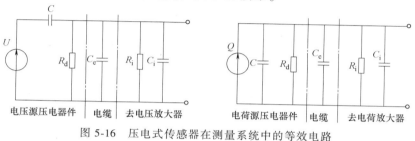

电压源压电器件　电缆　去电压放大器　　　　电荷源压电器件　电缆　去电荷放大器

图 5-16　压电式传感器在测量系统中的等效电路

5.2.2　压电式传感器的测量电路

由于压电元件可等效为一个有源电容器，其内阻抗很高，输出功率较小，因此测量电路需接入高输入阻抗的前置放大器，把高输入阻抗变换为低输出阻抗，并对压电元件输出的微弱电信号进行放大。根据压电元件的两种等效电路可知，压电元件可以输出电压信号或电荷信号，因此，前置放大器包括电压放大器和电荷放大器两种形式。

1. 电压放大器

将如图 5-16 所示电压电路的 R_d、R_i 并联成等效电阻 R，将 C_e、C_i 并联成等效电容 C_b，得电压放大器的等效电路如图 5-17 所示。

在如图 5-17 所示等效电路中，有

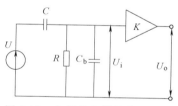

图 5-17　电压放大器的等效电路

$$R = \frac{R_d R_i}{R_d + R_i} \qquad (5-11)$$

$$C_b = C_e + C_i \qquad (5-12)$$

压电元件若受到沿电轴方向的交变正弦力 $F = F_m \sin\omega t$ 作用，则产生的电荷为

$$Q = dF = dF_m \sin\omega t \qquad (5-13)$$

式中，d 为压电常数。对应的电压为

$$U = \frac{Q}{C} = \frac{dF_m}{C}\sin\omega t = U_m \sin\omega t \qquad (5-14)$$

电路中 R、C_b 并联的总阻抗为

$$Z_{RC_b} = \frac{\dfrac{1}{j\omega C_b}R}{\dfrac{1}{j\omega C_b}+R} = \frac{R}{1+j\omega R C_b} \qquad (5-15)$$

R 与 C_b 并联后又与 C 串联，因此它们的总的等效阻抗为

$$Z=\frac{1}{j\omega C}+Z_{RC_b}=\frac{1}{j\omega C}+\frac{R}{1+j\omega RC_b} \tag{5-16}$$

因此，前置放大器输入端的电压为

$$U_i=\frac{Z_{RC_b}}{Z}U=dF\frac{j\omega R}{1+j\omega R(C+C_b)} \tag{5-17}$$

放大器输入电压的幅值为

$$|U_i|=\frac{dF_m\omega R}{\sqrt{1+\omega^2R^2(C+C_b)^2}}=\frac{dF_m\omega R}{\sqrt{1+\omega^2R^2(C_e+C_i+C)^2}} \tag{5-18}$$

由此可见，当 $\omega=0$ 时，即作用于压电元件上力是静态力时，前置放大器的输入电压为零，因此，压电传感器不能用于静态力测量。

理想情况下，压电元件的漏电阻 R_d 和前置放大器的输入电阻 R_i 都足够大，即 R 为无穷大，这时 $\omega R(C+C_e+C_i)\gg1$，则有

$$|U_i|_{理想}\approx dF_m\frac{1}{C_e+C_i+C} \tag{5-19}$$

应该注意的是，放大器的输入电压幅值与被测参数的频率无关，当改变连接传感器与前置放大器的电缆长度时，C_e 将发生变化，从而引起放大器的输出电压发生变化。因此，在设计测量系统时，通常把电缆长度确定为一个常数。

2. 电荷放大器

电荷放大器实际上是具有深度电容负反馈的高增益运算放大器。在如图 5-16 所示电荷电路中，理想情况下，两个并联电阻 R_d、R_i 数值很大，可以不考虑；将电容 C、C_e、C_i 合并为电容 C'，得电荷放大器的等效电路如图 5-18 所示。在该电路中，C_f 为反馈电容；K 为高增益运算放大器的放大倍数；R_f 为反馈电阻，用于稳定直流工作点，减小零漂，一般取 $R_f\geqslant10^9\Omega$。

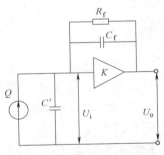

图 5-18　电荷放大器的等效电路

若动态工作频率足够高，则 $R_f\gg1/(\omega C_f)$，反馈电容折合到运算放大器输入端的等效电容 $C_f'=(1+K)C_f$。

由于放大器的开环增益、输入电阻和反馈电阻都很大，放大器的输入端几乎没有分流，因此由运算放大器的基本特性可求得电荷放大器的输出电压为

$$U_o=\frac{-KQ}{C'+C_f'}=\frac{-KQ}{C+C_e+C_i+(1+K)C_f} \tag{5-20}$$

式中，负号表示放大器的输入和输出信号反相（即放大器进行反相放大）。

通常取 $K=10^4\sim10^6$，因此在 $(1+K)C_f>10(C+C_e+C_i)$ 条件下，可将式（5-20）近似为

$$U_o\approx\frac{-Q}{C_f}=-U_f \tag{5-21}$$

式（5-21）可以理解为，由于运算放大器的输入阻抗很大，因此其输入端可视为无分流，电荷源只对反馈电容 C_f 充电，充电电压 U_f 接近放大器输出电压 U_o。

由此可知，电荷放大器的输出电压与电荷量成正比，相位差为 $180°$，且 U_o 与放大器放

大倍数 K、电缆电容 C_e 无关，输出电压与被测压力呈线性关系。

3. 压电元件的连接与变形

（1）压电元件的连接　压电元件是压电式传感器的敏感元件，单片压电元件产生的电荷量很小，灵敏度较低。为了提高传感器的输出灵敏度，常采用多片同规格压电元件粘连在一起的连接形式。

由于压电元件所产生的电荷具有极性区分，因此连接方式有串联与并联两种，如图 5-19 所示。

从作用力的方向上看，当相同规格的压电元件叠放在一起受力时，每片受到的作用力相同，产生的变形和电荷量也基本一致。

1）图 5-19a 所示是将两个压电元件的不同极性的表面粘结在一起，这种连接方式构成"串联"。在外力作用下，两片压电元件产生的正、负电荷在中间粘结处相互抵消，上、下极板的电

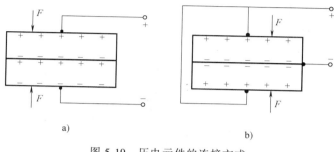

图 5-19　压电元件的连接方式
a）串联　b）并联

荷量与单片时相同，由于总电容量为单片时电容量的一半，因此输出电压为单片时的两倍。串联式的输出电压大、自身电容小，适用于以电压作为输出信号且测量电路输入阻抗高的场合。

2）图 5-19b 所示是将两个压电元件的负电荷表面粘结一起，中间插入金属电极作为压电元件的负极，将另两表面连接起来作为正极，这种连接方式构成"并联"。在外力作用下，正、负电极上的电荷量与单片时相比增加了一倍，总电容量也增加了一倍，输出电压与单片压电元件相同。但并联式的输出电荷量大、自身电容大、时间常数也大，适用于以电荷作为输出量且信号缓慢变化的场合。

（2）压电元件的受力形变情况　压电式传感器的压电元件在受力时将发生形变，按其受力及形变方式的不同，一般可分为厚度形变、长度形变、体积形变和厚度剪切形变等几种基本形式，如图 5-20 所示。一般使压电元件以厚度形变和剪切形变方式工作。

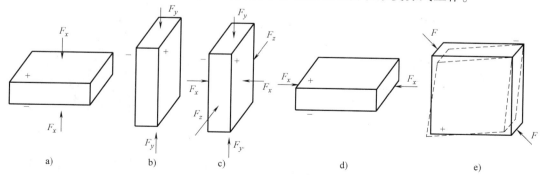

图 5-20　压电元件受力形变的几种基本形式
a）厚度形变　b）长度形变　c）体积形变　d）厚度剪切形变　e）平面剪切形变

5.3 压电式传感器的应用

1. 压力测量

压电式传感器可以直接用于力的测量，影响测量效果的主要因素有压电材料、受力形变形式、串（并）联的压电元件数量、压电元件的几何尺寸等。压电元件以纵向压电效应的厚度形变方式工作最简便；在选择压电材料时，需要考虑被测力大小、误差要求、工作环境温度等。图 5-21 所示为用于机床动态切削力测量的压电式单向力传感器的结构原理，其实物如图 5-22 所示。

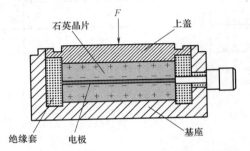

图 5-21 压电式单向力传感器的结构原理

图 5-22 压电式单向力传感器实物图

压电式单向力传感器由石英晶片、绝缘套、电极、上盖和基座等组成。上盖为传力部件，受外力作用时产生弹性形变，将力传递到石英晶片上；绝缘套用于绝缘和定位。为保证测量精度，制造时对基座的内外底面中心线的垂直度，以及上盖、晶片、电极的上、下底面的平行度和表面粗糙度都有极严格的要求。该传感器的测力范围为 $0\sim50\mathrm{N}$，最小分辨力为 $0.01\mathrm{N}$，绝缘阻抗为 $2\times10^{14}\Omega$，固有频率约为 $50\sim60\mathrm{kHz}$，非线性误差小于 $\pm1\%$，可用于机床动态切削力的测量等。

2. 加速度测量

图 5-23 所示为压缩型压电式加速度传感器的结构原理，其实物如图 5-24 所示。

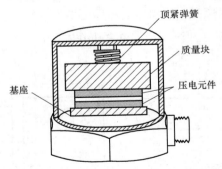

图 5-23 压电式加速度传感器的结构原理

图 5-24 压电式加速度传感器实物图

压电式加速度传感器由压电元件、质量块、预紧弹簧、基座和外壳等组成。整个传感器用螺栓连接固定。压电元件一般由两片压电晶片以并联方式组成，在压电晶片上放置一个比重较大的质量块 m，用硬弹簧对质量块预加载荷后，安装于一个厚基座的金属壳体中。为了防止试件的其他应变传递到压电元件上造成假信号输出，一般使基座足够厚或选用刚度较大的材料。

测量加速度时，将传感器基座与试件固定在一起。当传感器与试件在同样的加速度下时，质量块就产生一个正比于加速度 a 的惯性力 F，其大小为

$$F = ma \qquad (5-22)$$

F 作用于压电晶片上，由于压电效应，压电晶片在其两个表面上产生电荷并输出，传感器的输出电荷量与作用力成正比，也与试件的加速度成正比，即

$$Q = d_{11}F = d_{11}ma \qquad (5-23)$$

输出电荷量经前置放大器放大后，就可以求出试件的加速度。若要测量试件的振动速度或位移，则可以考虑在放大器后加入适当的积分电路。

3. 振动测量

振动存在于具有动力设备的各种工程机械或装置中，并成为这些工程设备的故障源或工作状态的信号源，因此，振动检测具有重要意义，也是压电式传感器的典型应用场合。图 5-25 所示为发电厂汽轮发电机组轴工况（振动）监测系统工作原理示意图。

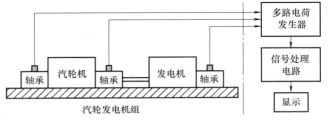

图 5-25　汽轮发电机组轴工况监测系统工作原理

将压电式加速度传感器安装于汽轮发电机组轴旋转的振动部位，例如使用如图 5-23 所示压缩型压电式加速度传感器，则当传感器与振动体同步振动时，质量块产生的交变惯性力 F 就作用于压电元件上，从而产生交变的电荷量 Q 并输出，对电荷量信号进行适当处理后，就能监测轴的运行状态。

传感器的电荷灵敏度 K_Q 为

$$K_Q = \frac{Q}{a} = \frac{d_{11}F}{a} = \frac{d_{11}ma}{a} = d_{11}m \qquad (5-24)$$

由此可知，通过选用较大的 m 和 d_{11} 就能提高灵敏度。但增大质量将引起传感器固有频率下降、频宽减小、重量增加，因此通常采用较大压电常数的材料或多片压电晶片组合来提高灵敏度。

4. 压电引信

压电引信是利用压电元件将环境能转换为起爆电能的触发引信，整个引信由压电元件和起爆装置两部分构成，压电元件采用压电陶瓷，起爆装置采用电雷管。破甲弹压电引信的结构原理和引信电路如图 5-26 所示。

正常情况下，开关 S 与 a 处闭合，电雷管处于短路安全保险状态，

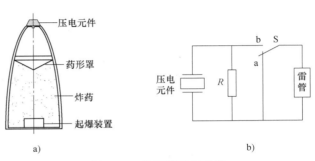

图 5-26　破甲弹压电引信

a）结构原理　b）引信电路

即使压电元件受压，其产生的电荷也会通过电阻 R 泄放掉，不会引爆电雷管；弹头发射后，引信解除保险状态，开关 S 从 a 处断开，与 b 处接通，当弹头碰击目标并受压力而发生变形时，强大的撞击应力使压电元件产生大量电荷，经导线引爆电雷管，进而引发炸药爆炸，产生聚能金属射流，穿透装甲，发挥破甲杀伤作用。压电引信具有瞬发度高、安全可靠、不需要配置电源等特点，常应用于破甲弹上，对提高炮弹的破甲能力起着至关重要的作用。

5.4　工程设计实例

1. 实例来源

随着国民经济的快速发展和人们生活水平的提高，我国汽车数量显著增加。汽车在给人们出行带来方便快捷的同时，也给城市交通带来明显压力。为解决共同面临的交通问题，人们开展了智能交通系统的研究，并将压电式传感器应用于行驶称重、车型检测、车速检测、违章拍照、交通信息采集等领域。本实例将利用高分子压电式传感器设计车辆监测系统，对车辆的速度、载荷分布、车型进行分析。

2. 方案设计

本系统采用的压电式传感器的压电元件为 PVDF 压电薄膜，系统工作示意如图 5-27 所示。当压电薄膜受到轮胎压力的作用时，其厚度发生变化，并随之产生电荷。本系统设计了由平行和倾斜摆放的三个压电薄膜传感器组成的测量系统，图 5-28 所示为压电薄膜在道路上的铺设原理示意。

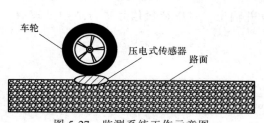

图 5-27　监测系统工作示意图

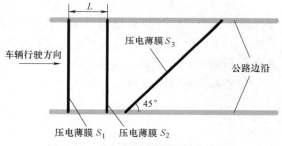

图 5-28　压电薄膜铺设原理示意图

压电薄膜 S_1、S_2 平行地铺设在与车辆行驶方向垂直的方向上，距离 L 一般为 3m，通过该部分能获得车速、轴距、轴数及车重等信息，压电薄膜 S_3 铺设在与车辆行驶方向成 45°的方向上，通过该部分可获得车辆的轮胎数，同时结合 S_1、S_2 能得出车辆的轮距。

3. 相关参数的测量

由压电式传感器获得的数据，可以计算出车速、轴距和轮距等。

（1）车速　当同一根车轴上的车轮先后通过压电薄膜 S_1、S_2 时，两传感器会相应地先后产生两个脉冲信号，测出两个脉冲信号上升沿之间的时间间隔 Δt，则这辆车的行驶速度 v 可由下式求出：

$$v = L/\Delta t \qquad (5-25)$$

（2）轴距　若测得前、后两轴通过同一传感器的脉冲信号的时间间隔为 Δt_1，在 L 的小距离内可认为车辆是匀速行驶，则轴距 b_1 可由下式求出：

$$b_1 = v\Delta t_1 \tag{5-26}$$

（3）轮距　若测得前轴两车轮经过压电薄膜 S_3 的脉冲信号的时间间隔为 Δt_2，根据如图 5-28 所示的 S_3 倾斜 45°的铺设方式，并结合求得的车速 v，轮距 b_2 可由下式求出：

$$b_2 = v\tan 45° \Delta t_2 \tag{5-27}$$

（4）轮胎数　如果是单轮经过压电薄膜 S_3，则相应的传感器输出一个脉冲信号；如果是双轮经过 S_3，则输出两个脉冲信号，如图 5-29 所示。由此规律可得出轮胎数。

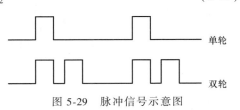

单轮

双轮

图 5-29　脉冲信号示意图

（5）轴数　当同轴车轮经过压电薄膜 S_1（S_2）时，相应的传感器便会输出一个脉冲信号，对输出的信号进行计数，便可实现轴数的测量。

本实例所述的是一个车辆监测系统，采用压电薄膜传感器，价格低廉、精确度高。此外，通过将压电薄膜传感器预先埋设在 U 形槽钢内，可大大提高测量的准确性，也方便现场施工，具有一定的实用价值。

思　考　题

5-1　什么是压电效应？

5-2　常见的压电材料有哪些？

5-3　石英晶体的压电效应机理是什么？

5-4　石英晶体各个方向的特性有何不同？

5-5　压电陶瓷的压电特性是怎么样的？

5-6　为什么压电陶瓷必须进行极化处理才有压电特性？

5-7　压电元件的等效电路如何描述？

5-8　压电式传感器测量压力和测量振动的应用有什么不同？

5-9　压电式传感器适合于测量哪些参量？

5-10　如何利用压电式传感器设计一个脉搏次数测量仪？

第6章 磁电式传感器

磁电式传感器是指利用元件在磁场作用下的某些物理特性实现测量的传感器。常见的类型包括磁电感应式传感器和霍尔式传感器，其中，前者利用了电磁感应的原理，而后者是基于霍尔效应制成的。

本章将分别介绍磁电感应式和霍尔式传感器的工作特性，重点分析霍尔式传感器的测量电路及其应用，最后介绍一个电动机测速系统的工程实例。

6.1 磁电感应式传感器

磁电感应式传感器是基于电磁感应原理而将被测量转换成电信号的一种传感器。它是利用导体和磁场的相对运动使导体两端输出感应电动势的，因此又称为电动势传感器，不需要供电电源，属于典型的有源传感器。磁电感应式传感器输出功率较大，测量电路简单，性能稳定，频率响应范围为 10~1000Hz，常用于转速、振动、扭矩、流量等动态参数的测量。

由法拉第电磁感应定律可知，N 匝线圈在磁场中运动切割磁力线时，或者穿过线圈的磁通量变化时，线圈中产生的感应电动势 e 的大小取决于穿过线圈的磁通量 Φ 的变化率，即

$$e = -N\frac{\mathrm{d}\Phi}{\mathrm{d}t} \tag{6-1}$$

要使磁通量 Φ 变化，可以采用多种方式，如使磁体与线圈做相对运动、磁路中磁阻发生变化、恒定磁场中线圈面积发生变化等。

6.1.1 恒磁通磁电感应式传感器

恒磁通磁电感应式传感器结构原理如图 6-1 所示。其工作气隙中的磁通恒定，感应电动势由永磁铁与线圈相对运动产生，有动圈式和动铁式两种形式。

在动圈式传感器中，永磁铁与传感器壳体固定一体，线圈组件用弹簧片支承，是可动部件；在动铁式传感器中，线圈组件与传感器壳体固定一体，永磁铁用柔性弹簧支承，是可动部件。动圈式和动铁式传感器的工作原理完全相同，当传感器壳体随试件一起振动且振动频率足够高（远高于传感器的固有频率）时，由于弹簧较软（弹性系数较小），可动部件具有一定的惯性，来不及跟随试件振动，振动能量几乎全部被弹簧吸收，永磁铁与线圈之间的相对运动速度和幅值接近于试件的振动速度和幅值。这一相对运动使线圈切割磁力线，产生感应电动势 e，表示为

$$e = -NBlv \tag{6-2}$$

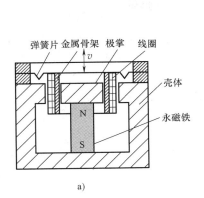
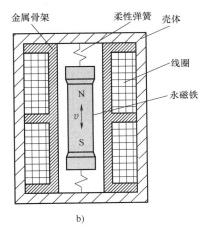

图 6-1　恒磁通磁电感应式传感器结构原理

a）动圈式　b）动铁式

式中，N 为线圈匝数；B 为磁感应强度；l 为每匝线圈长度；v 是试件的振动速度。

确定结构的传感器中的 N、B 和 l 均为定值，因此在理想情况下，传感器输出 e 与振动速度 v 成正比，但在实际应用中，传感器的输出特性是非线性的，如图 6-2 所示。

当振动速度很小（小于 v_1）时，振动加速度也很小，惯性力不足，线圈与永磁铁之间几乎没有相对运动，因此没有感应电动势输出；当振动速度逐渐增大（接近于 v_2）时，振动加速度也逐渐增大，惯性力逐渐增大，线圈与永磁铁之间的相对运动越

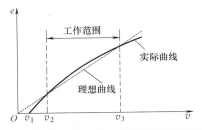

图 6-2　恒磁通磁电感应式传感器输出特性

来越明显，但由于摩擦阻尼的作用，输出特性呈非线性；当振动速度超过 v_2 但小于 v_3 时，与速度成正比的黏性阻尼大于摩擦阻尼，输出特性的线性度最好，但仍为非线性；当振动速度大于 v_3 时，惯性力过大，使弹簧的长度变化超出弹性变形范围，输出特性出现饱和现象。

6.1.2　变磁通磁电感应式传感器

变磁通磁电感应式传感器又称为变磁阻或变气隙磁电感应式传感器，以产生的感应电动势的脉冲频率作为输出，常用来测量旋转试件的角速度。图 6-3 所示为变磁通磁电感应式传感器结构原理。

开磁路变磁通传感器的测量齿轮安装在旋转试件的轴上，随试件一起旋转，如图 6-3a 所示。当齿轮转动时，齿的凹凸引起磁阻的变化，从而使传感器的磁通量发生变化，线圈中就会感应出交变的电动势 e，电动势 e 的脉动频率 f 等于齿轮的齿数 z 和转速 n 的乘积，即

$$f=zn/60 \tag{6-3}$$

开磁路变磁通传感器虽然结构简单，但输出信号较小，当被测轴的振动较大时，传感器输出波形失真较严重。

在轴振动比较剧烈的场合，应采用闭磁路变磁通传感器。如图 6-3b 所示，旋转试件的

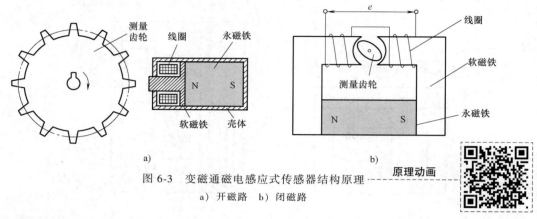

图 6-3　变磁通磁电感应式传感器结构原理
a）开磁路　b）闭磁路

原理动画

轴带动椭圆形测量齿轮在磁场气隙中以角速度 ω 旋转，气隙平均长度周期性地变化，因而磁路磁阻和磁通量也同样周期性地变化。设单匝线圈的截面积为 S，磁路中最强与最弱磁感应强度之差为 B'，可得同向串联的两侧线圈总的感应电动势为

$$e = -2\omega SNB'\cos 2\omega t \tag{6-4}$$

由此可知，感应电动势 e 的幅值正比于测量齿轮的转速 ω，且波形频率是 ω 的两倍，因此，可采用测量幅值或频率的方法求得齿轮的转速。

6.1.3　磁电感应式传感器的应用

常用的磁电感应式传感器主要有转速传感器、扭矩传感器和流量计等。

1. 转速测量

采用变磁通磁电式转速传感器测量车轮转速的测量原理如图 6-4 所示。

行驶中的车辆的车轮带动测量齿轮转动，变磁通磁电式转速传感器感应齿轮的凹凸变化，感应线圈输出交变的感应电动势 e，再经过整形电路处理，生成图中标准的方波电压脉冲信号 U_o 输出。信号整形电路如图 6-5 所示。

由输出的整形信号获得转速有两种方法，一种是周期法，即通过测量方波电压的周期来测量转速；另一种是频率法，即通过测量方波电压的频率来测量转速。两种方法各有利弊，周期法在低速时测量较准确，而频率法适合于高转速情况下的测量。

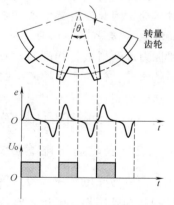

图 6-4　车轮转速测量原理图

2. 扭矩测量

图 6-6 所示为磁电感应式相位差扭矩传感器测量原理。

在转轴两端位置固定两个材料、尺寸、齿形和齿数均相同的齿轮，传感器检测探头正对齿顶安装。当转轴不受扭矩时，两传感器线圈输出的感应电动势 e_1 与 e_2 相同，相位差 φ 为零。当转轴受扭矩作用时，轴的两端产生扭转角 θ，因此两个传感器输出的感应电动势 e_1 与 e_2 间产生附加相位差 $\Delta\varphi$。扭转角 θ 与感应电动势相位差 $\Delta\varphi$ 的关系为

$$\Delta\varphi = z\theta \tag{6-5}$$

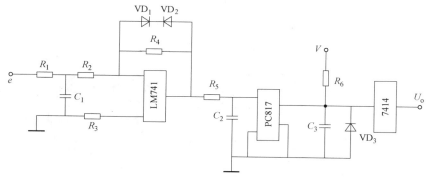

图 6-5 信号整形电路

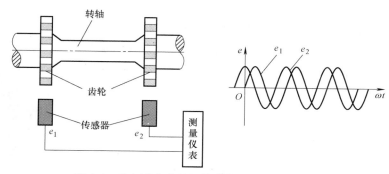

图 6-6 磁电感应式扭矩传感器测量原理示意图

式中，z 为转动齿轮的齿数。据此就能测得扭矩的大小。

3. 流量测量

电磁流量计根据电磁感应原理制成，用于测量导电液体在管道中的流量，属于恒磁通磁电感应式传感器。电磁流量计测量原理如图 6-7 所示。

流量计的传感部分由磁极、绝缘管道及电极组成，并且磁场方向、电极连线和管道轴线三者在空间上互相垂直。

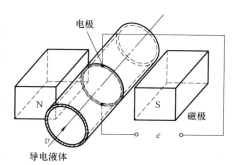

图 6-7 电磁流量计测量原理示意图

被测导电液体流过管道时切割磁力线，在与磁场及流动方向垂直的方向上产生感应电动势 e，其值与被测液体的流速 v 之间的关系为

$$e = BDv \qquad (6-6)$$

式中，B 为磁感应强度；D 为管道内径；v 为平均流速。

与 e 相对应的被测液体的体积流量可表示为

$$Q_v = \frac{\pi D^2}{4} v = \frac{\pi De}{4B} \qquad (6-7)$$

令 $\pi D/(4B) = K$，称为仪表常数，对于某一个确定的电磁流量计，该常数为定值。则有

$$Q_v = Ke \qquad (6-8)$$

由式（6-8）可知，流量 Q_v 与感应电动势 e 成正比关系。

典型的电磁流量计的结构原理如图 6-8 所示，实物如图 6-9 所示。

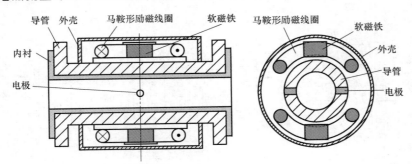

图 6-8　电磁流量计的结构原理

流量计导管的上、下位置装有马鞍形励磁线圈，接通励磁电流后产生的磁场垂直穿过导管。电极装在导管管壁内，并与被测液体相接触，产生的感应电动势将被送到转换电路，转换电路将信号放大并转化成与流量信号成正比的电信号输出。

电磁流量计在实际应用时具有如下特点。

1）感应电动势与被测液体的温度、压力、黏度等无关。

2）惯性小，可测量脉动流量。

3）导管内无阻力件，适用于有悬浮颗粒的浆料等的流量测量。

图 6-9　电磁流量计实物图

4）可测量多种腐蚀性液体的流量。

5）通常要求被测介质的电导率大于 $0.002/(\Omega \cdot m)$，故不能测量有机溶剂及石油制品等的流量。

6）不能测量气体、蒸汽和含有较多或较大气泡的液体的流量。

6.2　霍尔式传感器

霍尔式传感器是利用半导体的霍尔效应实现磁-电能量转换的一种传感器。由于霍尔式传感器具有灵敏度高、线性度好、性能稳定、体积小等特点，已经广泛应用于位移、压力等参数的测量。

6.2.1　霍尔式传感器的工作原理

1. 霍尔效应

当通有电流的导体或半导体处在与电流方向垂直的磁场中时，导体或半导体的两侧将产生电位差，这一现象称为霍尔效应，霍尔效应产生的电动势称为霍尔电动势（或霍尔电压）。霍尔效应本质上是运动电荷受磁场中洛伦兹力作用而做定向运动的结果。图 6-10 所示为霍尔效应原理图。

如图 6-10 所示，半导体薄片的长度为 l，宽度为 b，厚度为 d，被放置于磁感应强度为 B

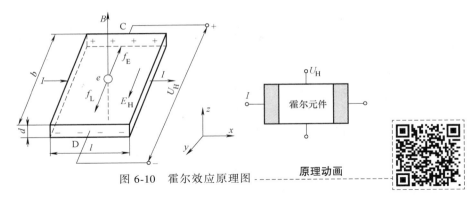

图 6-10　霍尔效应原理图

的磁场中（z 方向），且在左、右两侧面施加有激励电流 I（x 方向），磁场方向与电流方向正交。设半导体薄片为 N 型半导体材料，则其中的多数自由电子就会在电场的作用下定向运动，并在磁场中受到洛伦兹力 f_L 的作用，即

$$f_L = -eBv \tag{6-9}$$

式中，e 为自由电子的电荷量；v 为自由电子的运动速度。

　　在洛伦兹力的作用下，电子向半导体薄片的 D 面移动，空穴则向 C 面移动，因此，D 面聚集负电荷，而 C 面聚集正电荷，C 面与 D 面之间就会出现电位差 U_H，形成静电场 E_H，这一静电场 E_H 又会使自由电子受到反方向的电场力 f_E 的作用，即

$$f_E = -eE_H = -e\frac{U_H}{b} \tag{6-10}$$

　　电场力 f_E 会阻碍电子的进一步偏转移动，当电子所受电场力 f_E 与洛伦兹力 f_L 大小相等时，达到动态平衡状态，即

$$f_E = f_L \tag{6-11}$$

$$-e\frac{U_H}{b} = -eBv \tag{6-12}$$

于是有

$$U_H = bBv \tag{6-13}$$

　　通过 N 型半导体材料的电流 I 可表示为

$$I = -nbdev \tag{6-14}$$

式中，n 为单位面积内的电子数（载流子浓度）。

　　由式（6-13）和式（6-14）得

$$U_H = -\frac{IB}{nde} \tag{6-15}$$

令 $R_H = -1/(ne)$，$K_H = -1/(nde)$，则有

$$U_H = R_H\frac{IB}{d} = K_H IB \tag{6-16}$$

式中，R_H 称为霍尔系数，它由半导体材料的性质决定，反映霍尔效应的强弱；K_H 称为霍尔灵敏度。

　　由于半导体材料的电阻率 ρ 与载流子浓度 n 和迁移率 μ 有关，且可表示为

$$\rho = \frac{1}{ne\mu} \tag{6-17}$$

则

$$R_{\mathrm{H}} = \rho\mu \tag{6-18}$$

因此，若要增强霍尔效应，就要增大 R_{H} 值，这就要求半导体材料的电阻率高、载流子迁移率大。一般金属材料的载流子迁移率很大但电阻率低，绝缘体的电阻率很高但载流子迁移率极小，只有半导体材料才是同时满足两条件的理想霍尔效应材料。

通常把能产生霍尔效应的半导体材料薄片称为霍尔元件。霍尔元件的几何尺寸会影响霍尔电压，由于霍尔元件的 K_{H} 与 d 成反比，因此，霍尔元件越薄，其灵敏度就越高。

2. 霍尔元件的主要技术参数

（1）额定激励电流　通常定义使霍尔元件温度升高 10℃ 时所施加的电流为额定激励电流 I_{H}。定义额定激励电流主要是为了防止霍尔元件的工作温度过高，损坏元件，降低性能。

电流 I_{H} 通过霍尔元件时产生的热量为

$$W_1 = I_{\mathrm{H}}^2 R = I_{\mathrm{H}}^2 \frac{\rho l}{bd} \tag{6-19}$$

霍尔元件主要通过上、下两个表面散热，散热量为

$$W_2 = 2lb\beta\Delta T \tag{6-20}$$

式中，β 为霍尔元件的表面散热系数；ΔT 为温度的变化量。

当产生的热量与散热量相等时，可求得额定激励电流为

$$I_{\mathrm{H}} = b\sqrt{\frac{2d\beta\Delta T}{\rho}} \tag{6-21}$$

（2）不等位电动势　当通过霍尔元件的电流为额定激励电流 I_{H}，磁感应强度为零时，霍尔元件两电极间的空载电动势称为不等位电动势，或称为零位电动势。霍尔元件的两个电极不在同一等势面上、材料不均匀或工艺制作不良等原因都会造成不等位电动势。

（3）输入电阻和输出电阻　霍尔元件的输入电阻 R_{i} 是指输入激励电流的两电极之间的电阻，输出电阻 R_{o} 是指输出霍尔电压的两电极间的电阻。R_{i} 和 R_{o} 应在无磁场的情况下进行测量。

6.2.2　霍尔元件的连接电路

1. 基本测量电路

霍尔元件的基本测量电路如图 6-11 所示。

直流电源 U、变阻器 R_{p} 与霍尔元件 B 构成激励电流为 I 的回路，R_{p} 用于调节 I 的大小。霍尔元件的输出电极间接负载电阻 R_{L}，R_{L} 可以是放大器，也可以是测量仪表。

为了获得较大的霍尔电压输出，可采用几片霍尔元件叠加输出的方式，图 6-12 所示为由两片霍尔元件叠加的基本测量电路。

在如图 6-12a 所示的直流电源供电的电路中，激励

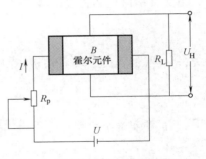

图 6-11　霍尔元件的基本测量电路

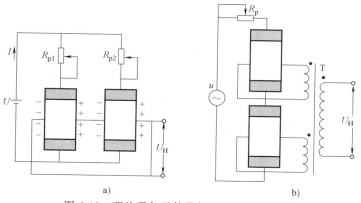

图 6-12　两片霍尔元件叠加的基本测量电路

a) 直流供电　b) 交流供电

电流端并联，由 R_{p1} 和 R_{p2} 调节两片霍尔元件的激励电流相等，输出电压端串联，因此其值为单片霍尔元件时的 2 倍。在如图 6-12b 所示的交流电源供电的电路中，激励电流端串联，霍尔元件的输出霍尔电压分别接入变压器 T 的一次绕组，根据 T 的变化情况，变压器的二次输出信号则为两个霍尔电压的叠加或放大。

2. 输出电路

霍尔元件是四端元件，输出霍尔电压较小，一般在毫伏级，因此，实际使用时需进行信号放大。图 6-13 所示为霍尔元件线性测量和开关状态的两种输出电路。

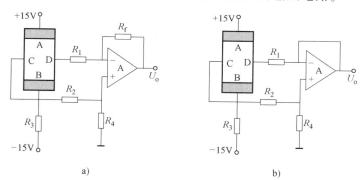

图 6-13　霍尔元件的输出电路

a) 线性测量　b) 开关状态

图 6-13a 所示放大器接法应用于线性测量场合，输出信号反映霍尔元件的位移（被测参数对应于霍尔元件位移）；图 6-13b 所示跟随器接法应用于开关状态测量场合，输出信号反映霍尔元件的位置状态（被测参数对应于霍尔元件位置状态）。

霍尔元件用于线性测量时，应选择稳定性和线性度好、不等位电动势小、灵敏度低的霍尔元件。霍尔元件作为开关使用时，则应选择灵敏度高的霍尔元件。

6.2.3　霍尔元件的测量误差及补偿

导致霍尔元件产生测量误差，影响其测量精度的因素，主要是制造工艺缺陷导致的零位误差和霍尔元件温度变化引起的温度误差。在实际应用中，需要对这些误差进行补偿，避免对精度的影响。

1. 零位误差及补偿方法

霍尔元件的零位误差，也就是不等位电动势，主要由制造工艺缺陷引起。如图 6-14 所示，由于在工艺上没能保证霍尔元件两侧的电极 A、B 焊接在同一等势面上，因此当激励电流 I 通过时，即使没有加外磁场，A、B 两电极间仍存在电位差。

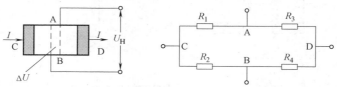

图 6-14　霍尔元件的不等位电动势与等效电路

由如图 6-14 所示的霍尔元件四臂电桥等效电路可知，如果 A、B 两电极处在同一等势面上，则 $R_1 = R_2 = R_3 = R_4$，电桥平衡，不等位电动势 $U_o = 0$；如果 A、B 两电极不处在同一等势面上，则电桥不再平衡，$U_o \neq 0$，产生零位误差。

为了减小或消除零位误差，可采用电桥补偿方法。根据 A、B 两点电位的高低确定需要补偿的桥臂，对其并联可调电阻以使电桥平衡，从而消除不等位电动势。几种常用的补偿电路如图 6-15 所示。

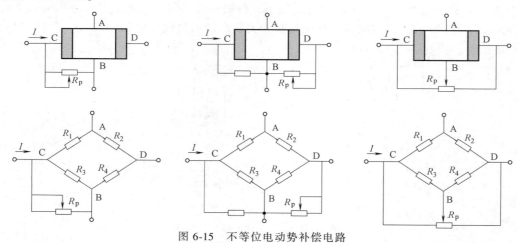

图 6-15　不等位电动势补偿电路

2. 温度误差及补偿方法

半导体材料的性质决定了霍尔元件的自身性质会随温度而变化，温度误差成为霍尔元件测量中不可忽视的问题。对温度误差可采用恒流供电输入端并联电阻的方法补偿，也可采用输入、输出端同步并联电阻的方法补偿，前提是合理选择补偿电阻的温度系数和阻值的大小。两种温度误差补偿电路如图 6-16 所示。

6.2.4　霍尔式传感器的应用

1. 位移测量

图 6-17 所示为霍尔式位移传感器的结构原理。

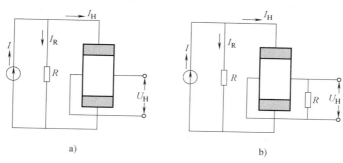

图 6-16 温度误差补偿电路

a）输入端并联电阻 b）输入、输出端同步并联电阻

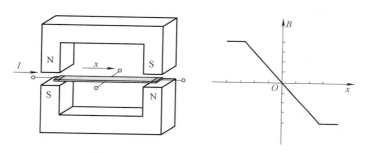

图 6-17 霍尔式位移传感器结构原理

如图 6-17 所示，两极性相反的磁钢形成的磁场的磁感应强度 B 在一定位移范围内沿 x 方向的梯度 dB/dx 为常数，霍尔元件位于两磁钢气隙的中间位置。当霍尔元件沿 x 方向移动时，霍尔电压的梯度为

$$\frac{dU_H}{dx} = R_H \frac{dB}{dx} = K_C \qquad (6-22)$$

式中，K_C 为霍尔式位移传感器的输出灵敏度。

对式（6-22）积分得

$$U_H = K_C x \qquad (6-23)$$

因此，该结构形式的霍尔式位移传感器的 U_H 与位移 x 呈线性关系，且磁场梯度越大，灵敏度越高，磁场梯度越均匀，输出线性度越好。当 $x = 0$ 时，霍尔元件处于磁场中心位置，$U_H = 0$；当 $x \neq 0$ 时，$U_H \neq 0$，U_H 的正负反映霍尔元件的位移方向。

这种位移传感器可测量 $1 \sim 2$mm 的微小位移，特别适合于微位移和机械振动测量。

2. 压力测量

霍尔式压力传感器主要由弹性元件、连杆机构、霍尔元件、电磁铁及信号处理电路构成，弹性元件可以是膜盒、弹簧管等，用于建立霍尔元件位移与被测压力之间的线性关系。霍尔式压力传感器的结构原理如图 6-18 所示，其实物如图 6-19 所示。

被测压力经弹性元件转换为位移，通过连杆将位移传递给霍尔元件，使霍尔元件在由电磁铁生成的线性变化的磁场中移动，产生霍尔电压，这样就建立了霍尔电压与被测压力间的线性关系。

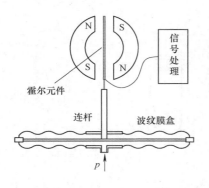

图 6-18　霍尔式压力传感器结构原理

图 6-19　霍尔式压力传感器实物图

6.3　工程设计实例

1. 实例来源

近年来，伺服驱动系统不断朝着数字化智能化方向发展，如何测量电动机的转速以实现高精度控制成为电动机应用的一个突出问题之一。霍尔元件具有尺寸小、外围电路简单、使用寿命长、调试方便等特点，可以广泛应用于位移测量、转速测量及计数等场合。

2. 方案设计

本实例介绍一种采用霍尔式传感器来采集电动机轴的转速脉冲信号的方法，转速脉冲信号经过处理后送给单片机，实现转速的实时精确测量。

工作原理为：将一块磁钢（永磁体）固定在电动机转轴上转盘的边沿，转盘随被测轴旋转，磁钢也跟着同步旋转。在转盘附近安装一个霍尔元件，转盘随转轴旋转时，霍尔元件受到磁钢所产生的磁场影响，输出脉冲信号，其频率与转速成正比，测出脉冲的周期或频率即可计算出电动机被测轴转速。霍尔元件的连接电路和电子特性分别如图 6-20 和图 6-21 所示。

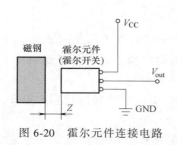

图 6-20　霍尔元件连接电路

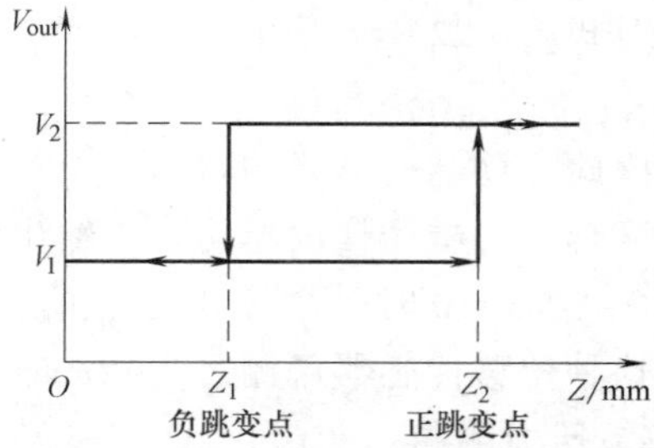

图 6-21　霍尔元件电子特性

脉冲信号的周期与电动机转速的关系为

$$n = \frac{60}{PT}$$

（6-24）

式中，n 为电动机的转速；P 为电动机转一圈的脉冲数；T 为输出方波信号的周期。

3. 系统硬件设计

基于 AT89S51 单片机的直流电动机测速系统总体结构如图 6-22 所示。硬件电路主要包含五个模块：控制器、电源电路、键盘电路、显示电路和测速电路。

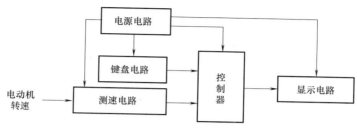

图 6-22　系统总体结构

其工作过程为：通按键盘向单片机输入相应控制指令，测速电路测得电动机的转速信号，经过放大处理后输送到单片机，电动机的转速通过显示电路显示出来。

（1）控制器　本系统选用 AT89S51 作为 CPU，它是一种低功耗、高性能，片内带 4KB 快闪可编程/擦除只读存储器的 8 位 CMOS 微控制器，兼容标准 MCS−51 指令系统及 80C51 引脚结构，使用高密度、非易失存储技术制造，可为许多嵌入式控制应用系统提供高性价比的解决方案。

（2）电源电路　AT89S51 的工作电压为 +5V，而照明电压为 220V、50Hz 的交流电，所以需要先通过一个变压器降压，再通过整流桥将电压转换成直流电压。由于变压后得到的直流电压可能含有交流分量，所以要通过滤波电路对其进行滤波处理，然后通过 7805 稳压管得到稳定的 5V 电压。

（3）键盘电路　键盘电路提供了系统重启、测速设置及运行方式等的设置功能。

（4）显示电路　系统采用了数码管进行数据显示。数码管选用共阳极接法的 4 位数码管，位选端采用三极管 S8550 进行驱动，以动态扫描方式进行显示。其驱动显示电路如图 6-23 所示。

（5）测速电路　电动机测速电路主要基于霍尔传感器 UGN3501T 所设计，它是一种集成化的敏感器件，可提供线性单端输出，其输出电压正比于感应的磁场强度。其内部的磁敏元件与高增益放大器、电源稳压器集成于同一芯片，使得应用时十分简便。电动机测速电路如图 6-24 所示。

4. 软件设计

本系统采用单片机中的 INT0 中断对转速脉冲进行计数。定时器 T1 工作于外部事件计数方式，对转速脉冲计数；T0 工作于定时器方式，每到 1s 读一次计数值，此值即为脉冲信号的频率，根据式（6-24）可计算出电动机的转速。转速检测装置的软件系统主要包括：数据读取子程序、数据处理子程序、按键扫描子程序、按键处理子程序和转速显示子程序。主程序流程如图 6-25 所示。

单片机上电后，系统进入准备状态。首先进行初始化，然后进行按键扫描，如果有按键按下，则进入相应的按键处理子程序，之后便读取来自传感器的脉冲数据进行运算，并将测量的转速数据显示在数码管上。

　　本实例主要设计了一种基于单片机和霍尔传感器的测速系统。霍尔传感器输出的信号经测速电路后，再通过单片机对连续脉冲计数来实现转速测控。运行实验表明，该系统硬件接口电路简单，工作稳定可靠，满足了调速的功能要求，具有一定的理论及实用价值。尤其是在测量空间有限或传感器安装不便的条件下，该测量方法有明显的优势。

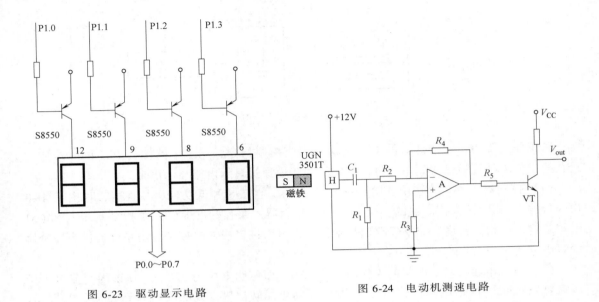

图 6-23　驱动显示电路　　　　　　　　　图 6-24　电动机测速电路

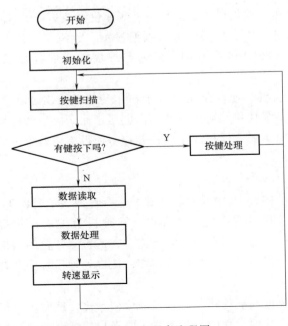

图 6-25　主程序流程图

思 考 题

6-1 磁电式传感器的工作原理是什么？

6-2 恒磁通和变磁通磁电感应式传感器的工作特性有什么区别？

6-3 如何利用磁电感应式传感器测量加速度？

6-4 什么是霍尔效应？霍尔元件的主要技术参数有哪些？

6-6 霍尔元件有哪些连接电路？

6-7 霍尔式传感器常用哪些误差补偿方法？

6-8 如何采用霍尔式传感器设计一个钳式电流表？

第7章　热电式传感器

热电式传感器是能够将温度参数的变化转换为电参数变化的传感器，可实现对温度及与温度有关的参数的测量。

本章将分别介绍热电效应原理、热电偶定律，重点分析热电偶的测量电路及其应用，简单介绍两个常用的模拟式和数字式集成温度传感器芯片，最后介绍一个通过数字式温度传感器实现多点温度监测的工程实例。

7.1　热　电　偶

热电偶是基于热电效应原理制成的温度测量器件，具有结构简单、制作容易、精度高、温度测量范围宽、动态响应特性好等特点，测温范围一般为 $-50 \sim 1600℃$，还可根据需要扩展至 $-160 \sim 2000℃$。

7.1.1　热电效应原理

1. 热电效应

如图 7-1 所示，将两种不同材料导体 A、B 的两端分别焊接在一起组合成一个闭合回路，当两焊接点处的温度 T_0、T 不相等时，回路中就会产生与导体材料性质及两接点的温度有关的电动势 E_{AB}（T, T_0），从而形成电流，这种现象称为热电效应。回路中的电动势称为热电动势；两种不同材料导体的组合称为热电偶；A、B 两导体分别称为热电极；两接点中，一个称为工作端或热端（T），测温时就是将它置于被测温度场中，另一个称为自由端或冷端（T_0），一般要求其温度恒定不变。

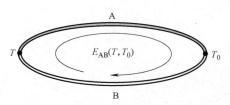

图 7-1　热电效应原理示意图

热电动势 E_{AB}（T, T_0）由两部分形成，一部分是 A、B 两种导体的接触电动势，另一部分是 A 导体和 B 导体的温差电动势。

2. 接触电动势

不同材料导体中的自由电子密度不同，当两种不同材料的导体 A、B 连接在一起时，在接触面上就会发生电子的扩散运动。假设导体 A 的自由电子密度 n_A 大于导体 B 的自由电子密度 n_B，那么在单位时间内由导体 A 扩散至导体 B 的电子数要比由导体 B 扩散至导体 A 的电子数多，导体 A 失去电子而带正电，导体 B 得到电子而带负电，因此在接触面形成电位差，即接触电动势。若连接处的温度为 T，则用 $E_{AB}(T)$ 表示接触电动势，如图 7-2 所示。

接触电动势形成的电场将阻碍电子由导体 A 向导体 B 的进一步扩散。当电子的扩散能力和电场的阻碍作用力相等时，也就是从导体 A 扩散到导体 B 的自由电子数与在电场作用下从导体 B 输送至导体 A 的自由电子数相等时，接触面的自由电子扩散运动达到动态平衡，接触电动势不再变化。接触电动势的大小由导体材料的性质和接触点的温

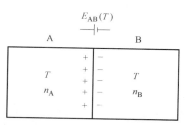

图 7-2　接触电动势形成原理

度决定，一般为 $10^{-3} \sim 10^{-2} \mathrm{V}$ 数量级。在温度 T 和 T_0 时的 A、B 两导体焊接点处的接触电势分别为

$$E_{AB}(T) = \frac{kT}{e} \ln \frac{n_A}{n_B} \tag{7-1}$$

$$E_{AB}(T_0) = \frac{kT_0}{e} \ln \frac{n_A}{n_B} \tag{7-2}$$

式中，$k = 1.38 \times 10^{-23} \mathrm{J/K}$，为玻尔兹曼常数；$e = 1.6 \times 10^{-19} \mathrm{C}$，为电子的电荷量。

3. 温差电动势

对于单一的金属导体 A，若将其两端分别置于不同的温度场 T 和 T_0（设 $T > T_0$）中，则在导体内部，温度 T 端的自由电子由于具有较大动能，因而将向温度 T_0 端移动，使得 T 端电子减少而带正电，T_0 端电子增加而带负电。因此，在导体的两端会出现电位差，产生由 T 端指向 T_0 端的静电场，该电场也将阻碍电子从 T 端到 T_0 端的移动，最终使其达到动态平衡，如此在导体两端产生的电位差称为温差电动势，如图 7-3 所示，温差电动势用 $E_A(T, T_0)$ 表示。

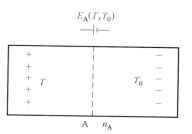

图 7-3　温差电动势形成原理

温差电动势的大小取决于导体材料的性质和两端的温度，A、B 两导体在两端温度为 T 和 T_0 时的温差电动势分别为

$$E_A(T, T_0) = \int_{T_0}^{T} \sigma_A \mathrm{d}T \tag{7-3}$$

$$E_B(T, T_0) = \int_{T_0}^{T} \sigma_B \mathrm{d}T \tag{7-4}$$

式中，σ_A、σ_B 分别为 A、B 两导体的汤姆逊系数，表示单一导体两端温差为 1℃时所产生的温差电动势。

4. 热电偶回路的总电动势

由以上分析可知，图 7-1 所示的热电偶回路中存在四个热电动势，两个为接触电动势，另两个为温差电动势，当 n_A 大于 n_B 的情况下，这四个热电动势如图 7-4 所示。

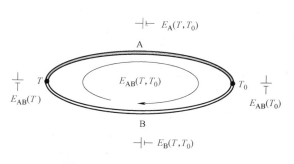

图 7-4　热电偶回路的热电动势

热电偶回路中所产生的总的热电动势为

$$E_{AB}(T,T_0) = E_{AB}(T) - E_A(T,T_0) - E_{AB}(T_0) + E_B(T,T_0)$$

$$= \frac{k}{e}(T - T_0)\ln\frac{n_A}{n_B} - \int_{T_0}^{T}(\sigma_A - \sigma_B)\mathrm{d}T \qquad (7-5)$$

由式（7-5）可知，热电偶总热电动势与 A、B 两导体的电子密度、汤姆逊系数及两接点处的温度有关，并有如下结论。

1）如果热电偶的两极材料相同，即 $n_A = n_B$，$\sigma_A = \sigma_B$，则无论两接点处温度如何变化，总热电动势为零。

2）如果热电偶两接点处温度相同，即 $T = T_0$，则尽管 A、B 两导体的材料不同，回路中总热电动势依然为零。

3）热电偶产生的热电动势大小与热电极的尺寸、形状都无关。

4）当构成热电偶的电极材料确定后，热电偶回路的热电动势就是温度 T、T_0 的函数。当自由端温度 T_0 恒定时，则有

$$E_{AB}(T,T_0) = f(T) \qquad (7-6)$$

5）温差电动势总是远小于接触电动势，可以忽略不计，热电偶回路中的热电动势主要是指接触电动势，因此

$$E_{AB}(T,T_0) \approx E_{AB}(T) - E_{AB}(T_0) = \frac{k}{e}(T-T_0)\ln\frac{n_A}{n_B} \qquad (7-7)$$

5. 热电偶电极材料

根据热电效应原理，任何材料不同的两种导体都可以组成热电偶，但实际应用中，为了确保测温性能，对组成热电偶的材料有一定的选用条件。

1）热电性能稳定。在规定的温度测量范围内，电极材料的热电特性稳定，不随时间和被测介质而变化。

2）测温范围广。在较大的温度范围内，电极材料的热电动势随温度的变化率大，且与温度为单值对应关系，线性度好。

3）测量精度高。在规定的温度测量范围内，电极材料能产生较大的热电动势，有较高的测量精确度。

4）物理化学性质稳定。在规定的温度测量范围内，电极材料使用时不易氧化或腐蚀，有良好的化学稳定性、抗氧化性或抗还原性能。

5）电极材料的电导率高，电阻温度系数小。

6）电极材料的机械强度高，复制性好，工艺简单，价格便宜。

7.1.2 热电偶定律

1. 中间温度定律

同一种热电偶在接点温度为 T、T_0 时的热电动势 $E_{AB}(T, T_0)$ 等于其在接点温度为 T、T_C 时的热电动势 $E_{AB}(T, T_C)$ 和在接点温度为 T_C、T_0 时的热电动势 $E_{AB}(T_C, T_0)$ 的代数和，这就是中间温度定律，表达式为

$$E_{AB}(T,T_0) = E_{AB}(T,T_C) + E_{AB}(T_C,T_0) \qquad (7-8)$$

中间温度定律原理示意如图 7-5 所示。

中间温度定律表明，如果热电偶的两个电极通过连接两根导体的方式来延长，只要接入的两根导体的热电特性与热电偶两电极的热电特性一致，且两导体接点处温度相同，则回路的总热电动势与接点处温度无关。

中间温度定律为补偿导线的使用提供了理论依据。此外在实际测量中，还可利用这一性质对冷端温度不为0℃的热电动势进行修正。

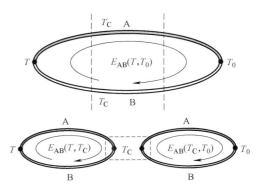

图7-5 中间温度定律原理示意图

2. 中间导体定律

在热电偶回路内接入第三种导体，只要这第三种导体两端温度相同，则对回路的总热电动势没有影响，这就是中间导体定律。中间导体定律原理示意如图7-6所示。

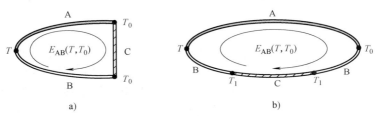

a)   b)

图7-6 中间导体定律原理示意图

a）第三种导体接入不同电极之间 b）第三种导体接入同一电极中间

热电偶结构如图7-6a所示时，根据式（7-7），总热电动势等于各接点的接触电动势之和，即

$$E_{ABC}(T,T_0) = E_{AB}(T) + E_{BC}(T_0) + E_{CA}(T_0)$$

$$= \frac{kT}{e}\ln\frac{n_A}{n_B} + \frac{kT_0}{e}\ln\frac{n_B}{n_C} + \frac{kT_0}{e}\ln\frac{n_C}{n_A}$$

$$= \frac{k}{e}(T-T_0)\ln\frac{n_A}{n_B}$$

$$= E_{AB}(T,T_0)$$

（7-9）

热电偶结构如图7-6b所示时，根据式（7-7），总热电动势为

$$E_{ABC}(T,T_0) = E_{AB}(T) + E_{BC}(T_1) + E_{CB}(T_1) + E_{BA}(T_0) \tag{7-10}$$

将接触电动势的数学表达式带入式（7-10）并整理得

$$E_{ABC}(T,T_0) = E_{AB}(T,T_0) \tag{7-11}$$

同理，在热电偶回路接入更多导体，只要保证接入导体的两端温度相同，则同样不影响回路中的总热电动势。

依据中间导体定律，在实际的热电偶测温应用中，测量仪表和连接导线可以看作第三种导体。

3. 标准电极定律

标准电极定律原理示意如图7-7所示。

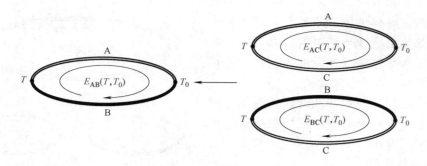

图 7-7　标准电极定律原理示意图

如果有两种导体电极 A、B 分别与第三种导体电极 C 组成的热电偶产生的热电动势已知，则由导体 A、B 组成的热电偶产生的热电动势也就可求，这就是标准电极定律，表达式为

$$E_{AB}(T,T_0)=E_{AC}(T,T_0)+E_{CB}(T,T_0)=E_{AC}(T,T_0)-E_{BC}(T,T_0) \tag{7-12}$$

此结论可通过将温差电动势和接触电动势的表达式代入上式得到证明。

根据标准电极定律，在任意电极与标准电极组成热电偶产生的热电动势已知时，就可以很方便地求得标准电极之外的任意热电极互相组合时的热电动势。由于铂的物理化学性质稳定，因此通常选用高纯度铂丝作为标准电极。根据标准电极定律，只要测得它与其他金属组成的热电偶的热电动势，则各种金属间相互组合构成热电偶的热电动势就很容易计算出来。

7.1.3　热电偶的常用类型和结构

1. 热电偶的类型

由热电效应原理可知，只要两种不同材料的金属导体构成闭合回路，就可以组成一支热电偶。但根据测量精度和标准化技术指标要求，常常将热电偶划分为标准化热电偶和非标准化热电偶。

（1）标准化热电偶　标准化热电偶是指工艺成熟、性能稳定、应用广泛、具有统一分度表并已经列入国际和国家标准文件中的热电偶。表 7-1 列出了我国采用的符合国际电工委员会（IEC）标准的六种热电偶的主要性能特点。目前，工业上常用的四种标准化热电偶的分度号分别为 B、S、K、E。

表 7-1　部分标准化热电偶的主要性能特点（GB/T 16839.1—2018）

名称	电极材料		分度号	使用温度范围/℃	特点
	正极	负极			
铂铑 30-铂铑 6	铂铑 30	铂铑 6	B	600～1700	适用于氧化性介质；测温上限高，稳定性好；广泛应用于冶金行业高温测量
铂铑 10-铂	铂铑 10	铂	S	100～1600	适用于氧化性、惰性介质；测温上限高，稳定性好，精度高；价格高，热电动势小；通常用作标准热电偶，或者用于高温测量

（续）

名称	电极材料		分度号	使用温度范围/℃	特　点
	正极	负极			
镍铬-镍硅	镍铬	镍硅	K	-196~1300	适用于氧化性、中性介质；测温范围广，线性度好，热电动势大，价格低；稳定性次于 B、S 型热电偶，但它是非贵金属热电偶中最稳定的
镍铬-铜镍	镍铬	铜镍	E	-196~700	适用于还原性、惰性介质；稳定性好，价格低，灵敏度高，热电动势较其他热电偶大
铁-铜镍	铁	铜镍	J	100~760	适用于还原性介质；热电动势大小仅次 E 型热电偶，灵敏度高，价格低；铁极易氧化
铜-铜镍	铜	铜镍	T	-196~350	适用于还原性介质；精度高，价格低；使用温度在-196~0℃ 范围内时可制成标准热电偶；铜极易氧化

（2）非标准化热电偶　对于非标准化热电偶，没有统一的分度表，使用前需要个别标定热电偶与温度的对应关系。表 7-2 列出了几种主要的非标准化热电偶的主要性能特点。

表 7-2　部分非标准化热电偶的主要性能特点

名称	电极材料		使用温度范围/℃	特　点
	正极	负极		
镍钼系	Ni	NiMo18	0~1280	适用于还原性介质，热电动势大
钯铂系	Pd、Pt、Au 合金	Au、Pd 合金	0~1100	耐磨性强，热电动势大小基本上与 K 型热电偶相同
镍铬-金铁	镍铬合金	铁原子分数为 0.07% 的金铁合金	-273~7	-253℃ 以下的温度，其热电动势较大；线性度好
铜-金铁	铜	铁原子分数为 0.07% 的金铁合金	-270~-196	热电动势小，受磁场影响

2. 热电偶的结构

对于不同的测温对象、测温条件和测温要求，热电偶的结构形式也不同，一般分为普通型和特殊型。

（1）普通型热电偶　普通型热电偶一般由热电极、绝缘套管、保护管和接线盒四部分组成，如图 7-8 所示，其实物如图 7-9 所示。

1）热电极用于产生热电动势，有正、负极之分。热电极的粗细由材料价格、机械强度、电导率、测量场合及测量范围等决定。普通金属热电极直径一般为 0.5~3.2mm，贵金属热电极直径一般不大于 0.5mm。热电极的长度则取决于应用需要和安装条件，通常为 350~2000mm。

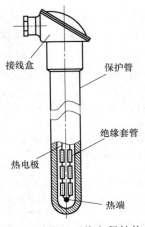

图 7-8 普通型热电偶结构

图 7-9 普通型热电偶实物图

2）绝缘套管用于电极间、电极与保护管间的绝缘，防止出现短接现象，其形状一般为圆形或椭圆形，中间开两孔、四孔或六孔用于热电极从孔中穿过。制作绝缘套管的材料一般为黏土、高铝或刚玉等，最常用的是氧化铝管和耐火材料管。

3）保护管用于隔离热电极与被测温介质，保护热电偶感温元件免受被测温介质的化学腐蚀和机械损伤。制作保护管的材料分为金属、非金属两类，要求具有耐高温、耐腐蚀的特性，且导热性、气密性好。

4）接线盒用于热电偶与导线之间的连接，起到固定和保护作用。根据被测对象和现场环境，接线盒分为普通式、防溅式（密封式）等结构形式。

（2）特殊型热电偶 特殊型热电偶是为适应特殊测温需要制作的，如超高温测量、超低温测量、快速测量等，其结构形式有铠装型、薄膜型等。

1）铠装型热电偶是由热电极、绝缘材料和金属保护套管一起拉制加工而成的坚实缆状组合体，如图 7-10 所示，其实物如图 7-11 所示。

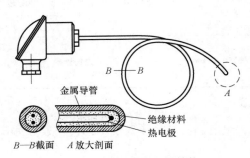

图 7-10 铠装型热电偶结构

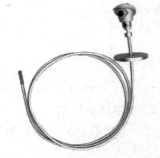

图 7-11 铠装型热电偶实物图

铠装型热电偶可以做得很细很长，使用时可随需要弯曲，具有工作端热容量小、热惯性小、动态响应快的特点，可安装在结构复杂的装置上，测温范围通常在 1100℃ 以下。

2）薄膜型热电偶是用真空蒸镀、化学涂层等方法在陶瓷片、云母或玻璃等绝缘基板上制成薄膜型热电极，其结构如图 7-12 所示。

薄膜型热电偶具有热容量小，响应速度快的特点。适用于微小面积上的表面温度及快速

变化的动态温度测量，测温范围一般在 300℃
以下。

7.1.4　热电偶的冷端温度补偿

根据热电偶的测温工作原理，热电偶产生
的热电动势只有在冷端温度固定的条件下，才
能与热端温度成单值对应关系。但在实际应用
中，热电偶的冷端与热端距离较近，且往往暴

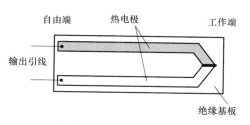

图 7-12　薄膜型热电偶结构

露在温度变化的环境中，导致输出的热电动势存在误差，这就需要对冷端的工作温度进行补
偿处理，这种补偿称为热电偶的冷端温度补偿。补偿方法通常有以下四种。

1. 冷端延长线法

热电偶自身长度有限，要确保冷端温度不变，可以把热电极延长，使冷端远离工作端且
置于恒温或温度波动较小的环境中。该方法对贵金属热电偶来说造价太高，并不合适。但由
于冷端温度变化范围较小，可考虑用廉价且热电特性在 0~150℃ 温度范围内与热电偶接近的
金属材料做成延长线，将热电偶的冷端延伸到恒温处，这种补偿方法称为冷端延长线法。如
图 7-13 所示，延长线 A′、B′ 作为补偿导线，冷
端延长线法又称为补偿导线法。

根据中间温度定律，只要热电偶补偿导线的
接点处温度一致，就不会影响温度测量。该方法
主要用于贵金属热电偶的补偿，对于非贵金属热
电偶，用制作热电极的材料作补偿导线即可。应
注意的是，使用补偿导线时，热电偶与补偿导线
的连接极性要正确对应。常用的补偿导线见
表 7-3。

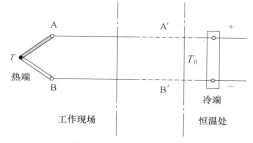

图 7-13　冷端延长线法

表 7-3　部分热电偶补偿导线类型（GB/T 4990—2010）

热电偶类型	补偿导线型号	补偿导线名称	补偿导线	
			正极	负极
铂铑 10-铂（S）	SC	铜-铜镍 0.6	铜	铜镍 0.6
镍铬-镍硅（K）	KCA	铁-铜镍 22	铁	铜镍 22
	KCB	铜-铜镍 40	铜	铜镍 40
镍铬-铜镍（E）	EX	镍铬 10-铜镍 45	镍铬 10	铜镍 45
铁-铜镍（J）	JX	铁-铜镍 45	铁	铜镍 45
铜-铜镍（T）	TX	铜-铜镍 45	铜	铜镍 45

2. 冷端恒温法

冷端恒温法就是要维持冷端温度为一个固定值，使其不再受测温环境温度的影响。冷端
恒温法通常采用恒温控制器或冰点槽（槽中装冰水混合物，温度保持在 0℃）来维持恒温。

恒温控制器的设定温度不为 0℃ 时，若要获得实际温度，则需要对热电偶进行冷端温度

校正。冰点槽法的冷端温度为 0℃，直接读取热电动势即可。冰点槽法一般用于实验室进行的精确温度测量，为了避免冰水导电引起两接点短路，必须把两冷端分别置于两支玻璃管中使其相互绝缘，然后再浸入同一冰点槽中，如图 7-14 所示。

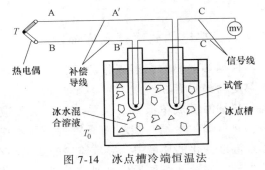

图 7-14 冰点槽冷端恒温法

3. 冷端温度校正法

冷端温度校正法又称为计算修正法。标准化热电偶的分度表给出的都是在冷端温度为 0℃时的热电动势值，如果热电偶的冷端温度偏离 0℃，假设为 T_0，根据热电偶的中间温度定律，则有

$$E_{\mathrm{AB}}(T,0) = E_{\mathrm{AB}}(T,T_0) + E_{\mathrm{AB}}(T_0,0) \tag{7-13}$$

由式（7-13）可知，根据实测热电动势值 $E_{\mathrm{AB}}(T, T_0)$ 和冷端温度校正值 $E_{\mathrm{AB}}(T_0, 0)$，求得冷端温度为 0℃时的理论热电动势值 $E_{\mathrm{AB}}(T, 0)$，再利用热电偶的分度表，就能查出实际温度值 T。应用冷端温度校正法得出的数据很精确，但不足之处是难以实现连续温度测量。

当热电偶通过补偿导线连接到仪表，且冷端温度保持恒定时，则可预先将有零位调整功能的仪表的初始值调至冷端温度值，这样，显示仪表的示值即近似为被测实际温度值。需要注意的是，由于热电偶的热电动势与温度的关系存在一定的非线性，因此用预先调零值的方法会存在一定误差。

4. 自动补偿法

自动补偿法也称为电桥补偿法，是利用电桥中补偿电阻阻值随环境温度变化所产生的不平衡电动势差进行补偿。自动补偿法电路如图 7-15 所示。

补偿电桥处在冷端温度补偿环境中，当热电偶因冷端温度变化而产生总热电动势变化时，电桥也同样受冷端温度影响而产生一个补偿电位差，其数值正好抵消热电偶因冷端温度变化而产生的热电动势变化值，起到补偿作用。自动补偿法解决了冷端温度校正法不适合连续测温的问题。

补偿电桥是一个直流不平衡电桥，R_1、R_2、R_3 是三个电阻温度系数很小的锰铜丝电阻，R_{Cu} 是电阻温度系数较大的铜丝电阻。

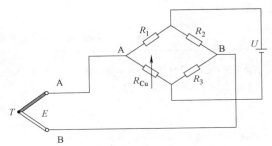

图 7-15 自动补偿法电路

补偿电桥与热电偶冷端处在同一环境温度下，并使电桥在 20℃（或 0℃）时处于平衡状态，则电桥的 A、B 两端无电压输出。当环境温度偏离 20℃（或 0℃）时，热电偶冷端温度发生变化，热电动势相应改变，由于此时 R_{Cu} 的阻值也随环境温度发生变化，因此电桥平衡状态被打破，电桥的 A、B 两端输出不平衡补偿电压 U_{AB}。U_{AB} 是与热电偶的热电动势串联在一起输出的，只要合理选择桥臂电阻和电流数值，就可以使电桥产生的 U_{AB} 正好补偿由冷端温度变化引起的热电动势的变化量，达到自动补偿的目的。

7.1.5 热电偶的测量电路及应用

1. 热电偶的测量电路

（1）测量单点温度 可以将热电偶直接与显示仪表连接，或者与温度变送器连接，输出标准的 4~20mA 电流信号，测量电路如图 7-16 所示。

（2）测量两点间温度差 将两支同型号的热电偶配用相同的补偿导线并反向串联连接，它们分别测量介质温度 T_1 和 T_2，则总热电动势是两支热电偶热电动势之差，这一热电动势差值就反映了两热电偶热端的温度之差，测量电路如图 7-17 所示。

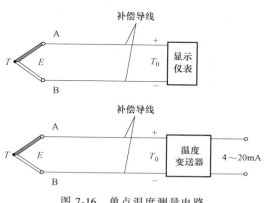

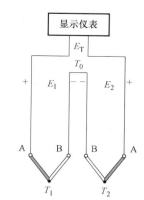

图 7-16 单点温度测量电路

图 7-17 两点间温度差测量电路

设回路总热电动势为 E_T，由热电偶的中间温度定律可得

$$E_T = E_{AB}(T_1, T_0) - E_{AB}(T_2, T_0) = E_{AB}(T_1, T_2) \tag{7-14}$$

（3）测量平均温度 可以将多支同型号的热电偶同极性地并联或串联来测量多点的平均温度。

1）图 7-18 所示为三支热电偶并联的测量电路，图中 R 为均衡电阻。

当显示仪表的输入电阻足够大时，并联电路输出的总热电动势就等于三支热电偶热电动势的平均值，对应的温度为三点的平均温度值。输出总热电动势为

$$E_T = \frac{E_{AB}(T_1, T_0) + E_{AB}(T_2, T_0) + E_{AB}(T_3, T_0)}{3} = E_{AB}\left(\frac{T_1 + T_2 + T_3}{3}, T_0\right) \tag{7-15}$$

并联电路的问题是当有热电偶开路时，难以发现。

2）将三支同型号热电偶的正、负极依次连接，构成热电偶的串联电路，如图 7-19 所示。

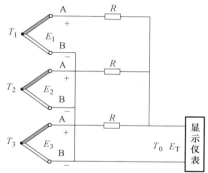

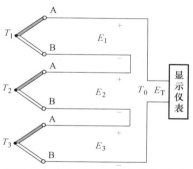

图 7-18 平均温度测量电路

图 7-19 热电偶串联测量平均温度

该接法也可用于测量三点的平均温度。回路输出总热电动势为

$$E_T = E_{AB}(T_1, T_0) + E_{AB}(T_2, T_0) + E_{AB}(T_3, T_0) = E_{AB}(T_1 + T_2 + T_3, T_0) \tag{7-16}$$

再将总热电动势 E_T 求平均值就可得出三点的平均温度值。

串联电路的热电动势大，测量系统的灵敏度高。测量过程中，只要有一支热电偶断开，总的热电动势就会消失，能及时发现断路故障。

2. 热电偶的应用

（1）电加热炉温控制　热电偶测温的电加热炉温控制系统如图 7-20 所示。

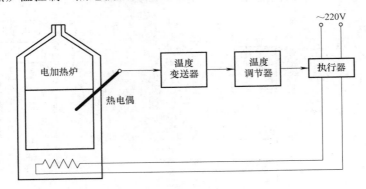

图 7-20　电加热炉温控制系统

该控制系统由热电偶、温度变送器、温度调节器、执行器、加热器等组成。热电偶对被加热介质进行测温，产生的热电动势经温度变送器转换成 4～20mA 的标准电流信号作为温度测量值；温度调节器将温度测量值与给定温度值进行比较，若存在偏差，即炉温偏离给定温度值，则输出调节作用信号，驱动执行器（晶闸管变流装置）调节加热器电热丝的加热功率以克服偏差，从而实现被加热介质温度的定值控制。

（2）金属材质鉴别　热电偶无损检测鉴别金属材质的原理示意如图 7-21 所示。

两个电极 M_1、M_2 由相同的铜材料制成，其中电极 M_1 被均匀加热且温度为 T，电极 M_2 温度为 T_0。由铜导线 A 和康铜导线 K 构成的两支热电偶反向串联后接入放大器，回路热电动势为 E_1。由铜电极 M_1、M_2 与被测金属 N 构成的两支热电偶反向串联后接入另一个放大器，回路热电动势为 E_2。工作时，由于电极 M_1 被均匀加热，因此 M_1 与导线 A、K 的接点处温度，以及 M_1 与 N 的接触处温度均为 T；绝缘物具有良好的导热性，其与导线 A、K 的接点处温度，以及 M_2 与 N 的接触处温度均为 T_0。即两个热电回路的接点温度 T、T_0 都相同。根据热电效应原理，得相应热电动势为

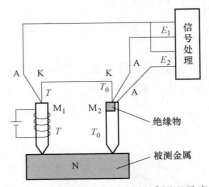

图 7-21　热电偶鉴别金属材质原理示意

$$E_1 = (T - T_0)\left[\frac{k}{e}\ln\frac{n_A}{n_K} + (\sigma_A - \sigma_K)\right] \tag{7-17}$$

$$E_2 = (T-T_0)\left[\frac{k}{e}\ln\frac{n_M}{n_0} + (\sigma_M - \sigma_N)\right] = (T-T_0)\left[\frac{k}{e}\ln\frac{n_A}{n_N} + (\sigma_A - \sigma_N)\right] \tag{7-18}$$

式中，$n_A(n_M)$、n_K、n_N 分别为铜、康铜、被测金属的自由电子密度；$\sigma_A(\sigma_M)$、σ_K、σ_N 分别为铜、康铜、被测金属的汤姆逊系数。

两个回路热电动势的比为

$$\eta = \frac{E_1}{E_2} = \frac{\dfrac{k}{e}\ln\dfrac{n_A}{n_K} + (\sigma_A - \sigma_K)}{\dfrac{k}{e}\ln\dfrac{n_A}{n_N} + (\sigma_A - \sigma_N)} \tag{7-19}$$

可见，η 只随被测金属的 σ_N、n_N 变化，温度的变化对其几乎没有影响，由此可以对金属的材质进行鉴别。

7.2 集成温度传感器

集成温度传感器采用硅半导体集成制作工艺，将热敏晶体管及其辅助电路制作在同一芯片上，利用晶体管的基极-发射极电压 U_{be} 与被测温度 T（热力学）之间的函数关系实现对温度的测量。

7.2.1 基本工作原理

根据半导体 PN 结的温度特性，当 PN 结的正向压降或反向压降保持不变时，正向电流或反向电流都随温度的变化而变化；而当正向电流保持不变时，PN 结的正向电压与温度近似呈线性关系，大约以 $-2.3\text{mV}/℃$ 的斜率随温度变化。因此，可利用 PN 结的这一特性实现温度测量。

PN 结正向压降 U_F 与结温度 T 之间的关系为

$$U_F = \frac{E_{g0}}{e} - \frac{kT}{e}\ln\frac{AT^r}{I_F} \tag{7-20}$$

式中，I_F 为 PN 结正向电流；E_{g0} 为绝对温度为 0K 时的禁带宽度；A 为与温度无关的常数；r 为与迁移率有关的常数。

因此当 I_F 恒定时，U_F 与 T 近似呈线性关系。

对于半导体三极管，如果集电极电流 I_c 为固定值，则其基极-发射极电压 U_{be} 与结温度 T 之间的关系会表现出更好的线性，即

$$U_{be} = \frac{E_{g0}}{e} - \frac{kT}{e}\ln\frac{AT^r}{I_c} \tag{7-21}$$

因此，集成温度传感器均采用如图 7-22 所示的差分电路形式，能直接给出线性输出。

VT_1、VT_2 是两支结构和性能完全相同的晶体管，所处温度均为 T，分别在不同的集电极电流 I_{c1} 和 I_{c2} 下工作，电阻 R_1 上的电

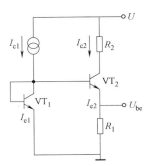

图 7-22 集成温度传感器差分电路

压降 U_{be} 则等于 VT_1 与 VT_2 的基极-发射极电压之差，即

$$U_{be} = U_{be1} - U_{be2} = \left(\frac{E_{g0}}{e} - \frac{kT}{e} \ln \frac{AT^r}{I_{c1}} \right) - \left(\frac{E_{g0}}{e} - \frac{kT}{e} \ln \frac{AT^r}{I_{c2}} \right) = \frac{kT}{e} \ln \frac{I_{c1}}{I_{c2}} \tag{7-22}$$

由此可知，只要保持 I_{c1}/I_{c2} 不变，输出电压 U_{be} 就与 T 呈线性关系，即发射极电流 I_{e2} 与 T 呈线性关系。若两支晶体管的增益很高，则基极电流可以忽略，集电极电流就近似等于发射极电流，于是有

$$\frac{kT}{e} \ln \frac{I_{c1}}{I_{c2}} = I_{e2} R_1 \approx I_{c2} R_1 \tag{7-23}$$

即，VT_2 的集电极电流 I_{c2} 与 T 呈线性关系。

7.2.2 模拟式温度传感器

集成模拟式温度传感器分为电流型和电压型，它们输出电流或电压信号的大小与绝对温度 T 呈线性关系。电流型的温度系数约为 $1\mu A/K$，电压型的温度系数约为 $10mV/K$。在此主要介绍电流型温度传感器 AD590。

电流型集成温度传感器的输出电流正比于热力学温度，具有输出阻抗高的特点，输出阻抗可达 $20M\Omega$，适用于多点和远距离温度测量。

AD590 是一款典型的二端口电流型集成温度传感器，其结构原理如图 7-23 所示，实物如图 7-24 所示。

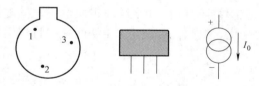

图 7-23 AD590 温度传感器结构原理

图 7-24 AD590 实物图

AD590 有三个引脚，引脚 1 为正极，引脚 2 为负极，引脚 3 连接管壳，使用时将引脚 3 接地，起到屏蔽作用。AD590 的测温范围为 $-55\sim150℃$，最大非线性误差为 $\pm0.3℃$，响应时间为 $20\mu s$，重复性误差低于 $\pm0.05℃$，功耗为 $2mW$。它具有较好的线性输出性能，温度 T 每升高 $1℃$，其输出电流 I_o 增加 $1\mu A$，即

$$I_o = (273+T) \times 10^{-6} \tag{7-24}$$

AD590 的实际应用电路如图 7-25 所示。

图 7-25 中，将 U_1 调整为 2.73V，AD590 的输出电流经 $10k\Omega$ 电阻和放大器 A1 后产生的电压为

$$U_2 = (237+T) \times 10^{-6} \times 10^4 = 2.73 + \frac{T}{100} \tag{7-25}$$

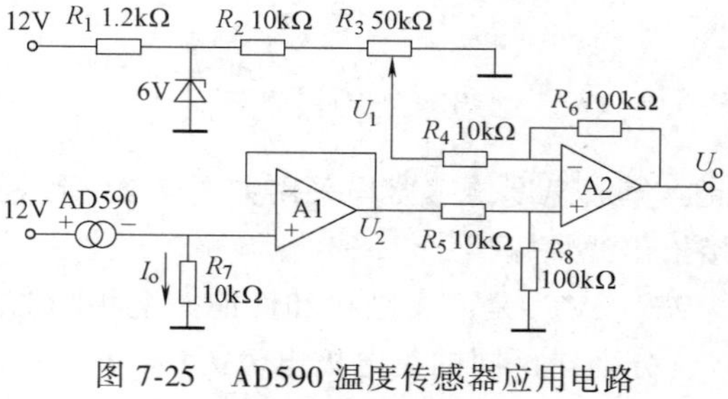

图 7-25 AD590 温度传感器应用电路

则有

$$U_o = -(U_1 - U_2) \times \frac{10^5}{10^4} = \left(2.73 + \frac{T}{100} - 2.73\right) \times 10 = \frac{T}{10} \tag{7-26}$$

因此，输出电压 U_o 与摄氏温度呈线性关系。

7.2.3 数字式温度传感器

数字温度传感器又称智能温度传感器，内部包含温度传感器、A/D 转换器、信号处理器、存储器和接口电路等。有的智能温度传感器还带有多路选择器、中央控制器（CPU）、随机存取存储器（RAM）和只读存储器（ROM）。智能温度传感器的特点是通过软件来输出温度数据及相关的温度控制量，适配各种微机控制器。

DS1820 是一种单总线数字化温度传感器，其外形与引脚排列如图 7-26 所示，DS1820 实物如图 7-27 所示。在 SOIC 封装的 DS1820 中，引脚 1、2、5、6、7 为空引脚；引脚 3 为供电电源端，电压为 5V；引脚 4 为数据输入/输出端；引脚 8 为接地端。

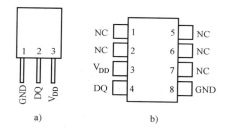

图 7-26 DS1820 外形与引脚排列
a) RP-35 封装 b) SOIC 封装

图 7-27 DS1820 实物图

需要注意的是，DS1820 可以采用寄生电源供电，也可以外接 5V 电源供电。寄生电源供电时，引脚 3 应接地，器件从总线上获取电能。若采用外接电源，则应通过二极管向器件供电。

DS1820 可提供二进制九位温度信息，分辨率为 0.5℃，测温范围为 −55 ~ +125℃。从中央处理器到 DS1820 仅需连接一条信号线和地线，其指令信息和数据信息都经过单总线接口与 DS1820 进行数据交换。DS1820 完成读、写和温度变换所需的电能可以由数据线自身提供，也可以由外部提供。图 7-28 所示为应用 DS1820 的温度检测系统原理图。

单片机的 P1.0 口用作读取温度数据的端口，DS1820 采用寄生电源供电方式，接成单总线形式。同一条单总线上也可以挂接多个 DS1820，构成主从结构的多点测温传感器网络，应用于环境监测，建筑物和设备内的温度场测量，过程监视和控制中的温度测量等。

DS18B20 相较于 DS1820 数字式温度传感器，其体积更小，适用电压更宽，更经济，转换精度为 9 ~ 12 位。

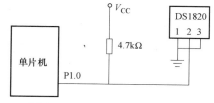

图 7-28 DS1820 温度检测系统

7.3　工程设计实例

1．实例来源

为了实现现代农业生产的科学化，合理地调节大棚内的温度和生长环境是作物早熟、优质、高产的重要环节，现代化温室信息自动采集及智能控制系统的应用也越来越广泛。本实例为实现对大棚内多个温度观测点的统一监控与管理，设计了一种多点温度监测系统方案。

2．方案设计

该系统采用了主从式监控管理方式，即在每个测控点配置能独立工作的从机，多个从机由一台主机进行监控管理。因此系统由前置监测单元、主监控单元及传输网络三部分构成，总体结构如图 7-29 所示。前置监测单元安装在温室的各个角落，可根据测点的多少配备 2~8 个传感器，并根据主机命令将结果送至主监控单元；主监控单元为计算机，置于监控中心，接收来自监测单元的数据，并对采集到的数据进行分析计算和存储；各个前置监测单元与主监控单元通过 RS-485 总线连接，以交换数据。当某处的采集温度超过临界报警温度时，控制器驱动蜂鸣器发出不同次数的报警提示。

3．硬件设计

基于系统总体结构所设计的各主要模块的结构和功能如下。

（1）温度监测网络　本系统采用 DS18B20 温度传感器。每个 DS18B20 都有一个唯一的序列号存在于其内部 ROM 中，单片机通过发出匹配 ROM 的指令便可以选中指定的 DS18B20，这使得在一条与单片机相连的总线上可以根据需要挂接多个 DS18B20。DS18B20 有两种可选的供电方式，即寄生电源供电和外部电源供电。为了提高系统的抗干扰能力和工作效率，采用外部电源供电的方式。系统的多点温度测量电路如图 7-30 所示。

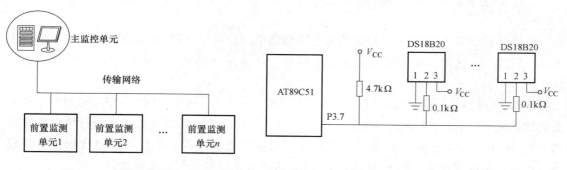

图 7-29　系统总体结构　　　　　　　　图 7-30　多点温度测量电路

（2）报警指示模块　本系统专门设计了报警模块，由音频放大电路 LM386 和蜂鸣器组成。由单片机的 P1.0 口输出信号控制放大器实现蜂鸣器报警。当某个监控参数长时间（具体时间由程序设定）超出其合理范围时，报警系统启动。报警电路如图 7-31 所示。

（3）温度监测网络通信模块　本系统采用 RS-485 模块来实现上、下位机的通信。RS-485 输入、输出均为差动方式，两条信号线在受到干扰时可能同时产生干扰电平，对差动输入不起作用，因此 RS-485 传输距离远。由于单片机的信号为 TTL 电平，为了进行电平转换，选用的转换模块为 MAX485。RS-485 电平转换电路如图 7-32 所示。

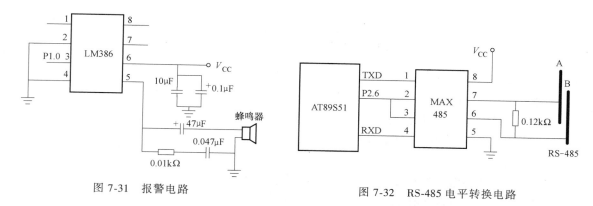

图 7-31 报警电路　　　　　　　　　　图 7-32 RS-485 电平转换电路

4. 软件设计

本系统采用能实现对多点监测管理的分布式系统的组成方式和主从机的体系结构。软件系统由两个相对独立的上位机软件和下位机软件组成。

（1）上位机监控软件设计　本系统的上位机监控软件模块的功能结构如图 7-33 所示。

（2）下位机程序设计　系统的下位机主要完成数据采集和显示，以及数据通信、超限报警的任务。系统软件用 C51 编制，经测试运行后下载到 AT89S51 单片机中。为了方便程序调试和提高可靠性，软件采用模块化结构，包括序列号读取子程序、A/D 转换子程序、数据读取和显示子程序、数据通信子程序和报警子程序等主要模块。其中，主程序流程如图 7-34 所示。

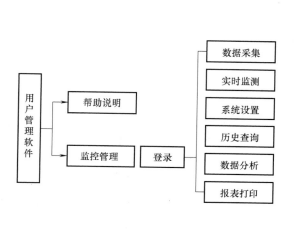

图 7-33　上位机监控软件模块功能结构

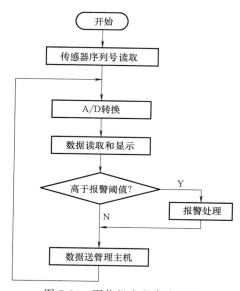

图 7-34　下位机主程序流程图

本案例以农业智能化为宗旨，为大棚温室环境设计了一种实用的温度测控系统。应用此系统，一方面能提高工作效率，节约劳动力；另一方面也促进当前自动化测控技术的更新。该系统具有结构简单、现场安装、调试方便、易于扩展等优点，以及较强的抗干扰能力和可靠的远距离数据传输能力。

思 考 题

7-1 什么是热电效应？

7-2 什么是热电动势？其组成包括哪些？

7-3 采用热电偶进行温度测量有哪些优点？

7-4 热电偶回路的总电动势如何计算？

7-5 热电偶定律包括哪些？

7-6 热电偶的常用类型和结构包括哪些？有何特点？

7-7 热电偶冷端温度补偿的方法有哪些？有什么优缺点？

7-8 如何将热电偶接入测量电路之中？

7-9 常见的模拟式和数字式温度传感器的型号有哪些？

7-10 如何利用集成式模拟温度传感器设计无线电子温度计？

第8章　光电式传感器

光电式传感器是基于光电效应原理制成的传感器，它能够把被测参数的变化转换成光信号的变化，再将光信号的变化转换成电信号的变化。光电式传感器一般由光源、光学通路和光电元件三部分构成，具有检测精度高、反应速度快、非接触等特点，在无损检测与控制领域应用广泛。

本章将在介绍光电效应原理的基础上，重点分析几种光电元件的特性，分别讲解由光电效应延伸出的固态图像传感器、光栅传感器、光纤传感器及光电编码器相关的测量电路及其应用，最后分析一个声光控延时照明开关的工程实例。

8.1　光电效应与光电元件

8.1.1　光电效应

光电效应是指物体将吸收的光能转化为内部某些电子的能量而出现的电效应。光电效应分为外光电效应和内光电效应。

1. 外光电效应

在光照作用下，物体内部的某些电子逸出物体表面而向外发射的现象称为外光电效应。外光电效应多发生于金属和金属氧化物，而这些逸出的电子称为光电子。

光由光子组成，每个光子的能量为

$$E = h\gamma \tag{8-1}$$

式中，$h = 6.626 \times 10^{-34} \text{J} \cdot \text{s}$，称为普朗克常数；$\gamma$ 为光的频率（Hz）。

根据物理学知识，一个电子只能接受一个光子的能量，当物质中的电子吸收光子的能量，并超过克服物体表面壁垒所需的逸出功 E_0 时，电子就会逸出物体表面，形成光电子发射。要使电子能从物体表面逸出，则其所吸收的光子能量必须大于或等于逸出功，超过部分的能量表现为逸出光电子的动能。根据能量守恒定律，光电效应方程为

$$h\gamma = \frac{1}{2}mv_0^2 + E_0 \tag{8-2}$$

式中，m 为光电子质量；v_0 为光电子溢出速度。

光电效应具有如下性质。

1）光电子能否产生，取决于光子的能量是否大于该物体的表面电子逸出功。不同的物质具有不同的逸出功，即每一种物质都有一个对应的光频率阈值，称为红限频率，用 γ_0 表

示。由式（8-2）得

$$h\gamma_0 = E_0 \tag{8-3}$$

即 $\gamma_0 = E_0/h$。当照射光的频率低于 γ_0 时，光子能量不足以使物体内的电子逸出，即使光照度再大，也不会发生光电子发射；当照射光的频率高于 γ_0 时，即使光线微弱，也会有光电子逸出。

2）由光电子形成的电流称为光电流。在入射光频率不变的情况下，光电流的强度与光照度成正比，即光照度越大，入射光子的数目越多，光电子数也就越多。

3）从受光照射到发射光电子是瞬间完成的，这一时间 $t < 1 \times 10^{-9}$s。

2. 内光电效应

在光照作用下，光子引起物质内部产生光生载流子，这些光生载流子就会引起物质电学性质的变化，这种现象称为内光电效应。内光电效应分为光电导效应和光生伏特效应两类。

（1）光电导效应　多数高电阻率半导体在受到光照射时吸收光子能量，会产生电阻率降低而易于导电的现象，这种现象称为光电导效应。光电导效应与半导体能带的关系如图 8-1 所示。

当光照射到半导体材料上时，价带中的电子吸收光子能量，被从价带激发至导带，变成自由电子；与此同时，价带则出现空穴。即光照致使导带中的电子和价带中的空穴浓度增大，引起半导体材料电阻率减小，电导率增大。要使电子能从价带被激发至导带，入射光子的能量应大于禁带宽度 E_g，即

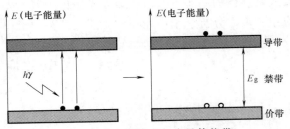

图 8-1　光电导效应与半导体能带

$$h\gamma = \frac{hc}{\lambda} = \frac{1.24}{\lambda} \gg E_g \tag{8-4}$$

式中，γ、λ 分别为入射光的频率、波长；c 为光速。

因此，能发生内光电效应的半导体材料均存在一个临界波长，即 $\lambda_0 = 1.24 E_g$。波长小于 λ_0 的照射光的光照度越大，电导率也越大，材料的阻值越小。而波长大于 λ_0 的照射光不会使半导体材料产生光电效应，光照的强弱对半导体材料电导率的大小不产生影响。

（2）光生伏特效应　光照射使半导体产生定向电动势的现象称为光生伏特效应，也称为光生电动势效应。光生伏特效应原理如图 8-2 所示。

半导体 PN 结在受到光照射时，若光子的能量大于电子能级中的禁带宽度 E_g，吸收了光子能量的电子就会被激发，在 PN 结内生成光生电子-空穴对。这些结区中的光生电子和空穴在结电场作用下分别移向 N 区和 P 区，并聚集在 PN 结附近，形成一个与结内自建电场相反的光生电场，其对应的电势就是光生电动势。

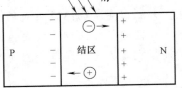

图 8-2　光生伏特效应原理图

8.1.2　常用光电元件

根据光电效应原理开发的器件称为光电元件。基于外光电效应的光电器件有光电管、光

电倍增管等；基于光电导效应的光电元件有光敏电阻等；基于光生伏特效应的光电元件有光电池、光电二极管和光电三极管等。

1. 外光电效应元件

（1）光电管及其特性 光电管有真空光电管和充气光电管两类，它们的结构基本相似，都是由一个阴极和一个阳极构成，且密封在玻璃管内。图 8-3 所示为光电管的结构原理与连接电路，其实物如图 8-4 所示。

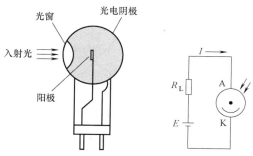

图 8-3 光电管的结构原理与连接电路

图 8-4 光电管实物图

光电管阴极装在涂有光电发射材料的玻璃管内壁上，阳极通常用金属丝弯曲成矩形或圆形，置于玻璃管的中央位置。在阳极与阴极间施加电压后，当有满足波长条件的光照射阴极时，就会有光电子逸出，并在电场作用下在两极间及外电路中形成电流。

若在光电管中充入少量的惰性气体，则构成充气光电管。当充气光电管的阴极被满足波长条件的光照射时，光电管中逸出的光电子在向阳极加速运动的过程中，会撞击惰性气体原子并使其电离，产生正、负离子，因而在同样光通量的照射条件下光电流增大，光电管灵敏度增加。

光电管的基本特性主要有伏安特性、光照特性和光谱特性。

1）光电管的伏安特性是指在光通量一定时，光电管阴极和阳极间所加电压 U 与产生的光电流 I_A 之间的关系，真空光电管的伏安特性曲线如图 8-5 所示。

由特性曲线可知，当照射光的光通量一定时，光电流先是随所加电压的升高而增大；当电压增大到一定值后，光电流就基本保持恒定，此时的光电流为饱和电流，相应的电压为饱和电压。当所加电压一定时，饱和电流就随照射光光通量的增大而增大。

2）光电管的光照特性是指在阳极与阴极之间所加电压一定时，光通量 φ 与光电流 I_A 之间的关系。氧铯阴极光电管的光照射特性曲线如图 8-6 所示。

氧铯阴极光电管的光电流与光通量呈线性关系，而有些阴极材料的光电管的光电流与光通量呈非线性关系，如锑铯阴极材料等。光照特性曲线的斜率反映了光电管的灵敏度。

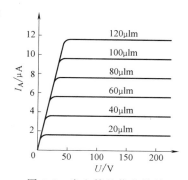

图 8-5 光电管的伏安特性

3）光电管的光谱特性是指在保持光通量和电压不变的情况下，光电流 I_A 与照射光波长 λ 之间的关系。阴极材料不同的光电管有着不同的红限频率 γ_0，因此用于不同的光谱范围。

另外，在光照强度相同时，同一光电管对不同频率的照射光的灵敏度不同。图 8-7 所示为不同阴极材料光电管的光谱特性曲线。

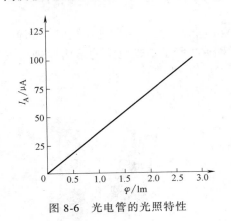

图 8-6　光电管的光照特性

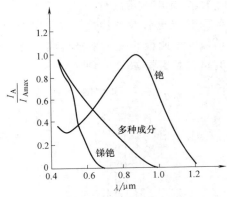

图 8-7　光电管的光谱特性

（2）光电倍增管及其特性　当光照很弱时，普通光电管产生的光电流很小，不容易探测，此时可采用光电倍增管对光电流进行放大处理。光电倍增管由光电阴极 K、倍增电极 D 和阳极 A 等部分组成。其结构原理如图 8-8 所示，图 8-9 是其实物图。

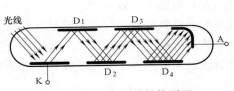

图 8-8　光电倍增管结构原理

图 8-9　光电倍增管实物图

倍增电极有多级，上面涂有在电子轰击下能发射更多电子的材料。当照射光照射到阴极 K 上时，产生的光电子首先由阴极与倍增极 D_1 之间的电场加速，并轰击倍增极 D_1，引起二次电子发射，产生更多的次级电子；次级电子再经 D_1、D_2 间的电场加速后，轰击倍增极 D_2，电子数又进一步成倍增加；如此不断倍增，最后由阳极收集到的电子数能达到阴极发射电子数的几万倍到几百万倍之多。因此，很微弱的光照也能产生很大的光电流。

光电倍增管的主要特性参数有倍增系数、灵敏度、暗电流和光照特性。

1）倍增系数用 M 表示，它等于 n 级倍增极的二次电子发射系数 v 的乘积。如果各级倍增极的 v 都相同，则光电倍增管的阳极电流 I_A 与阴极电流 I_K 的关系为

$$I_A = I_K M = I_K v^n \tag{8-5}$$

光电倍增管的倍增系数也就是电流放大倍数，它与极间所加电压有关，一般情况下，相邻两级倍增电极间的电位差为 50～100V，阳极与阴极之间的电压为 1000～2500V。

2）灵敏度反映了阴极材料对照射光的灵敏程度和倍增极的倍增特性，它等于阳极输出电流与照射光光通量之比。

3）由于环境温度、热辐射等因素的影响，即使没有光照输入，给光电管加上电压后阳极仍会出现电流（一般为 $10^{-16} \sim 10^{-10}$ A），这种电流称为暗电流。暗电流通常可以用补偿电

路消除。需要注意的是，一般应在暗室里避光使用光电倍增管，使其只对照射光起作用。

4) 光电倍增管的光照特性反映了阳极输出电流与照射在阴极上的光通量之间的关系。对于较好的光电倍增管，其光照特性与相同光电材料的光电管的光照特性相似。

2. 内光电效应器件

（1）光敏电阻及其特性　光敏电阻是基于半导体的光电导效应制成，其结构原理与连接电路如图 8-10 所示，图 8-11 是光敏电阻实物图。

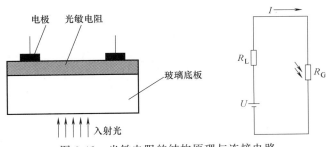  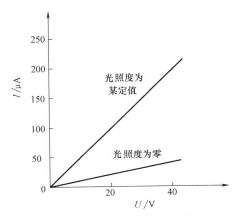

图 8-10　光敏电阻的结构原理与连接电路　　　　图 8-11　光敏电阻实物图

由于光电导效应，光敏电阻在受到光照后导电性能增强，电阻值 R_G 下降，所以流过负载电阻 R_L 的电流及其两端电压随之增大。若光照停止，则光电效应随即消失，电阻恢复原有数值。

光敏电阻的主要参数有暗电阻、明电阻、光电流，其基本特性包括伏安特性、光照特性、光谱特性、响应时间与频率特性、温度特性等。

1) 光敏电阻在室温、全暗环境下的电阻值称为暗电阻，此时流过的电流称为暗电流；光敏电阻在光照情况下的电阻值称为明电阻，此时流过的电流称为明电流。明电流与暗电流之差即为光电流。同一光敏电阻的暗电阻越大、明电阻越小，即暗电流越小、明电流越大，其灵敏度就越高，性能也越好。

2) 光敏电阻的伏安特性是指在一定光照下，加在光敏电阻两端的电压 U 与流过的电流 I 之间的关系。在一定的光照度下，所加的电压越大则光电流也越大，而且无饱和现象。图 8-12 所示曲线分别表示光照度为零及光照度为某定值时的伏安特性。但应注意，任何光敏电阻都有其额定功率最大值，使用时不能超出其允许的功耗。

3) 光敏电阻的光照特性是指在一定电压下的光电流与光照度之间的关系，不同类型光敏电阻的光照特性是不同的，绝大多数光敏电阻的光照特性曲线是非线性的。图 8-13 所示为硫化镉光敏电阻的光照特性曲线。

4) 光敏电阻的光谱特性是指光敏电阻的相对灵敏度 k_r 与照射光波长 λ 之间的关系，对于不同波长的照射光，其相对灵敏度是不同的。图 8-14 所示为硫化铅、硫化镉、硒化镉光敏电阻的光谱特性曲线。由此可知，在选用光敏电阻时，应把光敏电阻的材料和照射光源的种类结合起来考虑。

图 8-12　光敏电阻的伏安特性

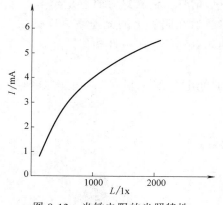

图 8-13　光敏电阻的光照特性

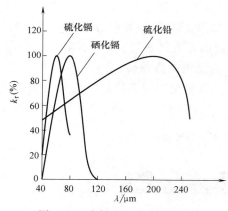

图 8-14　光敏电阻的光谱特性

5）光敏电阻的响应时间与频率特性。当光敏电阻受到脉冲光照射时，光电流要经过一段时间才能达到稳定值，而在停止光照后，光电流也要经过一段时间才能逐渐变为零，即光电流的变化滞后于光的变化，这种现象称为光电导的弛豫现象。通常用响应时间表示这种现象，以反映光敏电阻对光信号的响应快慢。相同材料的光敏电阻，光照越强，响应时间越短。

光敏电阻的响应快慢，还与照射光的脉冲频率有关，称为光敏电阻的频率特性。不同材料的光敏电阻，其频率特性差别比较明显。图 8-15 所示为硫化铅光敏电阻和硫化镉光敏电阻的频率特性曲线。

6）光敏电阻的温度特性不仅体现在其灵敏度和暗电阻随着温度的升高而下降，而且其光谱特性曲线也随温度的变化而变化。图 8-16 所示为硫化铅光敏电阻的光谱特性受温度的影响情况，其相对灵敏度 k_r 的峰值随温度的升高向波长短的方向移动。

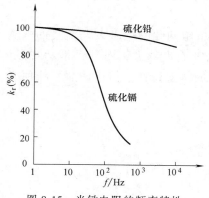

图 8-15　光敏电阻的频率特性

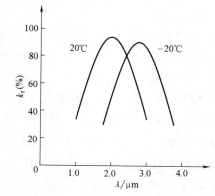

图 8-16　光敏电阻的温度特性

科普之窗
与气候一起变化：能源

（2）光电池及其特性　光电池是利用光生伏特效应将光能转换成电能的器件（扫描右侧二维码观看光电能源相关视频）。光电池的种类很多，最常用的是硅光电池和硒光电池。光电池具有较大面积的 PN 结，当光照射在 PN 结上时，则 PN 结的两端会产生电动势。图 8-17 所示为硅光电池的结构原理与连接电路，图 8-18 为其实物图（扫描右侧二维码观看相关视频）。

科普之窗
中国创造：
超级镜子发电站

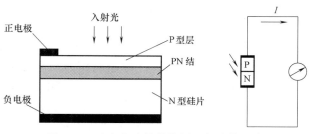

图 8-17 硅光电池的结构原理与连接电路

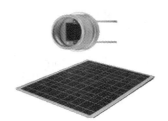

图 8-18 硅光电池实物图

当光照射到 PN 结上时，若将外电路断开，就可测出光生电动势；若将 PN 结两端用导线连接起来，电路中就会有电流流过，电流的方向由 P 区流经外电路至 N 区。

光电池的基本特性包括光照特性、负载特性、光谱特性、频率特性和温度特性等。

1）硅光电池的光照特性曲线如图 8-19 所示。其中，开路电压曲线表示光生电动势与光照度之间的关系，在光照度为 2000lx 时趋向饱和。短路电流曲线表示光电流与光照度之间的关系。

2）负载对光电池输出性能的影响如图 8-20 所示。光电池以电源形式使用时，需要接负载电阻，其负载电流与入射光光照度不再呈线性关系；负载阻值越小，光电流与光照度之间的线性关系越好，线性范围也越大。

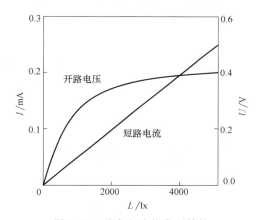

图 8-19 硅光电池的光照特性

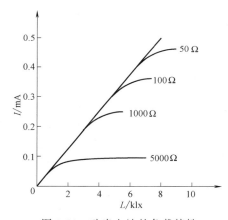

图 8-20 硅光电池的负载特性

3）光电池的光谱特性受光电材料影响，图 8-21 所示为硅光电池和硒光电池的光谱特性曲线。可以看出，硒光电池在可见光范围内有较高的灵敏度，光电流相对灵敏度 k_r 的峰值对应的波长在 540nm 附近，因此其适宜于可见光。硅光电池适用的波长范围为 $400 \sim 1100$nm，光电流相对灵敏度 k_r 的峰值对应的波长在 850nm 附近，因此其可在较宽的光谱范围内应用。

4）光电池的频率特性就是指输出光电流的相对灵敏度 k_r 与光照度变化频率 f 之间的关系。由于光电池 PN 结面积较大，极间电容大，故频率特性不理

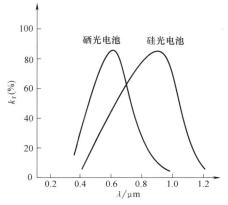

图 8-21 硅光电池的光谱特性

135

想。图 8-22 所示为硒光电池和硅光电池的频率特性曲线,硅光电池的频率响应较好,硒光电池则较差。

5)光电池的温度特性反映了其开路电压和短路电流随温度变化的关系。图 8-23 所示为硅光电池在光照度为 1000lx 时的 0~100℃ 范围内的温度特性曲线,开路电压与短路电流均随温度而变化,且会出现温度漂移,精度下降。因此,当光电池作为测温器件使用时,需采取温度补偿措施。

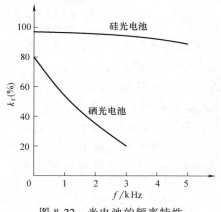

图 8-22 光电池的频率特性

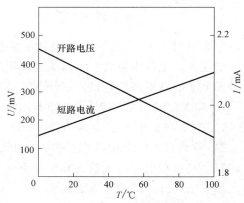

图 8-23 硅光电池的温度特性

(3)光电二极管及其特性 光电二极管是基于内光电效应制成,其结构与普通二极管相似,只是光电二极管的管壳上开有玻璃窗口,光线能集中照射在 PN 结上。工作中的 PN 结一般处于反向偏置状态,其结构原理与连接电路如图 8-24 所示。图 8-25 为光电二极管实物图。

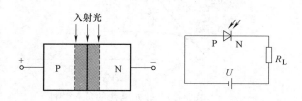

图 8-24 光电二极管的结构原理与连接电路

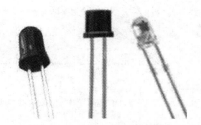

图 8-25 光电二极管实物图

没有光照时,光电二极管的反向电阻很大,反向电流很小,只有少数载流子在反向偏置电压的作用下越过阻挡层形成微小的电流,称为暗电流;有入射光照射 PN 结时,PN 结内激发产生大量光生电子-空穴对,在电场作用下,流过 PN 结的反向电流随着光照度的增大而急剧增加,此时的反向电流称为光电流。

1)硅光电二极管光电流与光照度之间的关系曲线如图 8-26 所示,近似为线性。

2)硅光电二极管在不同光照度下的伏安特性曲线如图 8-27 所示,其中,横坐标为所加反向电压。电压不变时,反向光电流随着光照度的增大而增大,在不同光照度下的伏安特性曲线几乎是平行的。

3)硅和锗光电二极管的光谱特性曲线如图 8-28 所示。当入射光照射光电二极管 PN 结

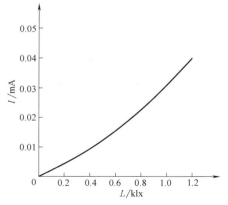

图 8-26　硅光电二极管的光照特性

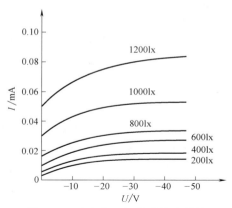

图 8-27　硅光电二极管的伏安特性

时，不同的光波长对应的光电流相对灵敏度 k_r 不同，并存在峰值光波长。

（4）光电三极管及其特性　光电三极管结构与普通晶体三极管相似，不同之处是光电三极管必须有一个对光敏感的 PN 结作为感光面。用 N 型硅材料为衬底制作的光电三极管为 NPN 型，用 P 型硅材料为衬底制作的光电三极管为 PNP 型。图 8-29 所示为 NPN 型光电三极管结构原理与连接电路，图 8-30 为其实物图。

光电三极管一般用集电结作为光照 PN 结，相当于是在基极和集电极之间接有光电二极管的普通三极管。

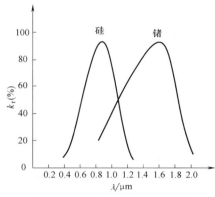

图 8-28　光电二极管的光谱特性

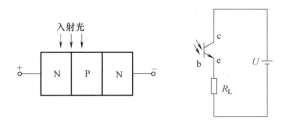

图 8-29　光电三极管的结构原理与连接电路

图 8-30　光电三极管实物图

对于 NPN 型光电三极管，当集电极加上相对于发射极为正的电压且基极不接线时，集电结承受反向偏置电压，此时，光线照射在基区就会激发产生电子-空穴对，在反向偏置的 PN 结势垒电场作用下，自由电子向集电区（N 区）移动并被集电极所收集，空穴流向基区（P 区），部分被正向偏置的发射结发出的自由电子填充，这样就形成一个由集电极到基极的光电流，相当于普通晶体三极管的基极电流。同时，空穴在基区的积累提高了发射结的正向偏置电压，发射区的多数载流子（电子）穿过基区向集电区移动，在外电场的作用下形成集电极电流，且集电极电流为基极电流的 β 倍。

由此可知，光电三极管的工作过程包括光电转换与光电流放大两部分。

8.1.3　光电元件的基本应用电路

1. 光敏电阻的基本应用电路

光敏电阻的基本应用电路如图 8-31 所示。对如图 8-31a 所示电路，没有光照时光敏电阻 R_G 很大，电流在负载 R_L 上的压降很小；有光照射时，R_G 随着光照度的增大而减小，输出电压 U_o 随之增加。图 8-31b 所示电路则正好相反。

2. 光电二极管的基本应用电路

光电二极管的基本应用电路如图 8-32 所示。利用反相器可将光电二极管的输出电压转化成 TTL 电平。需要注意的是，在使用光电二极管时，须反向连接。

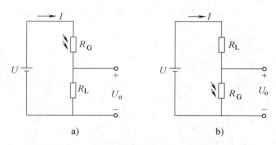
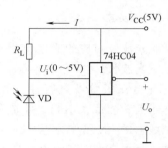

图 8-31　光敏电阻的基本应用电路
a) 输出与光照趋势相同　b) 输出与光照趋势相反

图 8-32　光电二极管的
基本应用电路

3. 光电三极管的基本应用电路

光电三极管的基本应用电路如图 8-33 所示。其中，射极输出电路的输出电压变化与光照度变化趋势相同，而集电极输出电路的输出电压变化趋势恰好相反。

4. 光电池的基本应用电路

为了使光电池的输出光电流与光照度呈线性关系，光电池的负载阻值必须趋近于零，光电池的基本应用电路如图 8-34 所示，为光电池的短路电流测量电路。

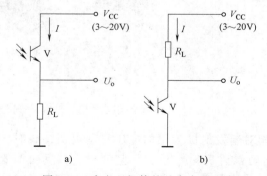
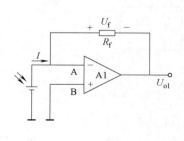

图 8-33　光电三极管的基本应用电路
a) 射极输出　b) 集电极输出

图 8-34　光电池的基本应用电路

由于运算放大器的放大倍数趋向无穷大，所以 U_{AB} 趋近于零，A 点为虚地零点。从光电池的角度看，相当于 A 点对地短路，所以负载特性属于短路电流性质。又因为运放的反

相端输入电流 I_A 趋近于零，则有

$$U_{o1} = -U_f = -IR_f \tag{8-6}$$

由此可知，电路的输出电压与光电流成正比，实现了电流-电压的转换。

8.1.4　光电元件用于测量

当光通量随被测参数变化时，光电元件输出的光电流也就成为被测参数的函数。光电元件的测量方式如图 8-35 所示。

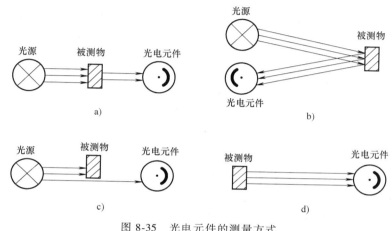

图 8-35　光电元件的测量方式
a）吸收式　b）反射式　c）遮光式　d）辐射式

吸收式测量：被测物放置在光通路中，光源发出的光部分由被测物吸收，剩余的投射到光电元件上，光通量减少的多少与被测物的透明度有关。该方式常用于浑浊度的测量。

反射式测量：光源发出的光投射到被测物上，被测物把部分光反射至光电元件，反射光的光通量取决于被测物表面的性质、状态及其与光源之间的距离等。该方式可用于表面粗糙度测量。

遮光式测量：被测物遮挡一部分光源发出的光，使作用在光电元件上的光通量减少，其减少的程度与被测物在光通路中的位置有关。该方式可用于测量物体的位置或位移。

辐射式测量：被测物就是光辐射源，它可以直接照射在光电元件上，也可以经过一定光路后作用在光电元件上。该方式可用于光辐射源的温度测量。

8.1.5　光电开关

1．光电开关原理

光电开关常用于检测物体的靠近或遮挡，其输出有两种稳态，即通与断的开关状态。当物体经过由光源和光电元件构成的光通路时，会对光线发生遮挡，使光通路出现通断状态变化，光电流随之出现通断状态变化，相应输出高、低电平脉冲。光电开关的测量原理和实物分别如图 8-36 和图 8-37 所示。

2．光电开关应用

（1）光电式转速计　光电式转速计是利用光电元件将光脉冲变成电脉冲的器件。由光

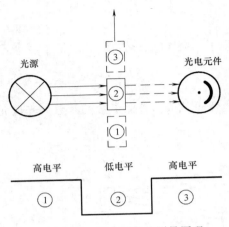

图 8-36 光电开关的测量原理

图 8-37 光电开关实物图

电元件构成的转速计分反射式和直射式两种。

1）反射式光电转速计的结构原理如图 8-38 所示。

在旋转被测物的转轴上沿轴线方向涂上黑白相间的标志，做成一段反射面（白）与吸收面（黑）相间的涂层。光源发射的光线经过透镜后变成平行光并照射在半透明膜片上，其中一部分光线透过膜片，另一部分光线被反射，被反射的这部分光线再经过透镜而聚焦，并照射在转轴黑白相间的涂层上。当轴转动时，白色反射面会将光线反射，黑色吸收面则不反射，反射光又经透镜照射在半透明膜片上，透过半透明膜片的光线经透镜聚焦后，照射在光电元件上，产生光电流，形成电脉冲。由于转轴黑白相间，光电元件产生的电脉冲与转速成正比，通过对电脉冲信号进行计数，即可求得旋转被测物的转速。图 8-39 为某型手持反射式光电测速表实物图。

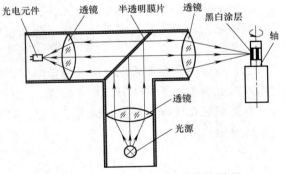

图 8-38 反射式光电转速计结构原理

图 8-39 反射式光电测速表实物图

2）直射式光电转速计的结构原理如图 8-40 所示。

在安装于旋转被测物转轴上的圆盘上，刻有一系列规则的小孔，在圆盘的一边放置光源，另一边配置光电元件，圆盘随转轴转动。当光线通过间隔的小孔照射至光电元件上时，光电元件就产生光电脉冲。在转轴连续转动时，光电元件输出电脉冲的频率与转速成正比，通过对电脉冲信号进行计数，同样可以获得旋转被测物的转速。

（2）安全光幕 安全光幕控制系统主要由投光器、受光器、控制器及外围设备等组成，主要用于安全防护，系统结构如图 8-41 所示。

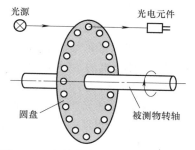

图 8-40　直射式光电转速计结构原理

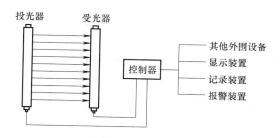

图 8-41　安全光幕控制系统结构

投光器发射调制光，受光器接收，形成安全光幕。当有物体进入光幕时，就会有光线被遮挡，受光器电路立即输出响应信号，通过信号电缆传输到控制器并控制设备的制动或其他设备的报警。

8.2　固态图像传感器

固态图像传感器是指由在同一半导体衬底上分布的若干光敏元与移位寄存器构成的集成化光电器件。光敏元简称为"像素"，它们自身在空间上、电气上是彼此独立的。固态图像传感器利用光敏元的光电转换功能，将投射到光敏元上的光学图像转换成电信号"图像"，即将光照的空间分布转换成与光照度成比例的电荷包空间分布（扫描右侧二维码观看相关视频）。然后，利用移位寄存器的功能，将这些电荷包在时钟脉冲控制下实现读取与输出，形成时序脉冲序列电信号。常用的固态图像传感器是电荷耦合器件（CCD，Charge Coupled Device）。

科普之窗
中国创造：脑图谱

8.2.1　CCD 的结构和基本原理

CCD 不同于以电流或电压作为信号的器件，它是以电荷作为信号并以电荷包的形式来存储和传递信息的半导体表面器件，具有光电信号转换、存储、转移及读出信号电荷的功能。一个完整的 CCD 由光敏元阵列、转移栅、读出移位寄存器及其辅助输入、输出电路组成。它的基本单元就是 MOS 电容器，即光敏元。一个光敏元感应一个像素点，若测量中需要有 1024×256 个像素点，就需要同样多的光敏元。

1. MOS 光敏元

P 型 MOS 光敏元的结构原理如图 8-42 所示。它是以 P 型硅半导体做衬底，上面覆盖一层 SiO_2，再在 SiO_2 表面沉积一层金属电极而制成的 MOS 电容转移器件，这样就构成了金

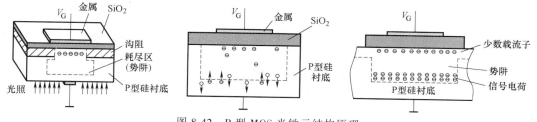

图 8-42　P 型 MOS 光敏元结构原理

属-氧化物-半导体结构元，即 MOS 光敏元。

当对电极加正电压时，在电场的作用下，电极下方的 P 型硅衬底区域里的空穴被推开，从而形成一个带负电荷的耗尽区，对带负电的电子而言，这是一个势能很低的区域，称为势阱，是积累电荷的区域，电子一旦进入就被俘获。势阱的深度与所加电压的大小近似成正比。若此时有光线照射到半导体硅片上，则半导体硅片内就产生光生电子-空穴对，其中光生电子被势阱吸收，而空穴则被电场排斥出耗尽区进入衬底，势阱所吸收的光生电子数量与照射到势阱附近的光照度成正比。因此，势阱中电子数目的多少反映了光的强弱，也代表了图像的明暗程度。把一个势阱所收集的若干光生电荷称为一个电荷包。

通常在半导体硅片上制出数百至数千个相互独立的 MOS 光敏元，它们成线阵或面阵排列。在金属电极上施加正电压时，半导体硅片上就形成数百至数千个相互独立的势阱。如果照射在这些光敏元上的是一幅明暗起伏的光照度图像，那么通过这些光敏元就可以将其转换成一幅与光照度相对应的光生电荷图像。

2. 电荷转移

CCD 的基本结构是 MOS 光敏元阵列，它们使用同一半导体衬底，排列足够紧密，以至于相邻的势阱相互耦合。氧化层均匀、连续，相邻金属电极的间隔很小，任何可移动电荷都将向表面势大的位置移动。

若两个相邻 MOS 光敏元所加的电压分别为 U_{G1}、U_{G2}，且 $U_{G1}>U_{G2}$，则 U_{G1} 光敏元比 U_{G2} 光敏元吸引电子的能力强，形成的势阱深，如图 8-43 所示。于是，2 处的电子具有向 1 处转移的趋势。如果串联多个光敏元，且使 $U_{G1}>U_{G2}>\cdots>U_{Gn-1}>U_{Gn}$，就会形成一条电子转移通道。

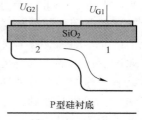

图 8-43　电荷转移示意图

MOS 光敏元的电荷转移是通过在电极上施加不同的电压（称为驱动脉冲）来实现的，这样的电荷定向转移控制类似于对步进电动机的步进控制。CCD 通常有二相、三相和四相电极结构形式，所施加的电压脉冲也分为二相、三相和四相形式。图 8-44 所示为三相控制方式的电极分组结构示意图。

三相控制方式中，把 MOS 光敏元的所有电极每三个分为一组，每组中的三个电极依次施加 Φ_1、Φ_2、Φ_3 三相驱动脉冲电压，Φ_1、Φ_2、Φ_3 的幅值大小相同，相位依次错开，如图 8-45 所示。

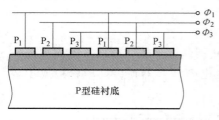

图 8-44　三相控制方式的电极分组结构

原理动画

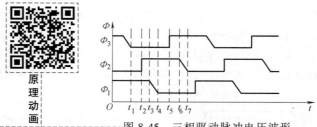

图 8-45　三相驱动脉冲电压波形

在 $t=t_1\sim t_2$ 时刻，Φ_1 为高电平，Φ_2、Φ_3 为低电平，P_1 极下形成势阱，信息电荷存储其中；在 $t=t_2\sim t_3$ 时刻，Φ_1、Φ_2 为高电平，Φ_3 为低电平，P_1、P_2 极下都形成势阱。由于 P_1、P_2 两极下势阱间的耦合，原来在 P_1 极下势阱中的电荷将在 P_1、P_2 两极下分布；$t=t_3\sim t_4$ 时刻，是 P_1 极的电平逐渐恢复为低电平的过程，其极下势阱深度逐渐减小，电荷从 P_1 极

下逐渐向 P_2 极下的势阱中转移；$t=t_4 \sim t_5$ 时刻，Φ_2 为高电平，Φ_1、Φ_3 为低电平，P_1 势阱中的电荷全部转移到 P_2 极下的势阱中；$t=t_5 \sim t_6$ 时刻，Φ_2、Φ_3 为高电平，Φ_1 为低电平，P_2、P_3 极下都形成势阱。由于 P_2、P_3 两极下势阱间的耦合，原来在 P_2 极下势阱中的电荷将在 P_2、P_3 两极下分布；$t=t_6 \sim t_7$ 时刻，Φ_1 为低电平，Φ_3 为高电平，Φ_2 也由高电平逐渐恢复为低电平，P_2 极下势阱中的电荷也逐步转移到 P3 极下的势阱中。如此控制，最终 P_1 下的电荷转移到 P_3 下。在三相脉冲的控制下，信息电荷不断向右转移，直到最后依次向外输出。电荷的转移过程如图 8-46 所示。

3. 电荷输出

用二极管输出电荷方式如图 8-47 所示。在阵列末端的衬底上，扩散生成输出二极管，当输出二极管加上反向偏置电压时，就在结区内产生耗尽层。当信号电荷在脉冲电压作用下移向输出二极管，并在输出栅极 OG 的电压作用下转移至输出耗尽区内时，信号电荷就会作为二极管的少数载流子而形成反向脉冲电流 I_o。输出电流 I_o 大小与信号电荷多少成正比，并通过负载电阻 R_L 转化为电压信号 U_o 输出。

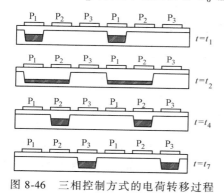

图 8-46　三相控制方式的电荷转移过程

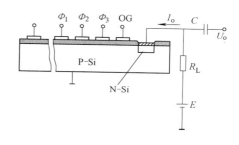

图 8-47　二极管电荷输出方式

8.2.2　线阵 CCD 图像传感器

线阵 CCD 图像传感器由线阵光敏区、转移栅、移位寄存器、偏置电荷电路、输出栅和信号读出电路等组成，用于获取线性图像。线阵 CCD 图像传感器结构如图 8-48 所示，有单侧传输和双侧传输两种形式。

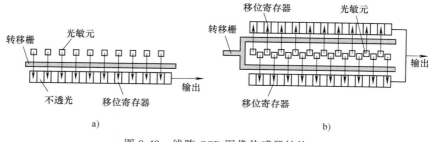

图 8-48　线阵 CCD 图像传感器结构
a）单侧传输　b）双侧传输

1）单侧传输形式中，感光区由一列光敏元组成，转移栅与移位寄存器组成传输区。当光照射感光区时，光照产生的信号电荷存储于光敏元，接通转移栅后，信号电荷转移至移位寄存器中；当转移完成后关闭转移栅，并在移位寄存器上加驱动脉冲电压，则移位寄存器输出端依次输出光生信号电荷。

2）线阵 CCD 图像传感器多采用双侧传输结构形式，它是将两组移位寄存器平行地配置在感光区两侧。感光区单、双数光敏元中的信号电荷分别转移至不同侧的移位寄存器中，在驱动脉冲电压作用下移动输出，并在输出端交替合并形成原来光生信号电荷的顺序。双侧传输虽复杂，但信号电荷转移效率较高，损耗较小。

8.2.3 面阵 CCD 图像传感器

面阵 CCD 图像传感器中的光敏元排列成平面矩阵形式，图 8-49 所示为三种典型结构。

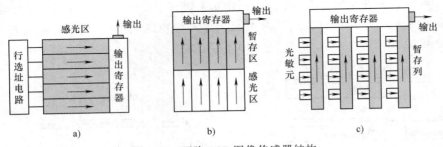

图 8-49 面阵 CCD 图像传感器结构

a）行选址 b）帧传输 c）行间传输

1）行选址形式是由行扫描选址电路、感光区、输出寄存器组成。感光区的信号电荷由行选址电路逐行通过输出寄存器转移至输出端，输出信号电荷再由信号处理电路转换为视频图像信号。

2）帧传输形式是由感光（面阵）区、暂存区（面阵）和输出寄存器组成。感光区的信号电荷先迅速转移到暂存区，再从暂存区逐行地通过输出寄存器转移至输出端，输出的是一帧信号。

3）行间传输是用得最多的一种形式，其中的光敏元与存储元相间排列，即一列光敏元与一列存储元交替排列。感光区的信号电荷同时转移至各自相邻的存储元暂存，再从暂存列逐行地通过输出寄存器转移到输出端，在输出端得到的是与光照度图像对应的一行又一行的视频信号。

8.2.4 图像传感器的应用

1. 工件尺寸检测

由于 CCD 传感器分辨率高且灵敏度强，可用于物体位置、工件尺寸的精确测量，以及工件缺陷的检测。图 8-50 所示为线阵 CCD 传感器检测工件直径的工作原理。

光源产生的平行光投射到工件上，然后由成像透镜成像至线阵 CCD；CCD 输出的串行脉冲信号经过整形、反相后与时钟脉冲 CP 相"与"，则与门输出系列电脉冲；最后由计数器对其进行计数。根据脉冲数与 CCD 的技术指标，就可以计算出工件直径。

假设采用 2048 位线阵 CCD，其线长为 28.672mm，时钟脉冲频率与 CCD 串行输出信号

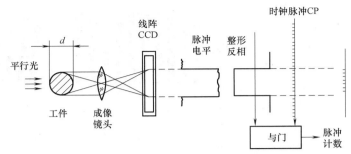

图 8-50　工件尺寸检测原理

脉冲频率相同。如果脉冲计数结果为 120，则工件直径为

$$d = \frac{28.672}{2048} \times 120 \, \text{mm} = 1.68 \, \text{mm}$$

2. 文字图像识别

图 8-51 所示为光学文字图像识别系统工作原理。光学镜头将文字图像聚焦到图像传感器光敏元上，传感器以逐行扫描的方式把文字图像依次读出，转换成电信号，再经过信号放大和 A/D 转换，转化后的二进制信号通过前置信号处理，使文字更加清晰。然后提取文字特征并与文字库中的字样进行比较，识别出相应的文字。

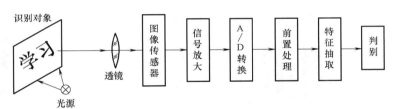

图 8-51　文字图像识别原理

8.3　光栅传感器

光栅按工作原理和用途可分为物理光栅和计量光栅。物理光栅是利用光的衍射现象分析光谱和测定波长；而计量光栅则是利用光栅的莫尔条纹现象实现位移的精密测量，也可用于测量与长度或角度有关的其他物理量，如速度、加速度、振动等。光栅传感器就属于计量光栅。

8.3.1　计量光栅的结构

1. 光栅

光栅是在镀膜玻璃片或金属薄片上均匀刻制一系列明暗相间、等间距分布的细小条纹（栅线）的光学器件，其栅线结构如图 8-52 所示。

其中，a 为不透光的栅线宽度；b 为可透光的栅线缝隙宽度，一般情况下取 $a=b$；$W = a+b$，称为光栅的栅距，也称光栅常数；γ 为圆光栅相邻栅线间的夹角，称为栅距角或节距角。

2. 计量光栅的结构类型

根据刻制光栅材料的不同，光栅可分为金属光栅和玻璃光栅；根据用途的不同，光栅又可分为长光栅与圆光栅。

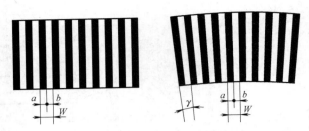

图 8-52　光栅的栅线结构

（1）长光栅　在长条形直尺上制成的光栅称为长光栅，也称为光栅尺，其栅线互相平行，如图 8-53 所示。一般以每毫米长度内的栅线数（即栅线密度）来表示长光栅的特性。长光栅通常用于测量长度或直线位移。

根据栅线型式的不同，长光栅分为黑白光栅和闪耀光栅。黑白光栅是对入射光波的振幅或光照度进行调制的光栅，又称振幅光栅。闪耀光栅是对入射光波的相位进行调制的光栅，也称相位光栅。振幅光栅的栅线密度一般为 20～125 线/mm，相位光栅的栅线密度通常在 600 线/mm 以上。大部分光栅传感器都采用振幅光栅。

（2）圆光栅　在圆盘上刻制而成的光栅称为圆光栅，也称为光栅盘，如图 8-54 所示。圆光栅的特征一般以一整个圆周上的刻线数或栅距角 γ 来表示。圆光栅通常用来测量角度、角速度或角位移。

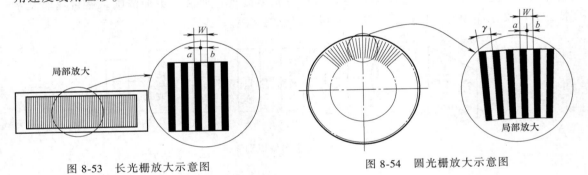

图 8-53　长光栅放大示意图　　　　图 8-54　圆光栅放大示意图

8.3.2　莫尔条纹

1. 莫尔条纹

若将两块栅距相同的长光栅重叠放置，且使它们的栅线相交一个微小的夹角 θ，用光照射重叠的光栅尺时，由于遮挡和光衍射现象，在光栅背面屏幕上与光栅栅线大致垂直的方向，出现比栅距 W 宽得多的明暗相间的条纹 $a—a$、$b—b$，这些条纹称为莫尔条纹。如图 8-55 所示，1 是主光栅，2 是指示光栅，α 为莫尔条纹的倾斜角，θ 为两光栅的栅线夹角，B_{H} 是莫尔条纹的宽度。

在 $a—a$ 线上，两光栅的栅线相互重叠，光线从狭缝中通过，形成亮带；在 $b—b$ 线上，两光栅的栅线彼此错开，相互遮挡了缝隙，光线不能通过，形成暗带。由于 θ 角很小，莫尔条纹的方向近似与栅线方向垂直，故又称为横向莫尔条纹。

由图可知，横向莫尔条纹的斜率为

$$\tan\alpha = \tan\frac{\theta}{2}$$

（8-7）

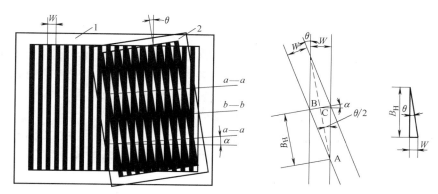

图 8-55 长光栅的横向莫尔条纹

长光栅横向莫尔条纹的宽度为

$$B_\mathrm{H} = AB = \frac{BC}{\sin\dfrac{\theta}{2}} = \frac{W}{2\sin\dfrac{\theta}{2}} \approx \frac{W}{\theta} \tag{8-8}$$

由此可知,莫尔条纹的宽度 B_H 由 W 和 θ 决定。对于 W 固定的两片光栅,θ 越小,条纹宽度 B_H 越大,即条纹越稀。因此,通过调整夹角 θ,可获得任意宽度的莫尔条纹。

2. 莫尔条纹特性

通过对莫尔条纹形成机理的分析可知,莫尔条纹具有以下特性。

(1)运动对应关系 莫尔条纹与光栅在移动量与移动方向上有着严格的对应关系。在如图 8-55 所示情况下,当主光栅向左(右)运动一个栅距 W 时,莫尔条纹向上(下)移动一个条纹宽度 B_H。所以,可以根据莫尔条纹的移动量和移动方向,来判定主光栅或指示光栅的位移量和位移方向。

(2)位移放大作用 若两光栅的栅距 W 相同、栅线夹角 θ 很小,从式(8-8)可明显看出,莫尔条纹具有位移放大作用,放大倍数近似为 $1/\theta$。两光栅夹角 θ 越小,放大倍数越大,测量灵敏度越高。

(3)误差平均效应 莫尔条纹是由光栅的大量栅线对入射光线共同作用的结果,对栅线的刻制误差有平均作用,几条刻线的栅距误差或断裂对莫尔条纹的位置形状几乎不产生影响。

8.3.3 光栅的光路

1. 光路组成

光栅的光路是由光源、透镜、主光栅、指示光栅和光电元件组成,如图 8-56 所示。

光源一般采用钨丝灯泡;透镜的作用是将光源发出的光转换成平行光;主光栅又称为标尺光栅,是测量的基准,其有效长度由测量的范围决定;指示光栅要比主光栅短,其长度只要能产生测量所需的莫尔条纹即可;光电元件是用于将莫尔条纹的明暗强弱的变化转换为电

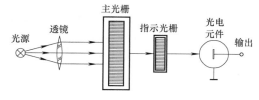

图 8-56 投射光栅光路

量输出，一般采用光电池或光电三极管。

2. 作用原理

根据莫尔条纹的形成原理，当莫尔条纹的亮带出现时，相应的光电元件能收到一个光照度较大的信号，而暗带出现时，则收到一个光照度较小的信号。在主光栅移动速度不变的情况下，信号的变化频率取决于光栅常数 W，这样就将光栅的位移信号 x 转换成变化的电信号。莫尔条纹与输出光照度之间的关系如图 8-57 所示。

每当光栅移动一个栅距，莫尔条纹就发生一次明暗变化，光电元件感受到的光照度近似按正弦规律变化一个周期，并转换成对应的光电压信号。光电压与光栅位移之间的关系如图 8-58 所示。

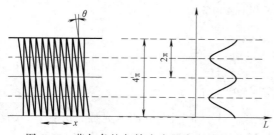
图 8-57 莫尔条纹与输出光照度之间的关系

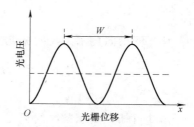
图 8-58 光电压与光栅位移之间的关系

输出的正弦波光电信号经整形电路和微分电路处理后变为电脉冲方波信号，送入计数器进行计数，计数值与栅距的乘积就是位移的大小。

8.3.4 辨向原理与细分技术

1. 辨向原理

在光栅传感器位移测量中，由于位移是矢量，除了要确定其大小，还应确定其方向。但是主光栅向左或向右移动时，在屏幕上出现的莫尔条纹都明暗交替地变化，用单独一路光电信号无法确定位移方向，因此需要两路有一定相位差的光电信号进行比较以获得位移方向。光栅与莫尔条纹运动方向间的关系及辨向光电元件安装位置如图 8-59 所示。

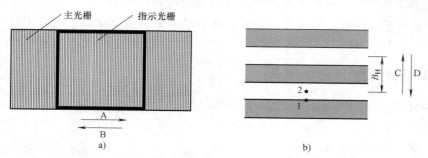
图 8-59 运动方向关系及元件安装位置

在相隔 1/4 莫尔条纹宽度的位置 1、2 处各放置一个光电元件，使两个光电元件产生的光电信号在相位上错开 90°。这样，两个光电元件就能输出相位互差 90° 的正弦波信号，然后再送至辨向电路进行处理。辨向电路原理如图 8-60 所示。

当主光栅沿 A 方向移动时，莫尔条纹向 D 方向移动，光电元件 2 比光电元件 1 先感受

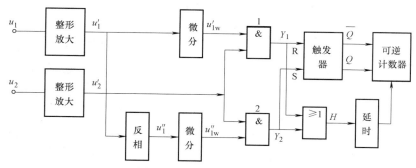

图 8-60 辨向电路原理框图

亮条纹，与门 2 无输出，而与门 1 输出一个正脉冲。此脉冲信号一方面使 RS 触发器置 0，使可逆计数器选择减法计数方式；另一方面通过或门并经延时电路后，作为计数脉冲送给可逆计数器使其做减法计数。当主光栅沿 B 方向移动时，莫尔条纹向 C 方向移动，光电元件 1 比光电元件 2 先感受亮条纹，此时与门 1 无输出，而与门 2 输出一个正脉冲。此脉冲信号一方面使得 RS 触发器置 1，从而使可逆计数器选择加法计数方式；另一方面通过或门并经延时电路后，作为计数脉冲送给可逆计数器使其做加法计数。

若规定 B 方向为位移正向，A 方向为位移反向，则当主光栅正（反）向移动时，输出的计数脉冲数就增加（减少），也就是被测量 x 值的增大（减小），最终实现运动方向的辨别。

2. 细分技术

为了增强光栅传感器分辨力，可在测量系统中采用细分技术。细分是指在一个栅距或一个莫尔条纹变化周期内发出 n 个脉冲信号，使计数脉冲频率提高为原来的 n 倍，也称 n 倍频。细分技术能在不增加光栅栅线数的情况下提高光栅传感器的分辨力。细分方法有多种，在此简单介绍常见的直接细分法。

直接细分又称为位置细分，是在一个莫尔条纹间隔内，放置若干个光电元件来接收同一莫尔条纹信号，从而得到多个不同相位的光电信号。常用的细分数为 4，即每两个光电元件之间的距离为 $B_H/4$，由此产生四个正弦波输出信号，实现四细分。这四个输出信号可表示为

$$u_1 = U_m \sin \frac{2\pi}{W} x = U_m \sin\beta \tag{8-9}$$

$$u_2 = U_m \sin\left(\frac{2\pi}{W} x - \frac{\pi}{2}\right) = -U_m \cos \frac{2\pi}{W} x = -U_m \cos\beta \tag{8-10}$$

$$u_3 = U_m \sin\left(\frac{2\pi}{W} x - \pi\right) = -U_m \sin \frac{2\pi}{W} x = -U_m \sin\beta \tag{8-11}$$

$$u_4 = U_m \sin\left(\frac{2\pi}{W} x - \frac{3\pi}{2}\right) = U_m \cos \frac{2\pi}{W} x = U_m \cos\beta \tag{8-12}$$

四细分也可以通过放置两个光电元件来实现。首先产生相位差为 90° 的两个信号，再对这两个信号取反，共形成四个相位依次相差 90° 的信号，如图 8-61 所示。将这四个信号经微分和辨向电路后送至可逆计数器，则主光栅在正向移动一个栅距时产生四个加法计数脉冲，

反向移动时则产生四个减法计数脉冲，从而实现四倍频细分。

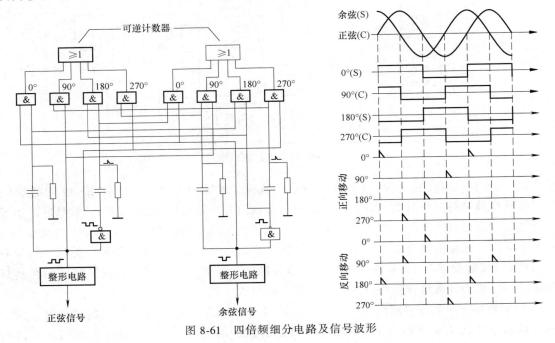

图 8-61　四倍频细分电路及信号波形

8.3.5　光栅传感器的应用

由于光栅具有测量准确度高等优点，因此在精密机床和仪器的精确定位，以及长度、振动和加速度的测量中得到广泛应用。

1. 线位移光栅数字测量系统

线位移光栅数字测量系统的组成原理如图 8-62 所示。

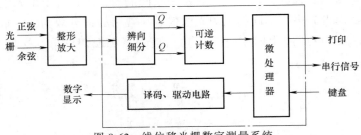

图 8-62　线位移光栅数字测量系统

线位移光栅数字测量应用于机床进给运动中，如图 8-63 所示。在机床操作时，由于用数字测量方式代替了传统的标尺刻度读数，因此加工准确度和加工效率能够得到明显提高。以横向运动为例，光栅读数头固定在横向移动台上，尺身固定在纵向移动台上，当横向移动台左右移动时，其移动的位移量（相对值或绝对值）可通过数字测量系统的显示器显示出来。同理，纵向移动台前后移动的位移量可按同样的方法来测量显示。

2. 角位移光栅数字测量系统

角位移光栅数字测量系统的组成原理如图 8-64 所示。图 8-65 为角位移数字光栅实物图。

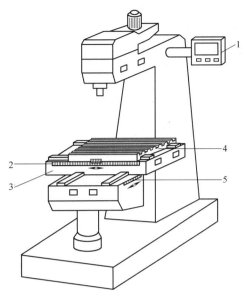

图 8-63 机床进给位置的光栅数字测量示意图

1—显示器　2—横向进给位置测量光栅　3—纵向移动台　4—横向移动台　5—纵向进给位置测量光栅

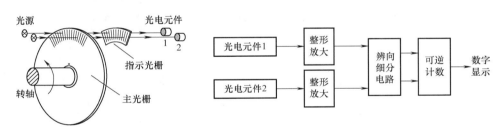

图 8-64 角位移光栅数字测量系统的组成原理

图 8-65 角位移数字
光栅实物图

角位移光栅数字测量系统中，主光栅用不锈钢圆片制成，与外接转轴相连并随轴转动。若主光栅条纹有 n 条（一般是数百条），则角位移分辨率为 $360°/n$。指示光栅固定，其上刻有两组与主光栅栅距相同的透光条纹（每组三条），指示光栅上的条纹与主光栅上的条纹成一微小角度 θ。两组条纹分别与两组红外发光二极管（光源）和光电晶体管（光电元件）相对应。当主光栅旋转时，产生的莫尔条纹明暗信号由光电晶体管接收，并在安装时使其产生的正弦光电信号的相位恰好相差 90°。光电信号经整形放大电路处理后，两者仍保持相差 1/4 周期的对应关系。再经过辨向细分电路，并根据旋转运动的方向来控制可逆计数器进行加法或减法计数，以计算转动的角位移。

8.4　光纤传感器

光纤作为光信号的传输介质，当受到如温度、压力、电场、磁场等变量的直接或间接影响时，其传输的光波特征参数（如光强、相位、频率）会发生变化，光纤传感器就是通过感知光波特征参数的变化来实现被测量的计量。光纤传感器可测量的变量很多，如位移、压力、温度、流量、速度、加速度、应变、磁场等。

8.4.1 光纤传感器的工作原理

1. 光纤

光纤是光导纤维的简称，是一种多层介质结构的同心圆柱体，包括纤芯、包层和保护层（涂覆层及护套），其结构如图 8-66 所示。图 8-67 为光缆实物图。

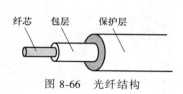

图 8-66　光纤结构

图 8-67　光缆实物图

光纤的核心部分是纤芯和包层，它们构成光信号的传输通路。纤芯的粗细、纤芯和包层材料的折射率决定了光纤传输的特性，而保护层用于维持光纤的机械强度。

纤芯的主要成分是高度透明的石英或玻璃等，直径约为 $5\sim75\mu m$，通过掺入微量的其他成分以提高纤芯材料的光折射率。多根光纤即构成光缆，光缆中的光纤少则几根，多则几千根，主要用于信息传输。

2. 光纤的传光原理

（1）不同介质的全反射条件　根据光学原理，当光线从折射率为 n_1 的光密介质以较小的入射角 θ_1 射向折射率为 n_2 的光疏介质时，一部分入射光以折射角 θ_2（$\theta_2 > \theta_1$）折射入光疏介质中，其余部分以反射角 θ_1 反射回光密介质，如图 8-68 所示。

入射角 θ_1、折射角 θ_2 以及折射率 n_1、n_2 之间的关系为

$$n_1\sin\theta_1 = n_2\sin\theta_2 \qquad (8\text{-}13)$$

当 θ_1 增大至 θ_c 时，$\theta_2 = 90°$，即折射光沿着光密介质与光疏介质的交界面传输，此时的 θ_c 称为临界角，其大小满足

$$\sin\theta_c = \frac{n_2}{n_1} \qquad (8\text{-}14)$$

因此，只要 $\theta_1 > \theta_c$，则入射光从光密介质射向光疏介质时就能实现全反射。

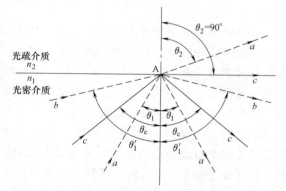

图 8-68　光的折射与反射

（2）光纤的全内反射条件　光纤正是基于光的全反射原理进行工作的，其纤芯采用光密介质，包层采用光疏介质。如图 8-69 所示，当入射光以入射角 θ_i 自光纤外的介质（折射率为 n_0，$n_0 < n_1$ 且不会产生反射现象）从光纤入射端面的纤芯层射入时，光线在端面发生折射并以折射角 θ' 进入纤芯层；然后在纤芯与包层的交界面处，光线以入射角 θ_k 入射，一部

分光以折射角 θ_r 进入包层中，另一部分光反射回纤芯。

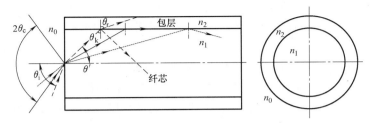

图 8-69　光在光纤中的传输原理

根据折射定律

$$\frac{\sin\theta_i}{\sin\theta'} = \frac{\sin\theta_i}{\cos\theta_k} = \frac{n_1}{n_0} \tag{8-15}$$

$$\frac{\sin\theta_k}{\sin\theta_r} = \frac{n_2}{n_1} \tag{8-16}$$

在光纤材料确定的情况下，n_1/n_0、n_2/n_1 均为定值。若减小 θ_i，则 θ' 也将减小，θ_k 相应增大，θ_r 也将增大。要满足光线在光纤内部能沿着纤芯与包层的交界面传输，即 $\theta_r = 90°$，θ_k 达到临界角。设此时对应的 θ_i 减小为 θ_c，由式（8-15）和式（8-16），可求得

$$\sin\theta_c = \sqrt{\frac{n_1^2 - n_2^2}{n_0^2}} \tag{8-17}$$

外界介质一般为空气，$n_0 = 1$，因此有

$$\sin\theta_c = \sqrt{n_1^2 - n_2^2} \tag{8-18}$$

$$\theta_c = \arcsin\sqrt{n_1^2 - n_2^2} \tag{8-19}$$

此时，θ_c 称为光纤的入射光全内反射临界入射角。

当入射角 θ_i 小于临界入射角 θ_c 时，光线就不会透过纤芯与包层的交界面，而能全部反射回纤芯内部，这就是光纤的全内反射条件。满足此条件时，入射到纤芯的光线不断地在纤芯与包层的交界面发生全反射并向前传播，最后从光纤的另一端面输出。

3. 光纤的主要特性

（1）数值孔径　由式（8-19）可知，θ_c 是产生全内反射的临界入射角，它只与折射率 n_1、n_2 有关。光纤光学中把 $\sin\theta_c$ 定义为光纤的数值孔径 NA，即

$$NA = \sin\theta_c = \sqrt{n_1^2 - n_2^2} \tag{8-20}$$

数值孔径反映光纤的集光能力，NA 越大，集光能力就越强，实现全内反射的入射角 θ_i 范围越大；NA 越大，光纤与光源的耦合也越容易，即在光纤端面，无论光源的发射功率有多大，只有 $2\theta_c$ 角度范围内的入射光才能被光纤接收、传输。但 NA 越大，光信号的畸变也越大，所以要适当选择 NA 的大小。

（2）损耗　设光纤入射端与输出端的光功率分别是 P_i 和 P_o，光纤长度为 L，则光纤的损耗（dB/km）可表示为

$$a = \frac{10}{L}\log_{10}\frac{P_i}{P_o} \tag{8-21}$$

光纤损耗包括吸收损耗和散射损耗。吸收损耗是由于物质对光的吸收作用会使传输的光能变成热能而损耗，光纤对不同波长光的吸收率不同。散射损耗是由光纤材料不均匀或几何尺寸缺陷引起的，光纤的弯曲导致光无法进行全反射而发生散射损耗，曲率半径越小，损耗越大。

（3）色散　当输入的光脉冲在光纤内传输时，由于光信号（脉冲）的不同频率成分或不同模式分量以不同的速度传播，因此其传输一定距离后必然产生信号失真（脉冲展宽），这种现象称为光纤的色散或弥散。光纤色散使传输的信号脉冲发生畸变，从而限制了光纤的传输宽度。

4. 光纤的分类

光纤按其横截面上材料折射率分布的不同，可分为阶跃型光纤和渐变型光纤。阶跃型光纤的纤芯折射率不随半径变化，但在纤芯与包层的交界面有突变；渐进型光纤的纤芯折射率沿径向由中心向外按抛物线关系由大渐小，至交界面处则与包层的折射率相同。材料折射率分布及光的传输轨迹如图 8-70 所示。

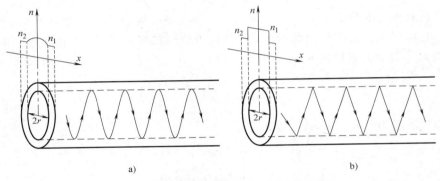

图 8-70　材料折射率分布及光的传输轨迹

a）渐变型　b）跃变型

光纤传输的光波可分解为沿纵轴向和沿横切向传输两种平面波成分，后者在纤芯与包层的交界面上会产生全反射。当光波在横切向往返一次的相位变化为 2π 的整数倍时，将形成驻波。形成驻波的光纤组称为模，它是离散存在的，即某种光纤只能传输特定模数的光。

实际上，常用麦克斯韦方程导出的归一化频率 γ 作为确定光纤传输模数的参数，γ 的值可由纤芯半径 r、光波波长 λ 及材料折射率 n（或数值孔径 NA）确定，表达式为

$$\gamma = \frac{2\pi r}{\lambda} NA \tag{8-22}$$

这时，光纤传输模的总数 N 为

$$N = \begin{cases} \dfrac{r^2}{2} （阶跃型） \\[3mm] \dfrac{r^2}{4} （渐变型） \end{cases} \tag{8-23}$$

γ 大的光纤传输的模数多，称为多模光纤。多模光纤的纤芯直径（$2r > 50\mu m$）和折射率差 $(n_1 - n_2)/n_1$ 都比较大。γ 小的光纤传输的模数少，当纤芯直径 $2r < 6\mu m$，折射率差小到

0.5%时，光纤只能传输基模，其他高次模都被截止，故称为单模光纤。

5. 光的调制技术

光的调制是将被测变量的信息叠加到载波光波上，完成这一过程的器件称为调制器。调制器能使载波信号的参数随被测变量的变化而变化。

（1）强度调制　强度调制是利用被测变量的变化引起光纤的折射率、吸收率、反射率等参数的变化，从而导致光强度发生变化的规律进行调制的。光强度调制原理如图 8-71 所示。

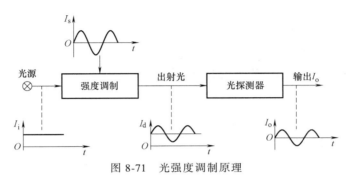

图 8-71　光强度调制原理

当光源发出的恒定光波 I_i 注入调制区，在调制信息 I_s 作用下，输出光波强度被调制，载有 I_s 信号的出射光 I_d 经光探测器输出电信号 I_o，I_o 就包含了调制信息 I_s。

图 8-72 所示为微弯损耗光强度调制原理。当压力 F 改变时，经过变形器的光纤发生变形，使光强度发生变化，这一变化的光信息就包含了压力信息，用于检测压力参数。

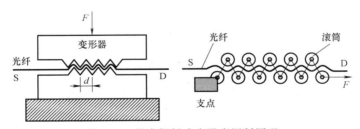

图 8-72　微弯损耗式光强度调制原理

图 8-73 所示为反射与遮光式光强度调制原理，用于检测位移和位置等参数。

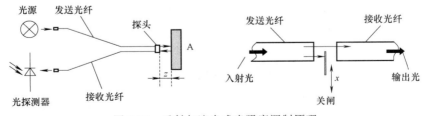

图 8-73　反射与遮光式光强度调制原理

（2）频率调制　利用外界因素改变光的频率，通过检测光的频率变化来测量该外界变量的调制方法，称为频率调制。目前，主要利用多普勒效应实现频率调制，如图 8-74 所示。其中，L 为光源，P 为运动物体，A 为观察者位置。

如果物体 P 的运动速度是 v，运动方向与 PL 和 PA 的夹角分别为 θ_1 和 θ_2，则从 L 发出的频率为 f_1 的光经过运动物体 P 的散射，观察者在 A 处观察到的频率则为 f_2。根据多普勒效应有

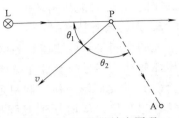

图 8-74　多普勒效应原理

$$f_2 = f_1 \left[1 + \frac{v}{c} (\cos\theta_1 + \cos\theta_2) \right] \qquad (8\text{-}24)$$

式中，c 为光速。根据频率 f_2 就可以求得物体 P 的运动速度。

（3）相位调制　相位调制是利用被测变量对光纤施加作用会使光纤的折射率或传输常数发生变化，从而导致光的相位变化的规律进行调制的。若光源采用单色光，则其所产生的干涉条纹发生变化，通过检测干涉条纹的变化量来确定光的相位变化量，就可求得被测变量的变化情况。光纤材料尺寸和折射率随温度变化，则引起光信号相位随温度变化，只要检测出输出光信号相位的变化就可测定温度的变化。

8.4.2　光纤传感器的组成与分类

1. 光纤传感器的组成

光纤传感器主要由光发送器（光源）、敏感元件（光纤或非光纤的）、光接收器、光纤、信号处理单元组成，如图 8-75 所示。

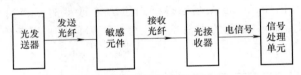

图 8-75　光纤传感器的组成

光源发出的光波长应合适、亮度要足够、稳定性要好；光纤传输光信号；敏感元件、光接收器和信号处理单元共同组成光探测器，完成光信号到电信号的转换。

2. 光纤传感器的分类

按光纤在传感器中的功能，可分为功能型（传感型）光纤传感器和非功能型（传光型）光纤传感器两类。

（1）功能型（传感型）光纤传感器　利用光纤自身的特性把光纤作为敏感元件，被测变量对光纤内传输的光进行调制，使传输光的强度、相位、频率或偏振等特性发生变化，再通过信号解调，获得被测变量。光纤在其中不仅是导光媒介，也是敏感元件。光在光纤内受被测变量调制，通常采用多模光纤。

（2）非功能型（传光型）光纤传感器　利用非光纤敏感元件感受被测变量的变化，光纤只作为光的传输介质，常用单模光纤。

8.4.3　光纤传感器的应用

1. 光纤加速度传感器

光纤加速度传感器的工作原理如图 8-76 所示。光束通过分光板后分为透射光和反射光两束，透射光作为参考光束，反射光作为测量光束。

当传感器感受加速度 a 时，质量块 m 对光纤会产生力的作用，从而使光纤被拉伸，引起光程的改变，光波相位相应改变。改变了相位的反射光束由单模光纤射出后，与参考光束会合并产生干涉效应，使干涉仪干涉条纹移动，条纹光信号由光电接收装置接收并转换为电信号，再经信号处理后就能准确地反映加速度。

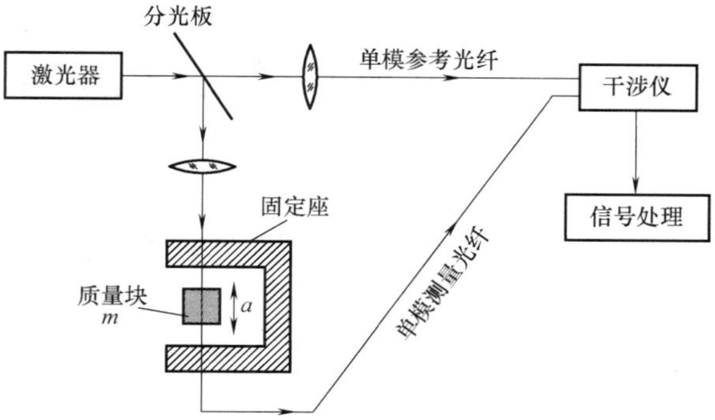

图 8-76　光纤加速度传感器的工作原理

2. 光纤温度传感器

图 8-77 所示为光强调制型光纤温度传感器工作原理。它的敏感元件是受温度影响的半导体光吸收薄片，半导体材料的透光率特性随温度的变化而变化。

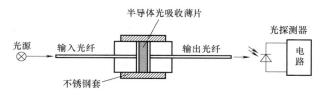

图 8-77　光强调制型光纤温度传感器工作原理

当光源发出的光以恒定的光强度经过输入光纤到达半导体光吸收薄片时，透过薄片的光强受敏感元件温度调制，温度越高，透过的光强越小。透射光由输出光纤传输至光探测器，光探测器将光强的变化转换为电信号的变化，从而实现温度测量的目的。传感器测量范围随半导体材料和光源性质不同而变化，通常在 $-100 \sim 300℃$，响应时间大约为 $2s$，测量精度一般为 $\pm 3℃$。

3. 光纤图像传感器

图像光纤由一定数目的光纤构成，每一条光纤的直径约为 $10 \mu m$，多条光纤组成一个图像单元（或像素单位）。图像光纤的典型条数为 1.3 万 ~ 10 万。图像经图像光纤传输的原理如图 8-78 所示。

图 8-78　光纤图像传输原理

在图像光纤的两端，所有的光纤都是按统一规则整齐排列的，投影在光纤一端的图像被分解成许多像素，这些像素便以一组不同强度和颜色的光点的形式进入光纤进行传输，最后在另一端重建原图像。

工业用窥镜监视系统原理如图 8-79 所示。系统采用光纤图像传感器，通过光纤的传输，在监控室便可以观察与监视工业现场的情况。

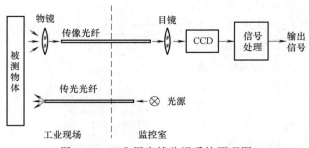

图 8-79　工业用窥镜监视系统原理图

光源发出的光通过传光光纤照射到被测物体上，再由物镜和传像光纤把工业现场的内部图像传送出来，以便观察、照相，或由 CCD 和信号处理模块将图像信号转换成电信号并进行处理，最后可在屏幕上显示和打印观测结果等。

4. 激光多普勒光纤流速测量仪

根据多普勒效应，利用光纤的传光功能可以测量密闭容器或生物体中的流体运动速度。图 8-80 所示为光纤多普勒流速测量原理，医学上对血液流动的测量是其典型应用。激光器发射的光波频率为 f_0，经分束器分成两束，其中一束由光调制器将频率调制成 f_0-f_1 后，再经混频器混频后射入到探测器中；另一束经光纤传输而发射到被测流体内，如血管中的血液中。当血液中的红细胞以速度 v 运动时，根据多普勒效应，其反射光的光谱产生 $f_0+\Delta f$ 的边带，它与 f_0-f_1 的光混频后，形成 $f_1\pm\Delta f$ 的振荡信号，通过测量 Δf，即可求出速度 v。

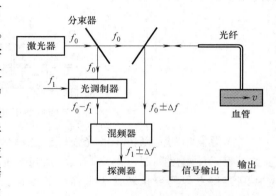

图 8-80　光纤多普勒流速测量原理

8.5　光电编码器

光电编码器是将机械转动的位移量转换成数字量电信号的传感器，在角位移测量领域应用广泛，具有高精度、高分辨率、高可靠性的特点。光电式编码器从结构上分为绝对式编码器和增量式编码器，它们的主要区别在于编码器码盘的结构形式。

8.5.1　绝对式编码器

1. 工作原理

绝对式编码器的结构原理如图 8-81 所示，其由光源、透镜、绝对式码盘、狭缝、光电元件等组成。图 8-82 为一种绝对式编码器实物图。

码盘一般由光学玻璃制成，绝对式码盘上有多条同心码道，每条码道都按一定的编码规则（二进制码、十进制码、循环码等）分布着透光和不透光部分，分别称为亮区和暗区，对应光电元件输出的电平信号为"1"和"0"。图 8-81 所示码盘由六条码道组成，光源的

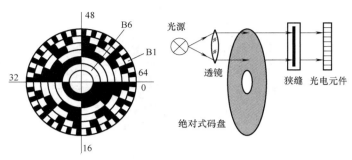

图 8-81 绝对式光电编码器的结构原理

图 8-82 绝对式
编码器实物图

光束经透镜后投射到码盘上，当码盘转动到不同位置时，光束经过码盘后照射在光电元件上的明、暗区的排列形式就不同，即对码盘角度进行了编码。由于光电元件上的明、暗区排列形式与码道一一对应，因此根据光电元件输出的光电信号的不同，就可以确定码盘角位移的变化。

2. 码制与码盘

码盘的刻划可采用二进制码、十进制码、循环码等方式。图 8-81 所示码盘采用的是六位二进制方式，最内层码道将整个圆周分为一个亮区和一个暗区，对应着 2^1 个亮暗间隔区；从内向外的第二条码道将整个圆周分为间隔的两个亮区和两个暗区，对应 2^2 个亮暗间隔区；第三条码道则将整个圆周分为间隔的四个亮区和四个暗区，对应着 2^3 个亮暗间隔区；以此类推，最外层码道对应着 2^6 个亮暗间隔区。即，最内层的码道对应于六位二进制数的最高位，最外层的码道则对应于六位二进制数的最低位。进行测量时，每一个角度对应一个编码，若 0° 对应的二进制编码为 000000（全暗），则 90° 对应的二进制编码为 001111。这样，只要根据码盘的起始和终止位置，就可以确定码盘的角位移。一个 n 位二进制码盘（n 条码道）的分辨力是 $360°/2^n$。

二进制码盘最大的问题是，任何码盘制作的微小误差都可能造成读数的粗大误差。因为对于二进制码，当某一较高位改变时，所有比它低的各位数都要同时改变，如 0100 与 0011、1000 与 0111 等。为了消除粗大误差，通常采用循环码（也称格雷码）方案。不同码制的对应关系见表 8-1。

表 8-1 码盘上不同码制的对应关系

十进制数	二进制码	循环码	十进制数	二进制码	循环码
0	0000	0000	8	1000	1100
1	0001	0001	9	1001	1101
2	0010	0011	10	1010	1111
3	0011	0010	11	1011	1110
4	0100	0110	12	1100	1010
5	0101	0111	13	1101	1011
6	0110	0101	14	1110	1001
7	0111	0100	15	1111	1000

循环码是无权码，任何相邻的两个数码间只有一位是不同的。因此，如果码盘存在刻划带来的误差，则这个误差只影响一条码道的读数，产生的误差最多等于最低位的一个比特（即一个分辨力单位）。如果 n 较大，则这个误差的影响不大，不存在粗大误差。六位循环式码盘结构如图 8-83 所示。

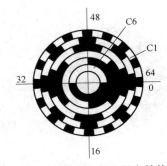

图 8-83　六位循环式码盘结构

光电码盘的精度决定了光电式编码器的精度。因此，不仅要求码盘分度精确，而且要求亮区和暗区的交接处有陡峭的边缘，以减小逻辑"1"与"0"相互转换时引起的噪声。

分辨力只取决于码道数 n，与码盘采用的码制没有关系，如六位循环式码盘的分辨力与六位二进制码盘的分辨力是一致的，都约为 $5.6°$。使用绝对式编码器时，若被测转角不超过 $360°$，则其提示的是转角的绝对值，即从起始位置（对应于输出各位均为 $0°$ 的位置）所转过的角度。在使用中若遇停电，在供电恢复后的显示值仍然能正确地反映停电前的角度，故称之为绝对式编码器。当被测转角大于 $360°$ 时，为了仍能得到转角的绝对值，可以采用两个或多个码盘并与机械减速器配合，扩大角度量程，例如选用两个码盘，两者间的转速比为 $10:1$，此时角度测量范围可扩大为原来的 10 倍。

8.5.2　增量式编码器

增量式编码器不能直接产生 n 位的数码输出，但可产生一系列串行光电脉冲，用计数器将脉冲数累加起来就可以求得转过的角度。

1. 工作原理

增量式编码器一般在圆盘上制出两条分布着等角距缝隙的码道，外圈的码道 A 为增量码道，内圈的码道 B 为变相码道，A、B 码道的相邻两缝隙之间错开半条缝隙角度。另外，在码道之外的某一径向位置制出一缝隙，表示码盘的零位。码盘每转一圈，零位对应的光电器件就产生一个脉冲，称为"零位脉冲"。增量式码盘结构如图 8-84 所示。

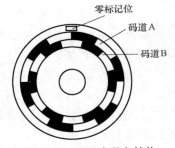

图 8-84　增量式码盘结构

在增量式码盘的两侧分别安装光源和光电接收器件，当码盘转动时，光源经过透光和不透光的区域，每个码道都将有一系列光脉冲由光电元件接收、转换、输出，放大整形后的 A、B 两列脉冲信号如图 8-85 所示。脉冲数与码盘的旋转位移数值相对应。

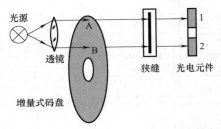 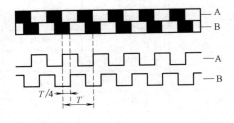

图 8-85　增量式编码器的结构原理

2. 旋转方向的辨别

A、B 码道的脉冲数是相等的，之所以采用两个码道并错开 1/4 角距，是为了辨别码盘的旋转方向。辨向原理如图 8-86 所示，光电元件 1 和 2 的输出信号经放大整形后，产生 A、B 两个矩形脉冲，它们分别接到 D 触发器的 D 端和 C 端，D 触发器在 C 脉冲（即 B 脉冲）的上升沿触发。

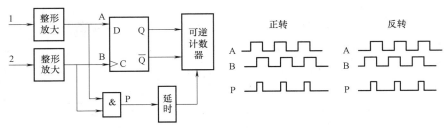

图 8-86　增量式编码器辨向原理

设码盘正转时，光电元件 1 比光电元件 2 先感光，即 A 脉冲较 B 脉冲超前 T/4，相位超前 90°，D 触发器的输出 Q = "1"，使可逆计数器进行加法计数。当码盘反转时，脉冲 B 的相位超前也是 90°，D 触发器的输出 Q = "0"，可逆计数器进行减法计数。设置延时电路的目的是等加减信号抵达计数器后，再送入计数脉冲，以保证不丢失计数脉冲。零位脉冲接至计数器的复位端，使计数器随着码盘每转动一圈而复位一次。这样，不论码盘正转还是反转，计数器每次反映的都是相对于上次角度的增量，故称为增量式编码器。

8.5.3　编码器的应用

1. 位置测量

使用增量式编码器，把输出的两个脉冲分别输入到可逆计数器的正、反计数端进行计数，可检测到输出脉冲的数量。

在进行角位移测量时，把脉冲数量乘以脉冲当量（一次脉冲对应的转角值）就可以测出码盘转过的角度。为了得到绝对转角，在码盘处于起始位置时要将可逆计数器清零。

在进行直线位移测量时，通常把它装到伺服电动机并与滚珠丝杠相连，当伺服电动机转动时，编码器检测电动机的转动角度，滚珠丝杠带动部件移动，这时编码器的转角就对应直线移动部件的位移，根据伺服电动机与丝杠参数就可以计算移动部件的位置。

2. 转速测量

转速可通过编码器脉冲信号的频率和周期来测量，有 M 法测速和 T 法测速两种形式。

（1）M 法测速　利用脉冲频率测量转速，即对编码器在给定时间内发出的脉冲计数，进而求出其转速（r/min）。原理如图 8-87 所示，数学表达式为

$$n = 60 \frac{M/t}{N} \qquad (8-25)$$

式中，t 为测速采样时间（s）；M 为 t 时间内测得的脉冲总个数；N 为编码器每转一周的脉冲数。

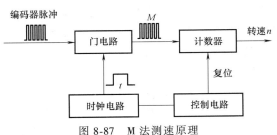

图 8-87　M 法测速原理

在给定的时间 t 内，使门电路选通，则编码器输出脉冲被允许进入计数器进行计数。这样就能计算出 t 时间内编码器的平均转速。

（2）T法测速　利用脉冲周期法测量转速，即对编码器在一个脉冲间隔（半个脉冲周期 $T/2$）内的标准时钟脉冲（频率 f_0）的个数来计算其转速（r/min）。原理如图 8-88 所示，计算式为

$$n = 60\frac{f_0/(2m)}{N} = \frac{30f_0}{mN} \qquad (8-26)$$

式中，f_0 为标准时钟脉冲频率；m 为 $T/2$ 时间内测得的时钟脉冲总个数；N 为编码器每转一周的编码器脉冲个数。

由于是在编码器的脉冲周期内计数时钟的脉冲数，因此要求时钟脉冲的频率必须高于编码器脉冲的频率。

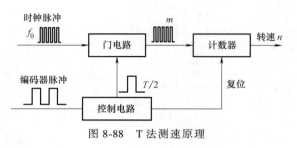

图 8-88　T法测速原理

当编码器输出脉冲正半周时，使门电路选通，则标准时钟脉冲允许进入计数器计数，计数时钟脉冲数为 m，这样就可计算得到编码器的转速。

8.6　工程设计实例

1. 实例来源

在一些公共场所中，人们白天忘记关灯而导致的"长明灯"现象时常发生，造成了电能的大量浪费。随着电子技术的发展，公共场所照明控制技术也在不断更新。为了达到节约电能、方便使用的目的，并且避免频繁的人工开关操作，目前广泛应用的是声光控节能技术。

2. 方案设计

直流声光控延时照明开关应由声控电路、光控电路、延时开关电路和电源电路四部分组成。每个电路发挥各自的作用，就能实现声光控延时照明功能。其工作原理如图 8-89 所示。

工作时，传声器和光敏电阻一起向声控、光控电路输入信号，声光控制电路再将控制信号传输至延时开关电路，使开关打开，同时促使延时电路开始工作。电路的工作电源由交流电源经桥式电路整流并降压后提供。声光控电路是利用光敏电阻对光敏感的特性和开关管的开关特性来实现的，即白天或光线较亮的时候，控制灯不亮，而在晚上或光

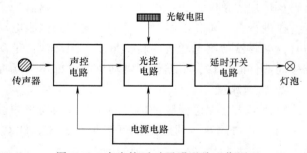

图 8-89　声光控延时照明开关工作原理

线较暗时控制灯亮，同时通过延时电路达到延时照明的目的。

3. 电路组成与工作原理

声光控制开关电路如图 8-90 所示。

白天，光敏电阻 R_9 受光照射而电阻较小，晶闸管 V 不触发，灯泡 L 不亮。在夜晚光线变暗时，光敏电阻 R_9 的阻值变大，V 仍无触发电平，灯泡 L 也不亮；但 R_9 的阻值大且有声

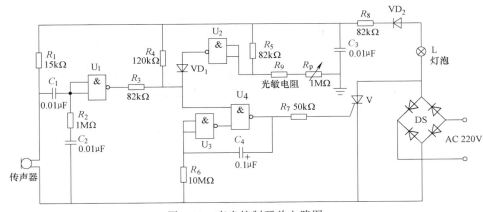

图 8-90 声光控制开关电路图

音信号时，V 被触发导通，灯泡 L 被点亮，实现夜间声光控制功能。

声光控制电路是为了代替公共场所的电路开关，同时设置自动延时熄灭的功能，具有无火花、非接触、寿命长的优点，可广泛应用于楼梯过道、洗手间、停车场等公共场所。

思 考 题

8-1 什么是光电效应？

8-2 什么是外光电效应？常见有哪些器件？

8-3 光电导效应和光生伏特效应有什么区别？

8-4 什么是内光电效应？常见有哪些器件？

8-5 光电器件有哪些基本特性？

8-6 光电倍增管的结构和原理如何描述？

8-7 光电元件有哪些基本应用电路？

8-8 光电元件的测量方式包括哪些？如何选择？

8-9 什么是光电开关？有哪些应用场合？

8-10 CCD 的结构和基本原理如何描述？

8-11 线阵 CCD 和面阵 CCD 的区别是什么？

8-12 光栅有哪些类别？应用场合有何不同？

8-13 莫尔条纹是如何产生的？

8-14 光栅传感器光路的基本组成包括哪些器件？

8-15 光栅传感器如何实现辨向？

8-16 光纤的传光原理是什么？

8-17 光纤传感器如何实现被测量的测量？

8-18 光纤传感器主要由什么组成？

8-19 光电式编码器主要应用在哪些方面？

8-20 绝对式编码器和增量式编码器工作原理的区别是什么？

8-21 如何利用图像传感器测量流水线工件的尺寸？

第9章　超声波传感器

超声波技术是一种以物理、电子、机械及材料学为基础且应用广泛的先进技术之一。利用超声波的各种特性，可以制作各种超声波传感器，再配上不同的测量电路，可以制成各种超声波仪器及装置。目前，超声波技术已广泛应用于冶金、船舶、机械、医疗、机器人等各个行业，并且在超声检测、超声清洗、超声焊接、超声加工和超声医疗等方面发挥着重要作用。

本章将介绍超声波的传播特性、超声效应等基础知识，重点分析超声波传感器的工作原理及其电路组成，并讲解超声波传感器在物位、流量、探伤及厚度测量方面的应用，最后介绍一个利用超声波进行测距的工程实例。

9.1　超声波的基本知识

9.1.1　超声波的概念

振动在弹性介质内的传播称为波动，简称波。当发声体产生机械振动时，周围弹性介质中的质点随之振动，这种振动由近至远进行传播，使人的听觉神经感受到响声，这就是声波。声波是一种能在气体、液体和固体中传播的机械波。根据振动频率的不同，可分为次声波、声波、超声波等。

次声波：振动频率低于 20Hz 的机械波。

声波：振动频率在 20~20000Hz 之间的机械波，在这个频率范围内能为人耳所闻。

超声波：振动频率高于 20000Hz 的机械波。

不同类别声波的频率范围如图 9-1 所示。

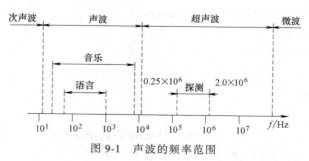

图 9-1　声波的频率范围

9.1.2　超声波的传播特性

1. 超声波的波形

声源在介质中施力的方向与波在介质中传播的方向不同，声波的波形也会不同。依据超声场中质点的振动方向与声能的传播方向，超声波的波形一般分为三种。

纵波：质点的振动方向与波的传播方向一致的波。它能在固体、液体和气体中传播。

横波：质点的振动方向垂直于波的传播方向的波。它只能在固体中传播。

表面波：质点的振动介于纵波与横波的振动方向之间，沿着表面传播且振幅随着深度增加而迅速衰减的波。表面波只能沿着固体的表面传播。

2. 超声波的波速和波长

超声波在不同介质中的传播速度不同，主要与介质密度和声阻抗有关。声阻抗是描述介质传播声波特性的一个物理量。介质的声阻抗 Z 等于介质的密度 ρ 和声速 c 的乘积，即

$$Z = \rho c \tag{9-1}$$

超声波的波形不同，其传播速度也不相同。在固体中，纵波、横波及表面波三者的声速有一定的关系，通常可认为横波的声速为纵波的一半；表面波的声速为横波声速的 90%，故又称表面波为慢波。

几种常用材料的密度、声阻抗与其中的纵波声速的关系见表 9-1。

表 9-1　几种常用材料的密度、声阻抗与纵波声速的关系（环境温度为 0℃）

材料	密度/(10^3kg/m^3)	声阻抗/(10^6kg·s^{-1}/m^2)	纵波声速/(km/s)
钢	7.7	45.4	5.9
铜	8.9	41.8	4.7
铝	2.7	17	6.3
有机玻璃	1.18	3.2	2.7
甘油	1.27	2.4	1.9
水（20℃）	1.0	1.5	1.48
机油	0.9	1.3	1.4
空气	0.0012	4×10^{-4}	0.34

声波的传播速度还与温度有关，考虑到环境温度对超声波传播速度的影响，可以通过温度补偿的方法对传播速度予以校正，以提高测量精度。在空气中传播时，其计算公式为

$$c_0 = 331.5 + 0.61T \tag{9-2}$$

式中，c_0 为超声波在空气中的传播速度（m/s）；T 为环境温度。不同温度下超声波在空气中的传播速度见表 9-2。

表 9-2　不同温度下超声波在空气中的传播速度

温度/℃	-30	-20	-10	0	10	20	30	100
声速/(m/s)	313	319	325	332	338	344	349	386

由此可见，温度越高，声速越快。在某一地区使用超声波传感器时，因温度变化不大，可以认为声速是基本不变的。

超声波的波速 c、波长 λ、频率 f 之间的关系为

$$c = f\lambda \tag{9-3}$$

若已知某纵波在常温空气中的波速约为 $3.4 \times 10^4 \, \text{cm/s}$，在水中为 $1.4 \times 10^5 \, \text{cm/s}$，铝中为 $6.22 \times 10^5 \, \text{cm/s}$，该超声波的频率为 $40 \, \text{kHz}$，则可利用式（9-3）求出超声波在空气、水及铝中的波长分别为 $0.85 \, \text{cm}$、$3.5 \, \text{cm}$ 和 $15.55 \, \text{cm}$。

3. 超声波的指向性

超声波声源发出的超声波束以一定的角度逐渐向外扩散，声场指向性及指向角如图 9-2 所示。在声束横截面的中心轴线上，超声波最强，且随着指向角的增大而减小。指向角 θ（rad）与超声波声源的直径 D 及波长 λ 之间的关系为

$$\sin\theta = 1.22 \frac{\lambda}{D} \tag{9-4}$$

假设超声波声源的直径 $D = 20 \, \text{mm}$，超声波以 $5 \, \text{MHz}$ 频率射入钢板，超声波在钢板中的传播速度为 $5.9 \times 10^3 \, \text{m/s}$，则根据式（9-4）求得超声波在其中传播时的指向角 θ 为 $4°$，可见超声波在钢板中指向性尖锐。

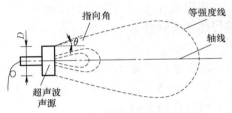

图 9-2　超声波的指向性

4. 超声波的反射和折射

超声波在均匀介质中沿直线方向传播。当超声波从一种介质传播到另一种介质时，在两介质的分界面上将发生反射和折射，如图 9-3 所示。其中，能返回原介质的称为反射波；透过介质分界面，能在另一种介质中继续传播的称为折射波。声波的频率越高，反射和折射的特性与光波特性越相似。

1）由物理学可知，当波在界面上发生反射时，入射角 α 的正弦值与反射角 α' 的正弦值之比等于波速之比，即

$$\frac{\sin\alpha}{\sin\alpha'} = \frac{c_1}{c_1'} \tag{9-5}$$

式中，c_1 为入射波波速；c_1' 为反射波波速。当入射波和反射波波型相同、波速相等时，$\alpha = \alpha'$。

2）当波在界面处发生折射时，入射角 α 的正弦值与折射角 β 的正弦值之比，等于入射波在第一种介质中的波速 c_1 与折射波在第二种介质中的波速 c_2 之比，即

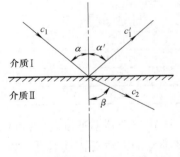

图 9-3　超声波的反射和折射

$$\frac{\sin\alpha}{\sin\beta} = \frac{c_1}{c_2} \tag{9-6}$$

若改变入射角 α，使折射角 β 刚好为 $90°$，则此时的入射角称为临界入射角 α_0，且 $\sin\alpha_0 = c_1/c_2$。当 $\alpha > \alpha_0$ 时，只产生反射波。

5. 超声波的衰减

超声波在介质中传播时，随着传播距离的增加，能量会逐渐减弱，称为衰减。能量的衰减情况与波的扩散、散射及吸收等因素有关。扩散衰减是指超声波随着传播距离的增加，单位面积内声能的减弱；散射衰减，是指由介质不均匀性导致的能量损失；吸收衰减是由介质

的导热性、黏滞性及弹性等造成的，超声波的能量被介质吸收后将被直接转换为热能。

以固体介质为例，设超声波进入介质时的声强为 I_i，经过一定距离 x 的传播后声强衰减为 I_x，如图 9-4 所示，超声波声强的衰减规律满足的函数关系为

$$I_x = I_i e^{-2kx} \tag{9-7}$$

式中，k 为衰减系数（Np/m，奈培/米）。

介质中的声强衰减与超声波的频率及介质的密度、晶粒粗细等因素有关。晶粒越粗或密度越小，衰减越快；频率越高，衰减也越快。气体的密度很小，因此衰减较快。因此在空气中传播的超声波的频率一般选得较低，约数十千赫。而在固体、液体中传播时则选用较高的超声频率，约为 MHz 数量级。

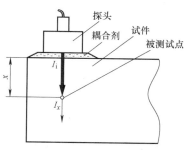

图 9-4 超声波的衰减

9.1.3 超声效应

超声波在超声场中传播时，会对超声场产生如下几种效应。

1. 机械效应

超声波在传播过程中，会引起介质质点交替地压缩与伸张，构成了压力的变化，这种压力的变化将引起机械效应。

2. 空化效应

在流体动力学中，存在于液体中的微气泡（空化核）在声场的作用下振动，当声压达到一定值时，气泡将迅速膨胀，然后突然闭合，在气泡闭合时产生冲击波，这种膨胀、闭合、振动等一系列动力学过程称为声空化。液体形成的空化效应与介质的温度、压力、含气量、声强、黏滞性、频率等因素有关。

3. 热效应

如果超声波作用于介质时被介质所吸收，实际上也就是有能量吸收。同时，超声波的振动会使介质产生强烈的高频振荡，介质间相互摩擦而发热，这种能量会使液体、固体的温度升高，是超声波热效应的体现。

9.2 超声波传感器的工作原理

超声波传感器是利用超声波在超声场中的物理特性和各种效应而研制的装置，可称为超声波换能器或探测器，有时也称为超声波探头。

9.2.1 超声波传感器的组成

超声波传感器将机械能与电能相互转换，并利用波的传输特性，实现对各种参量的测量，属于典型的双向传感器。因此，超声波传感器由发射传感器（简称发射探头）和接收传感器（简称接收探头）两部分组成，如图 9-5 所示。

9.2.2 超声波传感器的分类

超声波传感器按其工作原理可分为压电式、磁致伸缩式等，其中压电式最为常用。

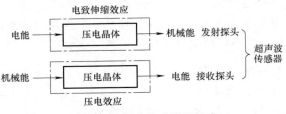

图 9-5　超声波传感器的组成

1. 压电式超声波传感器

压电式超声波传感器是利用压电材料（如石英、压电陶瓷等）的压电效应进行工作的。利用逆压电效应将高频电振动转换成高频机械振动，产生超声波，以此作为超声波的发射器工作原理。而利用正压电效应将接收的超声波转换成电信号，以此作为超声波的接收器工作原理。

在压电晶体切片上施加交变电压，使其产生电致伸缩振动而产生超声波，如图 9-6 所示。

压电材料的固有频率与晶体切片的厚度 d 有关，即

$$f = n\frac{c}{2d} \qquad (9\text{-}8)$$

$$c = \sqrt{\frac{E}{\rho}} \qquad (9\text{-}9)$$

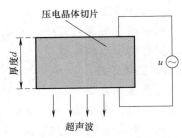

图 9-6　压电式超声波传感器

式中，$n = 1$，2，3，…是谐波的级数；c 为超声波在压电材料中的传播速度（纵波）；E 为杨氏模量；ρ 为压电材料的密度。对于石英晶体，$E = 7.70 \times 10^{10} \text{N/m}^2$，$\rho = 2654 \text{kg/m}^3$。

根据共振原理，当外加交变电压的频率等于压电材料的固有频率时，发生共振，这时产生的超声波最强。压电式超声波发射器可以产生几十千赫到几十兆赫的高频超声波，产生的声强可达几十瓦每平方厘米。

压电式超声波探头结构如图 9-7 所示，主要由压电晶片、阻尼吸收块、保护膜组成。压电晶片多为圆板形，两面镀有银层，作为导电的极板。超声波频率 f 与压电晶片厚度 δ 成反比。阻尼吸收块的作用是降低晶片的机械品质，吸收声能。如果没有阻尼吸收块，当激励的电脉冲信号停止时，晶片将会继续振荡，加大超声波的脉冲宽度，使分辨率变差。

当从超声波发射探头输入频率为 40kHz 的电脉冲信号时，压电晶体会因变形而产生振动，振动频率在 20kHz 以上，由此形成了超声波，该超声波经共振放大后定向发射出去；接收探头接收到发射的超声波信号后，压电晶片发生变形而产生电荷信号，再通过放大器放大，形成满足要求的电信号。

2. 磁致伸缩式超声波传感器

铁磁材料在交变的磁场中沿着磁场方向产生伸缩的现象，叫做磁致伸缩效应。磁致伸缩效应

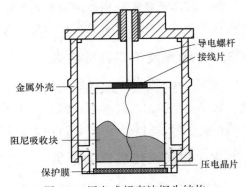

图 9-7　压电式超声波探头结构

的强弱，因铁磁材料的不同而不同。镍的磁致伸缩效应最强，且它在任何磁场中都是缩短的。若先加一定的直流磁场，再通以交流电流，则其可以工作在特性最好区域。

磁致伸缩式超声波发射器就是利用铁磁材料的磁致伸缩效应工作的，其结构如图9-8所示，主要由铁磁材料和线圈组成。

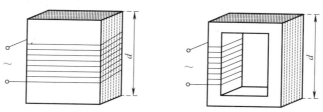

图9-8 磁致伸缩式超声波发射器

磁致伸缩式超声波发射器是把铁磁材料置于交变磁场中，使它产生机械尺寸的交替变化，即机械振动，从而产生超声波。铁磁材料是用厚度为0.1~0.4mm的镍片叠加而成的，片间绝缘以减少涡流电流损失。其结构形状有矩形、窗形等。超声波发射器的机械振动固有频率的表达式与压电式的相同。

磁致伸缩式超声波接收器是利用磁致伸缩的逆效应而制成的。超声波作用在磁致伸缩材料上时，会使磁致材料伸缩，引起其内部磁场（即导磁特性）的变化。根据电磁感应原理，磁致伸缩材料上所绕的线圈将产生感应电动势，而后可将此电动势送到测量电路进行处理。

9.2.3 超声波传感器的结构

由于压电式超声波传感器最为常用，因此这里仅以其结构为例展开介绍。压电式超声波传感器分为单晶直探头、双晶直探头和斜探头三种类型，其结构原理如图9-9所示。

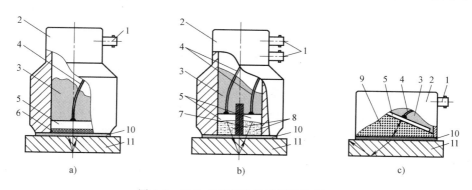

图9-9 压电式超声波传感器结构原理
a）单晶直探头 b）双晶直探头 c）斜探头
1—接插件 2—外壳 3—阻尼吸收块 4—引线 5—压电晶片 6—保护膜
7—隔离层 8—延迟块 9—有机玻璃斜楔块 10—黏结剂 11—被测试件

1. 单晶直探头

超声波的发射和接收由同一片晶片实现，通过电子开关来切换不同状态。晶片可以采用PZT压电陶瓷制作，利用压电效应原理发射和接收超声波；阻尼吸收块对晶片的振动起阻尼作用，吸收晶片背面的超声波脉冲能量；保护膜用硬度很高的耐磨材料制成，用于保护晶片和电极层不被磨损，改善探头与试件的耦合作用。单晶直探头主要用于纵波探伤。

2. 双晶直探头

双晶直探头是在一个探头壳体内装有两片晶片的探头，其中一片晶片用于发射超声波，另一片晶片用于接收超声波。双晶直探头的发射灵敏度和接收灵敏度都很高。两晶片之间为吸声性强、绝缘性好的隔离层，它不仅用于克服发射声束与反射声束的相互干扰和阻塞，而且能使脉冲变窄、分辨率提高、消除发射晶片与延迟块之间的反射杂波。双晶直探头虽然结构复杂些，但检测准确度比单晶直探头高，且超声波信号的反射和接收的控制电路简单。

3. 斜探头

斜探头主要是为了使得超声波能倾斜地入射到被测介质中。压电晶片粘贴在与底面成一定角度（如30°、45°等）的有机玻璃斜楔块上，压电晶片上方用阻尼吸收块覆盖。当斜楔块与不同材料的被测试件接触时，超声波将产生一定角度的折射，倾斜入射到试件中去，而且可产生多次反射，能将超声波传播到较远处。

9.2.4　超声波传感器的主要性能指标

（1）工作频率　超声波传感器的工作频率就是压电晶片的共振频率。当加到晶片两端的交流电压的频率与晶片的共振频率相等时，输出的能量最大，灵敏度也最高。

（2）工作温度　由于压电材料的居里点一般较高，特别是诊断用超声波探头功率较小，所以其工作温度较低，可以长时间地工作而不失效。医疗用的超声波探头的温度较高，需要采用单独的制冷设备。

（3）灵敏度　灵敏度主要取决于晶片本身。晶片的机电耦合系数大则灵敏度高，反之灵敏度低。

9.3　超声波传感器的应用

超声波具有频率高，波长短，定向传播性好的特性。利用超声波反射、折射、衰减等物理性质，可以实现液位、流量、黏度、厚度、距离等参数的测量，以及探伤。这种非声量的声测法具有测量精密度高、速度快的优点，所以超声波传感器已广泛地应用于工业、农业、轻工业及医疗等各技术领域。超声波传感器的测量方式如图9-10所示。

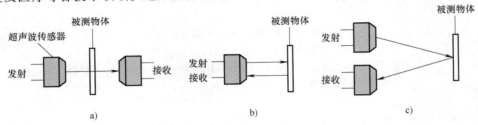

图 9-10　超声波传感器的测量方式

a）透射型　b）一体反射型　c）分离反射型

9.3.1 超声波物位传感器

超声波物位传感器是利用超声波在两种介质分界面上的反射特性而制成的。如果从发射超声波脉冲开始到接收到反射波为止的这个时间间隔已知，就可以利用这种方法对物位进行测量。根据发射和接收换能器的功能，传感器又可分为单换能器和双换能器。单换能器发射和接收超声波均使用一个换能器，而双换能器发射和接收超声波各采用一个换能器。

图9-11所示为几种超声波物位传感器的工作原理。超声波发射和接收换能器可置于液体中，让超声波在液体中传播。由于超声波在液体中的衰减比较小，所以即使产生的超声波脉冲幅度较小也可以传播。超声波发射和接收换能器也可以安装在液面的上方，让超声波在空气中传播，这种方式便于安装和维修，但超声波在空气中的衰减比较大。

对于单换能器来说，超声波从发射到液面，又从液面反射到换能器的时间为

$$t = \frac{2h}{c} \tag{9-10}$$

式中，h为换能器到液面的距离；c为超声波在介质中的传播速度。

因此，距离可计算为

$$h = \frac{ct}{2} \tag{9-11}$$

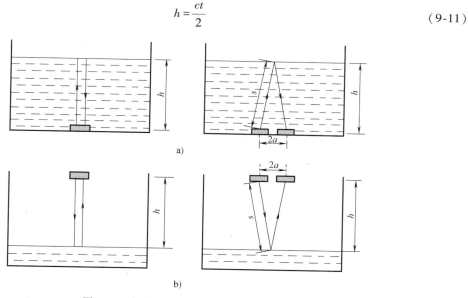

图9-11 超声波物位传感器的工作原理

a）超声波在液体中传播 b）超声波在空气中传播

对于图9-11所示双换能器，超声波从发射到接收经过的路程为$2s$，则有

$$s = \frac{ct}{2} \tag{9-12}$$

因此液位高度为

$$h = \sqrt{s^2 - a^2} \tag{9-13}$$

式中，s为超声波从反射点到换能器的距离；a为两换能器间距的一半。

从以上公式中可以看出，只要测得超声波脉冲从发射到接收的间隔时间，便可以求得待测的物位。

超声波物位传感器具有精度高和使用寿命长的特点，但若液体中有气泡或液面发生波动，则会有较大的误差产生。

9.3.2 超声波流量传感器

超声波流量传感器的测量方法有多种，如传播速度变化法、波速移动法、多普勒效应法、流动听声法、超声波传输时间差法和频率差法等。以下将对目前应用较广的时间差法原理进行介绍。

超声波在流体中传输时，静止流体和流动流体中的传输速度是不同的，利用这一特点测出超声波传输的时间差便可以求出流体的速度，再根据流体管道的截面积，便可求出流体的流量。超声波传感器安装在流体管道中时如图 9-12 所示，将超声波传感器一个安装在上游，一个安装在下游，它们都既可以发射超声波又可以接收超声波，其间距为 L。假设顺流方向的传输时间为 t_1，逆流方向的传输时间为 t_2，流体静止时的超声波传输速度为 c，流体流动时的速度为 v，则

$$t_1 = \frac{L}{c+v} \tag{9-14}$$

$$t_2 = \frac{L}{c-v} \tag{9-15}$$

一般来说，流体的流速远小于超声波在流体中的传播速度，那么超声波传播时间差为

$$\Delta t = t_2 - t_1 = \frac{2Lv}{c^2 - v^2} \tag{9-16}$$

因为 $c \gg v$，所以可以近似得到

$$\Delta t = t_2 - t_1 \approx \frac{2Lv}{c^2} \tag{9-17}$$

因此，从式（9-17）可以得到流体的流速，即

$$v = \frac{c^2}{2L} \Delta t \tag{9-18}$$

再根据管道截面积就可以计算出流量。

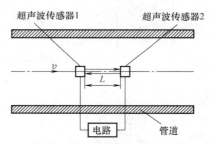

图 9-12 超声波传感器安装在管道中

由于从管道的外部透过管壁发射和接收超声波不会给管路内流动的流体带来影响，因此在实际应用中，超声波传感器一般安装在管道外，如图 9-13 所示。其中，D 为管道直径，θ 为超声波方向与流体流动方向垂线的夹角。

此时，超声波的传输时间为

$$t_1 = \frac{\dfrac{D}{\cos\theta}}{c + v\sin\theta} \tag{9-19}$$

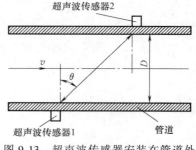

图 9-13 超声波传感器安装在管道外

$$t_2 = \frac{\dfrac{D}{\cos\theta}}{c - v\sin\theta}$$

(9-20)

则同样可以根据时间差来求得流体的流速，进而计算出流量大小。

　　超声波流量传感器具有不阻碍流体流动的优点，可测流体种类很多，不论是非导电的流体、高黏度的流体、浆状流体，只要是能传输超声波的流体都可以进行测量。因此超声波流量传感器可用于对自来水、工业用水、农业用水等的测量，也可用于下水道、农业灌溉、河流等的测量。

9.3.3　超声波探伤

　　超声波探伤是目前应用十分广泛的无损探伤手段，主要用于检测板材、锻件和焊缝等的裂纹、气孔、杂质等缺陷，并配合断裂力学对材料的使用寿命进行评价。超声波探伤广泛使用纵波，因为纵波的产生和接收比较容易实现。超声波探伤既可检测材料表面的缺陷，又可检测材料内部几米深处的缺陷，这是 X 光探伤所达不到的深度。常见的超声波探伤方法分为穿透法和反射法。

原理动画

1. 穿透法探伤

　　穿透法探伤是根据超声波穿透工件后能量的变化情况来判断工件的内部质量。探伤时将两个探头分别安装在工件的相对两面上，一个发射超声波，一个接收超声波，如图 9-14 所示。发射的超声波可以是连续的，也可以是脉冲的。

　　当工件内无缺陷时，接收能量大，输出电压大。当工件内有缺陷时，部分能量被反射，接收能量变小，输出电压也变小。根据能量的变化即可判断工件有无缺陷。

　　穿透法探伤指示简单，适用于自动探伤，可避免盲区，适宜探测薄板。但是穿透法探伤的探测灵敏度较低，不能发现小缺陷，不能对缺陷定位，对两探头的相对位置要求较高。

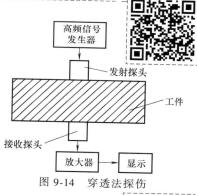

图 9-14　穿透法探伤

2. 反射法探伤

　　反射法探伤是根据超声波在工件中反射情况的不同来探测工件内部是否有缺陷。测试时，将探头放在被测工件上，并在工件上来回移动进行检测，如图 9-15 所示。探头发出的超声波以一定的速度在工件内部传播，如果工件内部没有缺陷，则超声波到达工件底面便发生反射，在显示屏上只出现初始脉冲 T 和底面脉冲 B，如图 9-15a 所示；若工件内部有缺陷，则一部分超声脉冲在缺陷处发生反射，另一部分仍然在工件底面发生反射，在显示屏上除了出现初始脉冲 T 和底面脉冲 B 之外，还出现缺陷脉冲 F，如图 9-15b 所示。

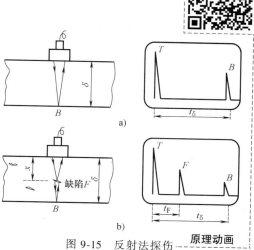

图 9-15　反射法探伤　**原理动画**

a）测试结果无缺陷　b）测试结果有缺陷

可以根据缺陷脉冲在显示屏上的位置确定缺陷在工件中的位置，并且可以根据缺陷脉冲幅度的高低来判断缺陷程度的大小。若缺陷面积较大，则缺陷脉冲幅度较高，还可移动探头来确定缺陷的长度。

若图 9-15 所示的显示器时间轴为 $10\mu s/$格，测得脉冲 B 与脉冲 T 的距离为 10 格，脉冲 F 与脉冲 T 的距离为 3.5 格，并且已知纵波在钢构件中的传播速度为 $5.9\times10^3 m/s$，则可求得钢板的厚度 δ 与缺陷到表面的距离 x。

超声波穿透钢板所用的时间为

$$t_\delta = 10\mu s\times10 = 100\mu s$$

超声波遇缺陷返回所用的时间为

$$t_F = 3.5\mu s\times10 = 35\mu s$$

因此，钢材的厚度为

$$\delta = (t_\delta c)/2 = (100\times10^{-6}\times5.9\times10^3 m)/2 \approx 0.3m$$

缺陷离钢材表面的距离为

$$x = (t_F c)/2 = (35\times10^{-6}\times5.9\times10^3 m)/2 \approx 0.1m$$

9.3.4 超声波测厚

超声波测厚常采用脉冲回波法，超声波测厚仪工作原理如图 9-16 所示。图 9-17 为某型号超声波测厚仪实物图。

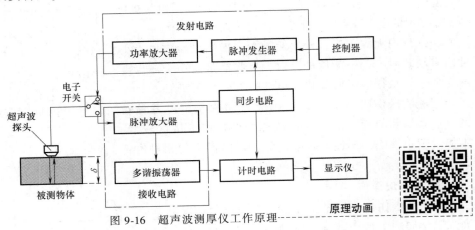

图 9-16 超声波测厚仪工作原理

超声波探头与被测物体表面接触，由控制器产生一定频率的脉冲信号送往发射电路，功率放大器放大信号后激励压电式超声波探头，产生重复的超声波脉冲。脉冲波传到被测工件另一面被反射回来，被同一探头接收。回波反射脉冲由接收电路进行处理，再由计时电路计时，最后在显示仪上显示。

如果超声波在工件中的传播速度 c 已知，测量出超声波脉冲从发射到接收的时间间隔 t，便可求出工件厚度为

$$\delta = \frac{ct}{2} \tag{9-21}$$

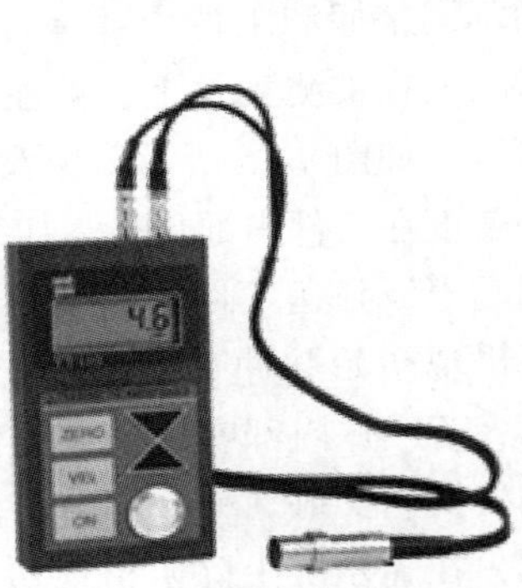

图 9-17 超声波测厚仪实物图

为了测量时间间隔 t，可以将发射和回波反射脉冲接入显示仪，从显示仪中就可以获得发射时间和接收时间的间隔，两者之差就是要测量的间隔时间。

超声波测厚具有精度高、测试仪器轻便、操作安全简单等优点。但是超声波测厚不适用于声衰很大的材料，以及表面凹凸不平或不规则的零部件。

9.4 工程设计实例

1. 实例来源

近年来，随着现代工业的发展，自动测距技术在导航系统、工业机器人、机械加工等方面的应用越来越广泛。与其他测距方法相比，超声波具有定向性好、能量集中、反射能力较强等优点。特别是随着以微控制器为核心的智能仪器的兴起，超声波检测装置在其检测精度、方法、应用范围上实现了新的飞跃，逐渐成为智能化检测领域不可缺少的一部分。本案例完成一种基于微处理器的低成本、高精度、智能化超声波测距仪的硬件电路和软件设计，该装置能够应用于测量范围为 $0.2 \sim 4m$ 的测距场合。

2. 方案设计

智能超声波测距系统由微控制器、超声波发射与接收模块、温度补偿模块、数据显示模块、数据通信模块和语音播报模块组成。系统总体结构如图9-18所示。

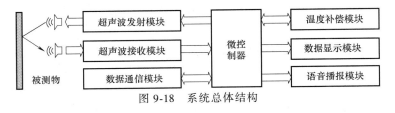

图9-18 系统总体结构

（1）微控制器 系统采用低功耗、高性能32位ARM内核的微处理器LPC2132作为控制核心，它是一种功能强大的微控制器，为嵌入式控制应用提供了一个高度灵活、有效的解决方案。在此设计中基于LPC2132组成的控制系统主要用于产生40kHz超声波控制信号，对接收到的回波信号进行处理，利用记录的超声波的传播时间来完成被测距离的计算，分析、显示数据，以及播报语音等。

（2）超声波发射模块 超声波发射模块由功率放大电路和超声波发射传感器组成，其原理电路如图9-19所示。

其中，放大器选用集成功放LM386，其具有自身功耗低、电压增益可调节、总谐波失真小等优点，广泛应用于放大电路中。超声波发射头型号为TCT40-16T，是一种分体式压电陶

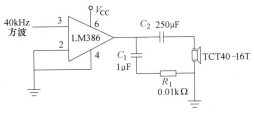

图9-19 超声波发射模块电路

瓷超声波传感器。放大器输入端是一个来自控制器的工作频率为40kHz的方波信号，通过功率放大电路后发送给超声波发射传感器，驱动超声波发射头发射出脉冲波，再通过空气向外传播出去。

（3）超声波接收模块 超声波的回波信号需要经过放大及整形处理以得到标准方波信

号，信号被送入控制器的外部中断口使其进入外部中断处理程序，控制器通过计数将信号转换成时间，然后调用测距计算模块进行距离计算。由于超声波接收传感器的输出信号比较微弱且易受干扰，因此超声波接收模块应具有放大和滤波能力，对信号进行预调理。超声波接收模块主要由信号放大电路、比较电路和超声波接收传感器组成，电路如图 9-20 所示。

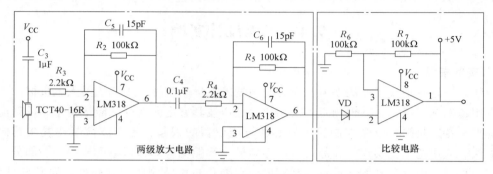

图 9-20　超声波接收模块电路

其中，超声波接收探头为分体式压电陶瓷超声波传感器 TCT40-16R。信号放大电路是由 LM318 高速运算放大器组成的两级放大电路，放大倍数可以在 10~50 之间调节，其作用是将超声波接收探头输出的微弱信号进行放大。比较电路主要由电压比较器 LM393 构成，其作用是将信号放大电路输出的信号转换成微控制器可识别的高低电平信号，并激活信号处理程序。

（4）语音播报模块　系统选用数码语音芯片 ISD2575 构成语音录放电路，能够播放测量的数据，并根据设置提供报警信号。此芯片录放时间长达 75s，可实现语音的分段录取、组合回放和循环播放，能够非常真实、自然地再现语音、音调和效果声，避免了一般固体录音电路因量化和压缩造成的噪声。另外，ISD2575 控制电平与 TTL 电平兼容，接口简单、使用方便。语音播报模块电路如图 9-21 所示。

（5）温度补偿模块　由于超声波的传播速度与温度有关，因此需要通过温度补偿模块对超声波的传播速度进行校正，以提高测量精度，减小误差。在超声波探头旁放置数字式温度传感器 DS18B20 来进行温度测量，并将所测得的环境温度通过 DS18B20 的数据总线直接输入微控制器，然后按式（9-2）修正超声波传播速度。

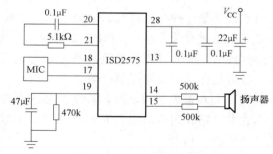

图 9-21　语音播报模块电路

此外，为了显示测量结果和实现与计算机的通信，超声波测距仪还具有数据显示模块和数据通信模块，上述均为常见电路，不再详细描述。

3. 软件设计

本系统的软件采用模块化设计，超声波发射和接收控制、数据处理和存储、与主控制器的通信都由 LPC2132 来完成，程序采用 C 语言编程实现，由发射脉冲子程序、回波接收子程序、距离计算子程序、数据显示和语音播报子程序、延时子程序几部分组成，主程序流程图如图 9-22 所示。

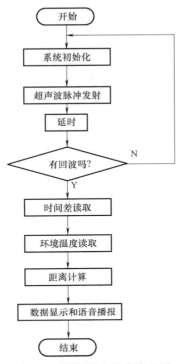

图 9-22　测距仪主程序流程图

控制系统上电工作，先进行初始化，为超声波发射参数等设置一系列初始值，然后控制端口输出脉冲信号。经过一段延时后，启动回波接收子程序，等待接收回波，若未收到回波，则重新发射超声波；若有回波，则停止计时，读取时间差和环境温度，计算出距离数据，显示结果并进行语音播报。

本案例所设计的基于微处理器的智能化超声波测距仪具有结构简单、体积小、精度较高的优点，从未来发展的角度看，该系统具有一定的应用价值空间。

思　考　题

9-1　什么是超声波？

9-2　超声波的传播速度与哪些量有关？

9-3　超声波的波形有哪些？

9-4　超声波会产生哪些效应？具有什么特点？

9-5　超声波传感器基本组成是什么？

9-6　超声波传感器有哪些类型？它们的基本工作原理是什么？

9-7　超声波传感器有哪些主要性能指标？

9-8　超声波传感器如何实现物位测量？

9-9　超声波传感器如何实现流量测量？

9-10　试分析如何利用超声波传感器探测一个停车位上是否有车辆。

第10章　红外传感器

　　自然界中的任何物体，只要其温度在热力学温度零度（-273.15℃）之上，就会不断地向外辐射红外线，只是它们辐射出红外线的波长不同而已。红外传感器（Infrared Sensor）是利用物体能产生红外辐射的特性实现检测的器件，是近几十年发展起来的一种新兴传感器，测量时不与被测物体直接接触，因而具有非接触、灵敏度高、响应快等优点，已在国防和工农业生产等领域获得了广泛的应用。

　　本章将介绍红外辐射相关的黑体理论及基本定律，重点分析红外光子传感器、红外热传感器和其中的热释电型传感器的工作原理及其电路组成，明确传感器应用过程中涉及的主要性能参数和注意事项，最后介绍一个热释电红外报警器的工程实例。

10.1　红外辐射的基本知识

　　红外辐射的物理本质是热辐射，是由于物体（固体、液体和气体）内部分子的转动及振动而产生的。一个物体向外辐射的能量大部分是以红外线的形式存在的，温度在热力学温度零度之上的所有物体都是红外辐射的发射源，温度越高，辐射出来的红外线越多，辐射的能量就越强。

　　红外线的波长范围大致为 $0.76\sim1000\mu m$，是太阳光谱的一部分，其波长范围及其在电磁波谱图中的位置如图 10-1 所示。在红外技术中，一般将红外辐射分为四个区域，分别是 $0.76\sim1.5\mu m$ 的近红外区、$1.5\sim6\mu m$ 的中红外区、$6\sim40\mu m$ 的远红外区和 $40\sim1000\mu m$ 的极远红外区，这里所说的远近是指红外辐射在电磁波谱中与可见光的距离。

　　红外光作为一种不可见光，与所有电磁波一样具有反射、折射、散射、干涉、吸收等性质，其最大特点就是具有光热效应，能辐射热量，是光谱中最大的光热效应区。红外线在真空中的传播速度为 $3\times10^{8}m/s$，而在介质中传播时，介质的吸收和散射作用会使其产生衰减。红外线在金属中传播的衰减很大，一般金属基本不能透过红外线，但大部分半导体和一些塑料能透过红外辐射，大部分液体对红外辐射的吸收非常大。有研究分析证明，波长为 $8\sim14\mu m$ 的红外线与人体发射出来的远红外线的波长相近，能与生物体内细胞的水分子产生最有效的共振，同时具备渗透功能，因此称为"生命波"。

10.1.1　黑体、白体和透明体

　　投射到物体上而被吸收的红外辐射能与投射到物体上的总红外辐射能之比称为该物体的吸收率。吸收率 $\alpha=1$ 的物体称为绝对黑体，简称黑体，即为能全部吸收投射到其表面的红

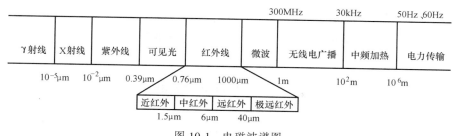

图 10-1　电磁波谱图

外辐射的物体。

投射到物体表面而被反射的辐射能与投射到物体表面的总辐射能之比，称为该物体的反射率。反射率 $\rho = 1$ 的漫反射的物体称为绝对白体，简称白体；反射率 $\rho = 1$ 的镜面反射的物体称为镜体，即能全部反射红外辐射的物体。

自红外辐射投射到物体被照面或介质入射面至其从另外一面离开的过程中，投射并透过物体的辐射能与投射到物体上的总辐射能之比，称为该物体的透过率。透过率 $\tau = 1$ 的物体称为绝对透明体，简称透明体，即能全部透过红外辐射的物体。

这些都是假想的物体，严格来讲，自然界并不存在黑体、镜体和透明体，绝大部分物体属于灰体，即能部分反射或吸收红外辐射的物体。对于红外辐射，绝大多数固体和液体实际上都是不透明体，但玻璃和石英等对可见光则是透明体。

应该注意的是，所谓黑体或白体，是就物体表面能全部吸收或全部反射所投射的辐射能而言，因此黑体并不一定是黑色的，白体也并不一定是白色的。

10.1.2　红外辐射的基本定律

1. 基尔霍夫定律

一个物体向周围辐射热能的同时也吸收周围物体的辐射能，如果几个物体处于同一温度场中，各物体的热发射能力正比于它的吸收能力，可表示为

$$E_r = \alpha E_0 \tag{10-1}$$

式中，E_r 为物体在单位面积和单位时间内发射出来的辐射能；α 为该物体对辐射能的吸收率；E_0 等价于黑体在相同温度下发射出来的辐射能，它是常数。

黑体是在任何温度下都能全部吸收任何波长的辐射的物体，黑体的吸收能力与波长和温度无关。黑体吸收能力最强，加热后，它的热辐射发射能力也比任何物体都要强。

2. 斯特藩-玻耳兹曼定律

物体温度越高，辐射出来的能量越大，可表示为

$$E = \sigma \varepsilon T^4 \tag{10-2}$$

式中，E 为某物体在温度 T 时单位面积和单位时间内的红外辐射总能量；σ 为斯特藩-玻耳兹曼常数，$\sigma = 5.6697 \times 10^{-12} \, \mathrm{W/(cm^2 \cdot K^4)}$；$\varepsilon$ 为辐射率比，即物体表面辐射能力与黑体辐射能力之比值；T 为物体的热力学温度。

3. 维恩位移定律

维恩位移定律是热辐射的基本定律之一，热辐射发射的电磁波中包含着各种波长，物体辐射电磁波的峰值波长 λ_m（μm）与物体自身的热力学温度 T 成反比，即

$$\lambda_m = \frac{b}{T} \qquad\qquad (10-3)$$

式中，b 为维恩常量，$b = 2897\mu m \cdot K$。

10.2　常用红外传感器

能感受红外辐射并将其转换成另一种便于测量的物理量的元件称为红外敏感元件，在红外技术领域都称为红外传感器。红外传感器是红外探测系统的关键部件，其性能好坏将直接影响系统性能的优劣。

与用可见光作为媒介的检测方法相比，红外传感器具有以下几方面的优点。

1）红外线（指中红外和远红外）不受周围可见光的影响，可昼夜测量。

2）由于待测对象发出红外线，因此不必另设光源。

3）大气对某些特定波长范围的红外线吸收少，因此适用于遥感技术，如 $2 \sim 2.6\mu m$、$3 \sim 5\mu m$、$8 \sim 14\mu m$ 三个波段称为"大气窗口"。

红外辐射的各种效应都可用来制作红外传感器，但是目前真正有实用价值的主要是光子效应和红外辐射热效应，分别对应红外光子传感器和红外热传感器。

10.2.1　红外光子传感器

入射红外辐射的光子流与传感器材料中电子发生相互作用，会改变电子的能量状态，引起各种电学现象，这种现象称为光子效应（即光电效应）。通过测量材料电子性质的变化，便可以知道红外辐射的强弱。利用光子效应制成的红外传感器，统称红外光子传感器。

红外光子传感器有内光电传感器和外光电传感器两种，后者又分为光电导传感器、光生伏特传感器和光磁电传感器三种。

红外光子传感器的主要特点是灵敏度高、响应速度快，具有较高的响应频率，但探测波段窄，多数红外光子传感器需要冷却，一般要在低温下工作。

10.2.2　红外热传感器

红外热传感器的基本原理是红外辐射的热效应。传感器的敏感元件吸收辐射能后温度升高，进而使有关物理参数发生相应变化，通过测量物理参数的变化，便可确定传感器所吸收的红外辐射。

红外热传感器的主要优点是响应波段宽，可扩展到整个红外区域，可以在常温下工作，使用方便，应用广泛。但与红外光子传感器相比，红外热传感器的灵敏度比红外光子传感器的峰值灵敏度低，响应时间长。

红外热传感器的主要类型有热释电型、热敏电阻型、热电偶型和气体型传感器。热释电型传感器在热传感器中灵敏度最高，频率响应范围最宽，所以这种传感器备受重视，发展很快，因此这里主要介绍热释电型传感器。

10.2.3　热释电型传感器

热释电型红外传感器（Pyroelectric Infra Red sensor，PIR）由热电敏感元件、场效应晶体管、滤光片等组成，封装壳内充满氮气，其结构原理与等效电路如图 10-2 所示。它常常用来检测人体辐射的红外能量变化，并将其转换成电压信号输出。将这个电压信号加以放大，便可驱动各种控制电路，如用于电源开关控制、防盗防火报警、自动门、自动灯等。图 10-3 为热释电型传感器实物图。

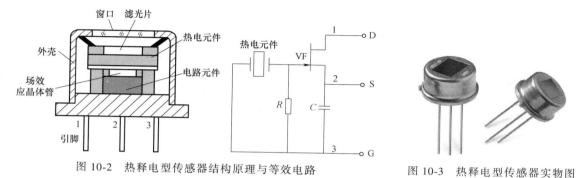

图 10-2 热释电型传感器结构原理与等效电路   图 10-3 热释电型传感器实物图

1. 热释电效应

热释电材料是一种压电材料，具有自发极化特性，所产生的表面束缚电荷被吸附在晶体表面上的自由电荷所屏蔽，当红外辐射照射到已经极化的材料表面上时，晶体薄片温度升高，使极化强度降低（热运动加剧，破坏了极化）、表面电荷减少，这相当于释放了一部分电荷，所以叫热释电效应。热释电效应原理如图 10-4 所示。

假设晶体薄片表面温度上升了 ΔT，引起自发极化电荷变化 ΔQ，而其电容量为 C，则两电极的电压为

$$U = \frac{\Delta Q}{C} \tag{10-4}$$

可见，热释电型传感器只有在外界辐射引起其自身温度发生变化时，才会输出一个相应的电信号；当温度的变化趋于稳定后，就没有信号继续输出，即热释电信号与热释电材料自身温度的变化率成正比，因此热释电型传感器只对运动的人体或物体敏感。

2. 热释电敏感元件

制作热释电敏感元件时，先把热释电材料制成很小的薄片，在薄片两侧镀上电极，将两个极性相反的热释电敏感元件并排放置，再反向串联，抑制由于自身温度升高而产生的干扰，如图 10-5 所示。受环境影响而整个晶片温度变化时，两晶片产生的热释电信号相互抵消，所以它对缓慢变化的信号没有输出。但如果两片热释电晶片的温度变化不一致，它们的输出信号就不会被抵消。因此只要照射到两片热释电晶片表面的红外线忽强忽弱，热释电敏感元件就会有交变电压输出。

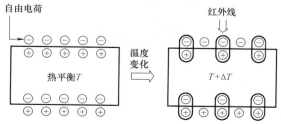

图 10-4 热释电效应原理

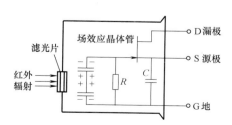

图 10-5 热释电敏感元件的连接

3. 阻抗变换

由于热释电敏感元件输出的是电荷信号，并不能直接作为传感器输出，因而需要用高值电阻将其转换为电压信号，该电阻阻抗高达 $10^4 M\Omega$，故引入的场效应晶体管应接成源极跟随器来完成阻抗变换。

4. 滤光片

为了防止可见光对热释电敏感元件造成干扰，必须在元件表面安装一块滤光片。不同温度的物体发出的红外辐射波长不同，其辐射峰值波长满足维恩位移定律。对于体温 36℃ 的人体，辐射的最长波长 $\lambda_{max} = (2897/309)\mu m = 9.4\mu m$，也就是说，人体辐射在 $9.4\mu m$ 处最强，红外滤光片选取 $6.5 \sim 14\mu m$ 波段，就能有效地检测人体的红外辐射。红外滤光片透射曲线如图 10-6 所示。可见，波长小于 $6.0\mu m$ 的光的透过率为 0，而对于 $6.5 \sim 15.0\mu m$ 的辐射，滤光片透过率达 60% 以上。因此，滤光片可以有效地防止、抑制电灯、太阳光的干扰，但有时也对电灯发热引起的红外辐射产生误动作。

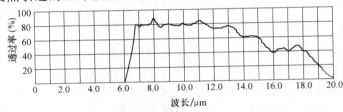

图 10-6　红外滤光片透射曲线

5. 菲涅耳透镜

热释电型传感器常常通过菲涅耳透镜聚焦辐射和增加探测距离。菲涅耳透镜是一种由塑料制成的透镜组，其中的每个单元透镜只有一个不大的视场，而相邻的两个单元透镜的视场既不连续，也不重叠，都相隔一个盲区。这样，运动的人体一旦出现在透镜的前方，人体辐射出的红外线通过透镜后就会在传感器上形成不断交替变化的阴影区（盲区）和明亮区（可见区），使传感器热释电晶片的表面温度不断发生变化，从而输出电信号。两个反向串联的热释电晶片将输出一系列交变脉冲信号。如果传感器不加菲涅耳透镜，则其检测距离小于 2m，而加上透镜后，其检测距离可增加 3 倍以上。当然，如果人体静止不动地立于热释电型传感器前面，它是"视而不见"的。图 10-7 为菲涅耳透镜示意图，图 10-8 为其实物图。

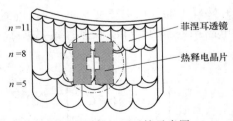

图 10-7　菲涅耳透镜示意图

图 10-8　菲涅耳透镜实物图

由于热释电型红外传感器的输入阻抗极高，非常容易引入噪声，因此最好能够对其进行电学屏蔽。在采用金属封装的情况下，外壳是接地的，可以起到屏蔽作用，而在塑料封装的情况下，则需要采用另外的屏蔽方法。

10.3　红外传感器的性能

10.3.1　主要性能参数

1. 响应率

所谓红外传感器的响应率，就是其输出电压与入射红外辐射功率之比，即

$$r = \frac{U_S}{P_0} \tag{10-5}$$

式中，r 为响应率（V/W）；U_S 为输出电压（V）；P_0 为红外辐射功率（W）。

2. 响应波长范围

响应波长范围又称光谱响应，表示传感器的响应率与入射红外辐射波长之间的关系，一般用图 10-9 所示电压响应率曲线表示。红外光子传感器的响应率与入射红外辐射波长有一定的关系，而红外热传感器的响应率 r 与波长 λ 无关。

一般将响应率最大值所对应的波长称为峰值波长（λ_m）。把响应率下降到响应值一半所对应的波长称为截止波长（λ_{c1}、λ_{c2}），它表示着红外传感器使用的波长范围。

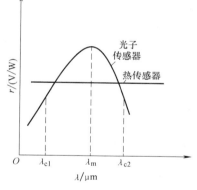

图 10-9　红外传感器的电压响应率曲线

3. 噪声等效功率

若投射到传感器上的红外辐射功率所产生的输出电压正好等于传感器自身的噪声电压，则这个辐射功率就是噪声等效功率（NEP），用公式表示为

$$NEP = \frac{P_0}{U_S/U_N} = \frac{U_N}{r} \tag{10-6}$$

式中，U_S 为输出电压；P_0 为红外辐射功率；U_N 为综合噪声电压；r 为响应率。

4. 探测率

探测率是噪声等效功率的倒数，即

$$D = \frac{1}{NEP} = \frac{r}{U_N} \tag{10-7}$$

红外传感器的探测率越高，表明传感器所能探测到的最小辐射功率越小，传感器就越灵敏。

5. 响应时间

红外传感器的响应时间就是突然加上辐射源时，其输出电压需经过一定时间才能上升到与入射辐射功率相对应的稳定值；当辐射源突然撤离时，也需要经过一定时间才能下降到最初的稳定值。一般来说，红外传感器输出电压上升或下降至稳定值所需要的时间相等，称之为响应时间。红外传感器的响应时间比较短。

10.3.2　使用注意事项

1）使用红外传感器时，必须首先了解其性能指标，注意应用范围，掌握使用条件。

2）选择红外传感器时，要注意它的工作温度，一般要选择能在室温工作的红外传感器；此外，设备应尽量结构简单、使用方便、成本低廉、便于维护。

3）适当调整红外传感器的工作点。一般情况下，红外传感器有一个最佳工作点，在此工作点处红外传感器的信噪比最大。实际工作点最好稍低于最佳工作点。

4）选用适当的前置放大器与红外传感器相配合，以获得最佳的探测效果。

5）调制频率与红外传感器的频率响应相匹配。

6）传感器的光学部分不能用手去擦，防止损伤与沾污。

7）传感器存放时注意防潮、防振和防腐蚀。

10.4 红外传感器的应用

红外传感器常用于非接触温度测量（扫描右侧二维码观看相关视频）。例如，采用红外传感器远距离测量人体表面温度的热像图，可以发现温度异常的部位，及时对疾病进行诊断治疗；利用人造卫星上的红外传感器对地球云层进行监测，可实现大范围的天气预报；采用红外传感器检测飞机上正在运行的发动机的过热情况等。

信物百年
截杀"黑猫"的导弹

1. 检测方式分类

红外传感器根据应用时的检测方式分为主动型和被动型，如图 10-10 所示。

1）主动型红外传感器是把一对红外线发射与接收的装置组合在一起形成红外线对射或反射系统。如果红外线的发射和接收系统之间的不可见光路被挡住的时候，接收装置就会发出信号。

2）被动型红外传感器自身不会发射任何能量，只是被动地接收，以此达到探测环境中的红外辐射的目的。当检测的区域内有人或动物进入的时候，特定的光学系统会使特定的检测设备产生特定信号输出。

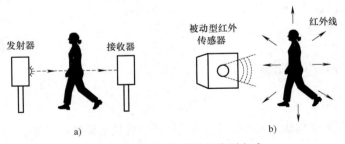

图 10-10 红外传感器的检测方式

a）主动型 b）被动型

红外测温仪便是常见的被动型红外检测装置。

2. 红外测温仪

（1）温度与光的种类 任何物体在热力学温度 0K 以上都能产生热辐射。温度较低时，物体辐射的是不可见的红外线；随着温度的升高，短波长的光开始丰富起来。当温度升高到 500℃ 时，物体开始辐射一部分暗红色的光。从 500℃ 至 1500℃，物体辐射光的颜色逐渐从红色变为橙色、黄色、蓝色、白色。也就是说，1500℃ 时的热辐射已包含了从几十微米至

0.4μm 波长，甚至更短波长的连续光谱。随着温度再升高，如达到 5500℃ 时，辐射光谱的上限已超过蓝色、紫色，进入紫外线区域。因此，测量光的颜色及辐射强度，可粗略判定物体的温度。特别是在高温（2000℃ 以上）区域，已无法用常规的温度传感器来测量，所以高温测量多采用辐射温度计。

（2）红外测温仪的工作原理　红外测温仪实物如图 10-11 所示，普通的红外测温仪仅有单点测量功能，而红外热成像仪则可捕获被测目标的整体温度分布，快速发现高温点、低温点，从而避免漏检。

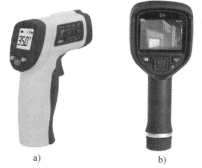

图 10-11　红外测温仪

a）红外测温仪　b）红外热成像仪

红外测温仪由光学系统、光电器件、信号放大及信号处理模块、显示器件等部分组成。光学系统汇聚其视场内的目标红外辐射能量，视场的大小由测温仪的光学透镜及仪器与被测物体的距离确定。红外辐射能量汇聚在光电器件上并转换为相应的电信号。该信号经过放大器和信号处理电路，并按照设计的算法和目标发射率校正后，显示为被测物体的温度值。除此之外，还应考虑被测物体的属性、环境条件等对性能指标的影响，并作适当修正。红外测温仪工作原理如图 10-12 所示。

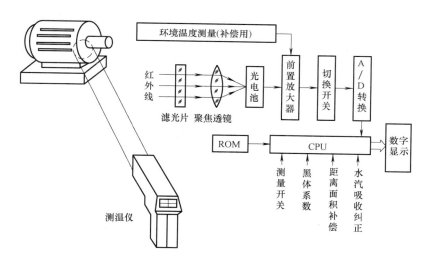

图 10-12　红外测温仪工作原理

测试时，按下枪形测温仪的开关，将"枪口"发射出的低功率红色激光瞄准被测物体中央部位，然后被测物体发出的红外辐射经过滤光片、透镜后聚焦在测温仪"枪口"里面的光电池上。CPU 根据距离、被测物体表面黑体辐射系数、水汽及粉尘吸收修正系数、环境温度及被测物体辐射出来的红外线强度等诸多参数，计算出被测物体的表面温度。

当被测物体不是绝对黑体时，在相同温度下，随着其明亮度增加，辐射能量将减小。比如十分光亮的物体只能发射或接收很少一部分光的辐射能量，因此必须根据预先标定过的温度，输入光谱修正系数。测量时，必须保证被测物体的"热像"充满光电池的整个视场，因此在测量时测温仪与被测物体不能距离太远。

（3）红外测温仪的优点　红外测温仪广泛用于铁路机车轴温检测，冶金、化工、高压输变电设备、热加工流水线的表面温度测量，还可快速测量人体的温度。与普通测温传感器相比，红外测温仪具有如下优点。

1）红外测温仪可以远距离和非接触测温，特别适合于高速运动物体、带电体、高温及高压物体的温度测量。

2）红外测温仪反应速度快，它不需要与物体达到热平衡的过程，只要接收到目标的红外辐射即可测定出温度，反应时间一般都在毫秒级，甚至微秒级。

3）红外测温仪灵敏度高。因为物体的辐射能量与温度的四次方成正比，物体温度微小的变化，就会引起辐射能量成倍的变化，红外测温仪即可检测出来。

4）红外测温仪准确度较高。由于是非接触测量，不会破坏物体原来的温度分布状况，因此测出的温度比较真实，其测量准确度可达到 0.1℃ 以内，甚至更小。

5）红外测温仪的测温范围大，可测摄氏零下几十度到零上几千度的温度范围。

10.5　工程设计实例

1. 实例来源

热释电型红外传感器广泛应用于需要检测人或动物发射出的红外线的场合。例如，在房间无人时能自动停机的空调机、饮水机，无人观看时能自动关机的电视机，有人活动时能自动开启的监视器或门铃等。本实例主要利用热释电型传感器和模拟声集成电路制作热释电红外传感报警器，有人在其前方警戒范围内走动时，它就会发出逼真的警笛声。

2. 方案设计

本报警器系统主要由电源、传感器、人体红外感应 IC 芯片、扬声器、指示灯等部分组成。系统的基本工作原理如图 10-13 所示。其关键部件描述如下。

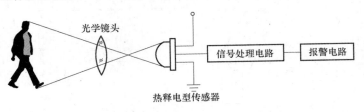

图 10-13　报警系统的基本工作原理

（1）热释电型传感器　常见的热释电型人体红外传感器主要有 SD02、LH1958、P2288、RS02D 等。虽然它们型号不同，但其结构、外形和电参数大致相同，大部分可以彼此互换使用。本报警器方案选用 LH1958 作为人体红外传感器。

（2）人体红外感应 IC 芯片　常见的人体红外感应 IC 芯片包括 EG4001、BISS0001、PIR0002 等。BISS0001 是一款具有较高性能的传感信号处理集成电路芯片，它配以热释电型红外传感器和少量外接元器件构成被动型的热释电红外开关，可以快速自动开启灯、扬声器、自动门等装置。BISS0001 引脚位置与功能如图 10-14 所示。图 10-15 是 BISS0001 实物图。

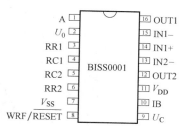

图 10-14 BISS0001 引脚位置与功能

图 10-15 BISS0001 实物图

（3）报警芯片 常用的报警芯片型号有 KD9561、CK9561、L9561、S9561 等。本系统采用的集成电路芯片能模拟四种声音，静态电流极低，通过调节外接电阻可使扬声器发出不同频率的警笛声音。

（4）菲涅耳透镜 菲涅耳透镜的作用有两个，一是聚焦作用，二是使进入探测区域的移动物体能以温度变化的形式在红外传感器上产生变化的热释红外信号。可选用的菲涅耳透镜有 SNS、CE-024 或 Q-1A 等型号。

3. 电路组成与工作过程

本报警器电路如图 10-16 所示。

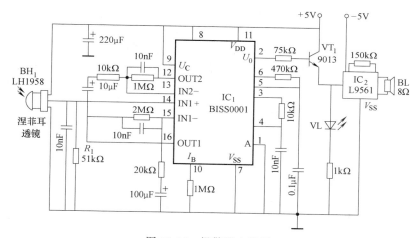

图 10-16 报警器电路图

有人在传感器警戒范围内走动时，由人体发出的微量红外线通过菲涅耳透镜聚焦后，在热释电人体红外传感器 BH_1 的内部敏感元件上引起温度变化而产生热释电效应，从而在传感器的外接电阻 R_1 两端输出传感信号。此传感信号相当微弱，将它送至信号处理器 IC_1 的输入端（14 脚），经集成电路的两级放大、双向鉴幅、延时处理后，最终从 IC_1 的输出端（2 脚）输出高电平延时脉冲信号。输出的高电平脉冲信号接至晶体管 VT_1 的基极，于是当有控制信号输出时发光二极管 VL 发光并触发 IC_2 工作，使 IC_2 输出模拟声的电信号，驱动扬声器 BL 发出"呜呜"警笛声，重复三次，然后自动停止，等待下一次触发。

4. 性能分析

报警器应安装在能让走动的人进入红外传感器的可靠视场范围之内，且不易被发现的隐蔽处。根据实际需要，传感器和扬声器可以相距较远分别安装，如图 10-17 所示。

本实例设计的报警器与目前市场上销售的许多防盗报警器材相比，具有如下优点。

1）不需要红外线或电磁波等的发射源。

2）灵敏度高，控制范围大。

3）元器件功耗很小，价格低廉。

同时，本实例设计的报警器也具有如下缺点。

1）信号幅度小，容易受各种热源、光源、射频辐射干扰。

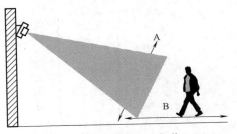

图 10-17　报警器的安装

2）被动红外穿透力差，人体的红外辐射容易被遮挡，不易被传感器接收。

3）被动红外传感器主要检测横向运动方向，对径向方向运动的物体检测能力比较差。

思　考　题

10-1　红外线的波长范围是什么？

10-2　什么是黑体？红外辐射的基本定律包括哪些？

10-3　什么是红外传感器？具有哪些优点？

10-4　红外传感器有哪些类型？其基本工作原理是什么？

10-5　什么是热释电效应？热释电元件如何将光信号转换为电信号输出？

10-6　菲涅耳透镜有什么特点？为什么热释电型传感器在应用中常常配置该器件？

10-7　分析如何利用热释电型传感器及其他元器件实现宾馆玻璃大门的自动开闭。

第11章 生物传感器

生物传感器（Biosensor）是指用固定化的生物体成分或生物体本身作为敏感元件的传感器，是一种将生物化学反应能转换成电信号的分析测试装置。因其具有特异性好、灵敏度高、分析速度快、成本低、能够在复杂的体系中进行在线连续监测等特点，生物传感器在近几十年获得了蓬勃而迅速的发展，在国民经济的各个部门，如发酵工艺、环境监测、食品工程、临床医学等方面得到了高度重视和广泛应用（扫描右侧二维码观看相关视频）。

本章将在介绍生物传感器的发展历史及意义的基础上，分析其基本组成和工作原理，重点讲解酶传感器、微生物传感器、免疫传感器及生物芯片的工作特性和应用，最后介绍一个血糖测试仪的工程实例。

信物百年
武汉战疫中飘扬的
党团旗帜

11.1 生物传感器的发展

生物传感器是一种由生物、化学、物理、医学、电子技术等多种学科互相渗透成长起来的高新技术产品，与传统传感器明显不同的是它以生物活性单元（如酶、抗体、核酸、细胞等）作为传感器的敏感单元，对目标测物具有高度选择性。它是发展生物技术必不可少的一种先进的检测与监控方法，也是对物质在分子水平上进行快速和微量分析的方法。

生物传感器起源于隔离式氧电极检测方法。它由美国的 Clark 教授于 1956 年首次提出，并于 1962 年证实了葡萄糖氧化酶与氧电极结合进行葡萄糖测定的可行性，酶电极（Enzyme Electrode）由此诞生。随后，许多学者对酶固定化和电极结合的方法进行了完善，在实现酶电极功能方面取得了进展，但是由于酶价格昂贵且不够稳定，因此以酶作为敏感材料的传感器应用受到一定的限制。

20 世纪 70 年代中期后，生物传感器技术在研究上的成功主要集中在对生物活性物质的探索、活性物质的固定化技术、生物电信息的转换等方面，并获得了较大的进展，产生了微生物电极。微生物电极以微生物活体作为分子识别元件，与酶电极相比可以克服价格昂贵、提取困难及不稳定等弱点。

20 世纪 90 年代以后，生物传感器的市场开发取得显著成绩，形成了光纤、压电晶体、表面等离子体、半导体、纳米材料等器件与酶、抗原、抗体、核酸、细胞、天然受体或合成受体等生物元件组成的各类生物传感器，多学科不断交叉融合，出现了以表面等离子体和生物芯片为代表的发展机遇和高潮，而且随着聚合酶链式反应技术（PCR）的发展，应用 PCR 的 DNA 生物传感器也越来越多。

在生物传感器 50 多年的发展历程中，发生过如下代表性事件。

1962 年，Clark 等人报道了用葡萄糖氧化酶与氧电极组合检测葡萄糖的结果，可认为是最早提出生物传感器（酶传感器）原理的。

1967 年，Updike 等人实现了酶的固定化技术，研制出了酶电极，这被认为是世界上第一个生物传感器。

1975 年，Divies 率先提出用固定化细胞与氧电极配合，组成了可对醇类进行检测的所谓"微生物电极"。

1975 年，Yellow Springs 仪器公司首次成功地将葡萄糖酶电极市场化。自此以后，生物传感器技术的新进展不断地向市场化应用拓展。

1977 年，铃木周一等发表了关于对生化需氧量（BOD）进行快速测定的微生物传感器的报告，并在微生物传感器对发酵过程的控制等方面作了详细报道，正式提出了对生物传感器的命名。

1977 年，Rchnitz 研制出检测精氨酸的微生物电极。

1979 年，Rchnitz 成功研制出了测定谷氨酰胺的组织传感器。

1984 年，在国际生物工程年会上生物传感器被列为当代生物工程的重要领域之一。

1985 年，Elsevier 科学出版社创刊《Biosensors》国际学术期刊，并于 1990 年将其更名为《Biosensors & Bioelectronics》。

1987 年，牛津出版社出版了《生物传感器：基础与应用》著作，该著作当时被誉为生物传感器的"圣经"。

1990 年，BIAcore 公司将表面等离子共振（Surface Plasmon Resonance，SRP）技术市场化。同年，在新加坡召开了首届世界生物传感器学术大会，标志着生物传感器已形成一个新兴的科学技术领域。

1992 年，Affymatrix 公司运用半导体照相平板技术，以及原位合成方法制备了 DNA 芯片，这是世界上第一块基因芯片。

1996 年，Affymatrix 公司创造了世界上第一块市场化的生物芯片。

2010 年，全球生物传感器市场销售额突破了 100 亿美元。

生物传感器的出现是生命科学和信息科学交叉区域的一场技术革命。生物传感器技术作为 21 世纪新兴高技术产业的重要组成部分，发展的重点是广泛地应用各种生物活性材料与传感器相结合，研究和开发具有识别功能的换能器并使其成为制造新型分析仪器的原创技术。目前，对 DNA 分子或蛋白质分子识别技术的研究已成为生物芯片研究中独立的学科领域。

11.2　生物传感器的工作原理

生物传感器由生物敏感单元（也称为生物敏感膜、分子识别元件、感受器）和换能器（也称为信号转换器）构成，对特定种类化学物质或生物活性物质具有选择性和可逆响应。其中，生物敏感单元是整个生物传感器的核心，是对待测物质具有选择性作用（物理变化或化学变化）的生物活性单元，它直接决定着传感器的功能与质量。换能器是能够捕捉敏感元件与待测物质之间的作用过程，并将其表达为物理信号的组件。

生物敏感单元与换能器结合在一起，当遇到待测物质后会产生信号，如图 11-1 所示。

生物传感器的工作过程为：待测物质经扩散作用进入固定的生物敏感膜，生物敏感膜中的生物敏感材料与待测物质发生作用，相应地产生光、热、质量等信号；信号转换器接收信号并将其转换成定量的、可处理的电信号，再由仪表二次放大并输出；以电极测定其电流值或电压值，便可换算出待测物质的量或浓度。其工作原理如图11-2所示。

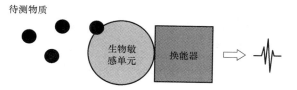

图 11-1 生物传感器的基本组成

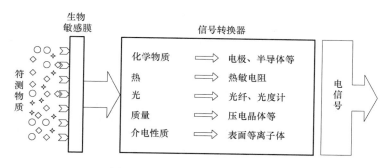

图 11-2 生物传感器的工作原理

1. 生物敏感单元

生物敏感单元是生物敏感材料经固定化后形成的一种膜结构，对待测物质有选择性的识别能力。敏感膜与待测物质相接触时会伴有物理、化学变化，选择性地"捕捉"自己感兴趣的物质，如图11-3所示。

图 11-3 敏感膜的选择性作用

常见的生物敏感材料有酶、抗体、DNA、细胞组织等，如图11-4所示。根据生物敏感膜选材的不同，可以制成酶膜、全细胞膜、组织膜、细胞器膜、免疫功能膜、复合膜等，见表11-1。

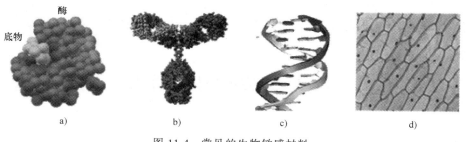

图 11-4 常见的生物敏感材料
a）酶 b）抗体 c）DNA d）细胞组织

表 11-1　生物敏感膜与生物敏感材料

生物敏感膜	生物敏感材料	生物敏感膜	生物敏感材料
酶膜	各种酶类	免疫功能膜	抗体、抗原、酶标抗原等
全细胞膜	细菌、真菌、动植物细胞	生物亲和能力的物质膜	配体、受体
组织膜	动植物组织切片	核酸膜	寡聚核苷酸
细胞器膜	线粒体、叶绿体	模拟酶膜	高分子聚合物

2. 换能器

换能器的作用是将各种生物、化学和物理信息转变成电信号。采用的器件主要有电化学器件、光电器件、热敏器件、压电器件等。到目前为止，用得最多且比较成熟的是电化学电极，用它组成的生物传感器称为电化学生物传感器。生物学反应信息与换能器选择器件的对应关系见表 11-2。

表 11-2　生物学反应信息与换能器选择器件

生物学反应信息	换能器选择器件	生物学反应信息	换能器选择器件
离子变化	离子选择性电极	光学变化	光纤、光敏管、荧光计
电阻变化、电导变化	阻抗计、电导仪	颜色变化	光纤、光敏管
质子变化	场效应晶体管	质量变化	压电晶体
气体分压变化	气敏电极	力变化	微悬臂梁
热焓变化	热敏电阻、热电偶	振动频率变化	表面等离子体

以下举例说明几种常见的信号转换形式。

1）将化学变化转换成电信号。酶催化待测物质发生反应，从而使特定生成物的量有所增减。将能把这类物质的变化转换为电信号的装置和固定化酶耦合，即组成酶传感器。常用的转换装置有氧电极、过氧化氢电极。

2）将热变化转换成电信号。固定化的生物材料与相应的待测物质作用时常伴有热的变化。例如大多数酶反应的热焓变化量在 $25 \sim 100 \text{kJ/mol}$ 的范围。检测热变化的生物传感器的工作原理是把反应的热效应借助热敏电阻转换为阻值的变化，后者通过有放大器的电桥输入到记录仪中。

3）将光信号转换为电信号。过氧化氢酶能催化鲁米诺-过氧化氢体系发光，因此设法将过氧化氢酶膜附着在光纤或光电二极管的前端，再与光电流测定装置相连，即可测定过氧化氢含量。还有很多细菌能与特定底物发生反应产生荧光，也可以用这种方法测定底物浓度。

应用上述三种原理的生物传感器都是使生物敏感材料与待测物质发生反应，将反应后所产生的化学或物理变化再通过信号转换器转换为电信号后进行测量，这种方式统称为间接测量方式。

11.3　生物传感器的分类

生物传感器一般可以按如下四种方式来分类。

1. 根据输出信号产生的方式进行分类

根据待测物质与敏感材料相互作用而产生输出信号的方式，生物传感器可分为生物亲和型和代谢型。

（1）生物亲合型传感器 待测物质（底物）与分子识别元件上的生物敏感材料（受体）具有生物亲合作用，即两者能特异性地相互结合，同时敏感材料的分子结构或固定介质会发生变化，例如电荷、温度、光学性质等的变化。反应过程可表示为

$$S(底物)+R(受体)=SR$$

（2）代谢型传感器 底物与受体相互作用并生成产物，信号转换器将底物的消耗或产物的增加转换为输出信号，这类传感器称为代谢型传感器。反应过程可表示为

$$S(底物)+R(受体)=SR\rightarrow P(生成物)$$

两种类型的对比如图 11-5 所示。

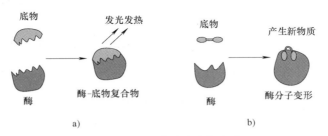

图 11-5 输出信号产生的方式
a）生物亲和型传感器 b）代谢型传感器

2. 根据分子识别元件进行分类

生物传感器根据分子识别元件上的敏感材料的不同，可分为不同类型。例如酶传感器所应用的敏感材料为固定化酶。生物传感器根据分子识别元件的分类如图 11-6 所示。

图 11-6 根据分子识别元件的分类

3. 根据换能器进行分类

生物传感器根据换能器的不同，可分为不同类型。例如电化学生物传感器的换能器为电化学电极。生物传感器根据换能器的分类如图 11-7 所示。

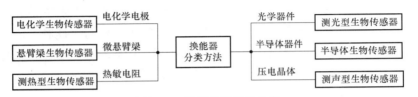

图 11-7 根据换能器的分类

分子识别元件与换能器的不同组合，可以构建出适合于不同用途的生物传感器，拓展生物传感器的类别。例如酶传感器又可分为酶电极、酶热敏电阻、酶 FET（场效应晶体管）、酶光极等。

4. 根据生物传感器集成程度进行分类

生物传感器还可根据发展过程中不同组件集成的程度进行分类。

（1）第一代生物传感器　第一代生物传感器由固定了生物材料的非活性基质膜（透析膜或反应膜）和电化学电极所组成（如葡萄糖传感器）。

（2）第二代生物传感器　第二代生物传感器是将生物材料直接吸附或共价结合到换能器的表面，而无需非活性基质膜，测定时不必向样品中加入其他试剂（如 SPR 传感器）。

（3）第三代生物传感器　第三代生物传感器是把生物材料直接固定在电子元件上，它们可以直接感知和放大界面物质的变化，从而把生物识别和信号转换的功能过程结合在一起，结构更为紧凑（如硅片与生物材料相结合制成的生物芯片）。

以上三代传感器的集成程度如图 11-8 所示，其中Ⓡ表示生物成分。

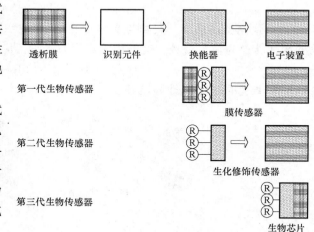

图 11-8　根据生物传感器集成程度的分类

11.4　生物敏感材料的固定化

将具有分子识别能力的生物敏感材料通过包藏或吸附于某些高分子材料的方式，固定化为生物敏感膜的过程，称为生物的固定化。常用的固定化方法有夹心法、吸附法、包埋法、共价结合法、交联法。近年来，随着半导体生物传感器的迅速发展，又出现了采用集成电路工艺制膜技术。

1. 夹心法

夹心法是将生物敏感材料封闭在双层滤膜之间，因此形象地称为夹心法，如图 11-9 所示。

该方法尤其适用于微生物膜和组织膜的制作，特点是操作简单，不需要任何化学处理，固定生物量大，响应速度快，重复性好。但用于酶膜制作时稳定性较差。

2. 吸附法

吸附法是用非水溶性载体进行物理吸附或离子结合，使蛋白质分子固定化的方法，如图 11-10 所示。可选用的载体种类繁多，如活性炭、高岭土、铝粉、硅胶、磷酸钙凝胶、纤维素和离子交换体等。吸附法主要用于制备酶和免疫膜，吸附过程一般不需要化学试剂，对蛋白质分子活性影响较小，但是环境条件改变时蛋白质分子容易脱落。

3. 包埋法

将酶分子或细胞包埋并固定在高分子聚合物的三维空间网状结构基质中，如图 11-11 所示。包埋法的特点是一般不发生化学修饰，对生物敏感材料活性影响较小，膜的孔径和几何形状可任意控制，被包埋物质不易渗漏，底物分子可以在膜中任意扩散；缺点是分子量大的底物在凝胶网格内扩散较困难，因此，不适用于大分子底物的固定化。

图 11-9　夹心法

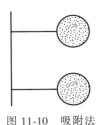

图 11-10　吸附法

4. 共价结合法

共价结合法是生物敏感材料分子通过共价键与不溶性载体结合而固定的方法，如图 11-12 所示。蛋白质分子中能与载体形成共价键的基团有游离氨基、羧基、巯基、酚基和羟基等；有机载体有纤维素及其衍生物、葡聚糖、琼脂粉、骨胶原等，无机载体使用较少，主要有多孔玻璃、石墨等。共价结合法多用于酶膜和免疫分子膜的制作，特点是结合牢固，生物敏感材料分子不易脱落，载体不易被生物降解，使用寿命长；缺点是实现固定化的过程繁琐，酶活性可能因发生化学修饰而降低。

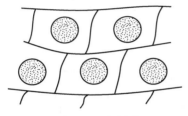

图 11-11　包埋法

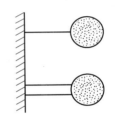

图 11-12　共价结合法

5. 交联法

依靠双功能团试剂使蛋白质与惰性载体结合，或蛋白质分子彼此交联而形成网状结构，如图 11-13 所示。交联法广泛用于酶膜和免疫分子膜的制备，操作简单，结合牢固，在酶源紧张时常常需要加入数倍酶的惰性蛋白质作为基质。交联法存在的问题是，在进行固定化的过程中需要严格控制 pH 值，一般在蛋白质的等电点附近操作。在交联反应中，酶分子不可避免地会部分失活。

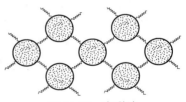

图 11-13　交联法

11.5　几种生物传感器

11.5.1　酶传感器

酶传感器也称为酶电极，由生物酶膜和各种电极（如离子选择电极、气敏电极、氧化还原电极等）组合而成。待测物质与各种生物活性酶在化学反应中产生或消耗的物质量，通过电极转换成电信号，从而选择性地测出某种成分。电极的信号转换方法分为电流法和电压法。

电流法的转换过程是电极活性物质在电极上反应产生电流。常用电极有氧电极、H_2O_2

电极、燃料电池型电极等。

电压法的转换过程是电极活性物质有选择地感应产生膜电压。常用电极有离子选择电极、氨电极、CO_2 电极等。

酶传感器的基本原理如图 11-14 所示。其中，工作电极是指能发生电化学反应或激发信号的电极；参比电极是用来提供电压标准的电极，在测量过程中不发生变化。

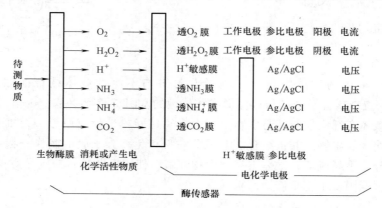

图 11-14 酶传感器的基本原理

酶传感器应用广泛，用于测量葡萄糖浓度的葡萄糖酶电极传感器的测量方法如图 11-15 所示，它由含有葡萄糖氧化酶的膜和 Clark 氧电极组成。

将葡萄糖酶传感器插入待测葡萄糖（$C_6H_{12}O_6$）溶液中，溶液内的溶解氧和待测葡萄糖同时渗入酶膜，在氧存在的条件下，葡萄糖被酶（GOD）催化氧化成为葡萄糖酸内酯（$C_6H_{10}O_6$），同时消耗氧而生成过氧化氢（H_2O_2）。过氧化氢通过选择性透气膜，使电极表面的氧化量减少，相应电极的还原电流减

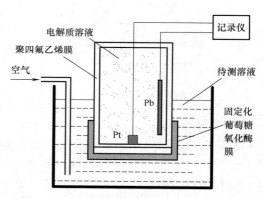

图 11-15 葡萄糖酶电极传感器的测量方法

少，从而可以通过电流值的变化来确定葡萄糖的浓度。葡萄糖浓度越高，消耗的氧就越多，生成的过氧化氢也越多。该过程用分子式表示为

$$C_6H_{12}O_6 + O_2 \xrightarrow{GOD} C_6H_{10}O_6 + H_2O_2$$

$$Pb（阳极）：Pb \longrightarrow Pb^{2+} + 2e^-$$

$$Pt（阴极）：\frac{1}{2}O_2 + H_2O + 2e^- \longrightarrow 2OH^-$$

酶传感器的优点是酶易被分离，存储较稳定。缺点是酶的特异性不高，在测试过程中因被消耗而需要不断更换。

基本原理与酶传感器相同的还有组织传感器，它是以动植物组织薄片中的生物催化层与基础敏感膜电极结合而成，催化层以酶为基础。组织传感器材料比酶传感器更易于获得。

11.5.2 微生物传感器

微生物传感器也称为微生物电极，属于酶电极的衍生电极，除了生物活性物质不同外（用微生物替代酶），两者之间有相似的结构和工作原理。可选用的微生物主要包括原核微生物（如细菌）、真核微生物（如真菌、藻类和原虫）和无细胞生物（如病毒）等几大类。

微生物传感器根据对氧气的反应情况分为呼吸机能型和代谢机能型。

1. 呼吸机能型

呼吸机能型生物传感器由好氧型微生物固定化膜和氧电极组合而成，测定时以微生物的呼吸活性为基础。当微生物传感器插入溶解氧保持饱和状态的试液中时，试液中的有机物受到微生物的同化作用，微生物的呼吸加强，在电极上扩散的氧减少，电流值下降。当有机物由试液向微生物膜扩散的速度达到恒定时，微生物的耗氧量也达到恒定，此时扩散到电极表面上的氧量也变为恒定，因此产生一个恒定电流。此电流与试液中的有机物浓度存在定量关系，据此可测定有关有机物。其工作原理如图 11-16 所示。

图 11-16 呼吸机能型生物传感器工作原理

2. 代谢机能型

代谢机能型生物传感器以微生物的代谢活性为基础。当微生物摄取有机化合物而生成含有电极活性物质的代谢产物时，用安培计可测得氢、甲酸和各种还原型辅酶等代谢物，而用电位计则可测得 CO_2、有机酸（H^+）等代谢物。由此可以得到有机化合物的浓度信息。其工作原理如图 11-17 所示。

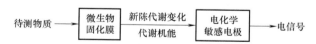

图 11-17 代谢机能型生物传感器工作原理

甲酸传感器是代谢机能型生物传感器的一种应用，它由 Pt 电极、Ag_2O_2 电极、电解液（0.1mol/L 磷酸缓冲液）及液体连接面组成，如图 11-18 所示。将产生氢的酪酸梭状芽菌固定化在低温胶冻膜上，并把它固定在燃料电池 Pt 电极上，当传感器浸入含有甲酸的溶液时，甲酸通过聚四氟乙烯膜向酪酸梭状芽菌扩散后产生 H_2，而 H_2 又穿过 Pt 电极表面上的聚四氟乙烯膜与 Pt 电极产生氧化还原反应而产生电流，此电流与微生物所产生的 H_2 含量成正比，而 H_2 量又与待测甲酸浓度有关，因此传感器能测定溶液中的甲酸浓度。

微生物传感器的优点是稳定性好，寿命长，克服部分酶无法提取的缺陷。缺点是微生物体内有多种酶，影响选择性和灵敏度。

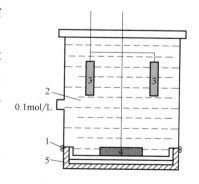

图 11-18 甲酸传感器的结构图
1—圆环 2—电解液 3—Ag_2O_2 电极（阴极） 4—Pt 电极（阳极）
5—聚四氟乙烯膜

11.5.3　免疫传感器

免疫传感器是基于抗原抗体特异性识别功能而研制的一类生物传感器，其基本原理是免疫反应。其中，抗体是一种免疫球蛋白，抗原是一种进入机体后能刺激机体发生免疫反应的物质。一旦有病原体或其他异种蛋白（抗原）侵入某种动物体内，动物体内就会产生能够识别这些"异物"并把它们从体内排除的抗体。抗体与抗原相结合的区互补关系如图 11-19 所示。

免疫传感器可以分为非标记免疫传感器和标记免疫传感器。

1）非标记免疫传感器是将抗体或抗原固定化在电极上，当其与溶液中的待测特异抗原或抗体结合后，引起电极表面膜和溶液交界面处电荷密度的改变，产生膜电位的变化，变化程度与溶液中待测抗原或抗体的浓度成比例。其工作原理如图 11-20 所示。

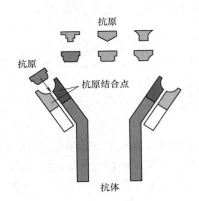

图 11-19　抗体与抗原相结合
的区互补关系

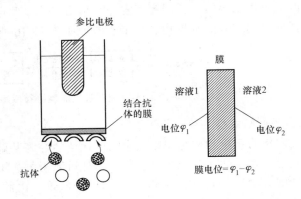

图 11-20　非标记免疫传感器工作原理

2）标记免疫传感器则是利用酶的标记剂来提高免疫传感器的检测灵敏度。如黄曲霉毒素传感器，它由氧电极和黄曲霉毒素抗体膜组成，将传感器浸入待测样品中后，经过酶标记的和未标记的黄曲霉毒素便会与膜上的黄曲霉毒素抗体发生竞争反应，测定酶标记的黄曲霉毒素与抗体的结合率，便可获得样品中的含量。

图 11-21 所示为梅毒抗体传感器的工作过程。参考膜（不含抗原的乙酰纤维素膜）与抗原膜由基准容器和抗原容器分开，血清注入测试容器中，抗原膜作为带电膜工作。若血清中存在抗体，则抗体被吸附于抗原表面形成复合体。由于抗体带正电荷，因此膜的负电荷减少引起膜电位的变化，最终通过测量两个电极间的电位差，来判断血清中是否存在梅毒抗体。

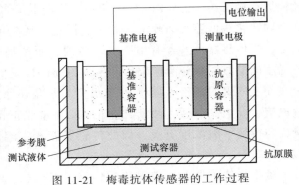

图 11-21　梅毒抗体传感器的工作过程

免疫传感器的优势在于抗原与抗体的结合具有很高的特异性，分析灵敏度高，使用简便，易于实现测量过程自动化。缺点是制作复杂，电极用于样品测定的次数有限，费用较高。

11.5.4 生物芯片

生物芯片（Biochip 或 Bioarray）是指通过平面微细加工技术实现生物传感器集成化后的微型阵列。芯片上每平方厘米可密集排列成千上万个生物分子，能快速而准确地检测细胞、蛋白质、DNA 及其他生物成分，并获取样品中的有关信息，其效率是传统检测方法的成百上千倍。生物芯片结构如图 11-22 所示。常见的生物芯片主要有如下几种。

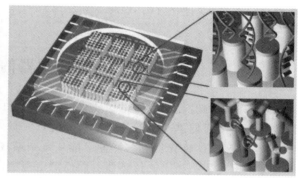

图 11-22　生物芯片结构

（1）基因芯片（Gene Chip）　基因芯片又称为 DNA 芯片，是将 cDNA 或寡核苷酸以微阵列形式固定在微型载体上制成的生物芯片。

（2）蛋白质芯片（Protein Chip）　芯片上的探针构成为蛋白质，或者芯片作用对象为蛋白质的生物芯片统称为蛋白质芯片。

（3）组织芯片（Tissue Chip）　组织芯片是将组织切片等按照特定的方式固定在载体上，用来进行组织内成分差异研究的生物芯片。

（4）芯片实验室（Lab on Chip）　芯片实验室是一种将从样品制备、生化反应到检测分析的整个过程集约化而形成的微型分析系统，也是生物芯片发展的最终目标。

近年来，以基因芯片为代表的生物芯片技术的深入研究和广泛应用，将对 21 世纪的人类健康和生产生活产生极其深远的影响。基因芯片的工作过程如图 11-23 所示。

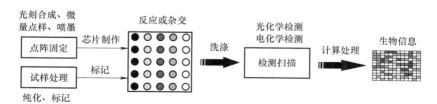

图 11-23　基因芯片的工作过程

第一步是基因芯片的制备，即进行点阵固定。先将玻璃片或硅片进行表面处理，再根据需要采用不同的方法将 DNA/RNA 片段按一定的顺序排列在芯片上。

第二步是样品制备，即进行试样处理。来自血液或组织中的 DNA/mRNA 样本须先进行扩增，然后利用荧光素或同位素标记成为探针，以提高检测的灵敏度。

第三步是反应或杂交。杂交反应是荧光标记的样品与芯片上的探针进行反应产生一系列信息的过程。选择合适的反应条件能使生物分子间的反应处于最佳状况中，减少生物分子之间的错配率。

第四步是洗涤。洗涤主要用于去除未杂交的标记样品。

第五步是信号检测。对杂交反应后芯片上各个反应点的荧光位置、荧光强弱通过芯片扫描仪和相关软件进行处理后，即可以获得有关生物信息。

生物芯片的优点是高通量性、微型化和高度自动化。缺点是在同一温度下杂交，不同探针杂交效率不同。

11.6　生物传感器的特点

生物传感器在检测过程中无需添加或只需添加少量的其他试剂，具有灵敏度高、选择性好、可微型化、测定简便迅速、检测成本低等优点，具体体现在以下方面。

1) 根据生物反应的特异性和多样性，能从复杂系统中准确测出某一物质的浓度。理论上可以制成测定所有生物物质的传感器，因而测定范围广。

2) 通常不需要进行样品的预处理，利用自身具备的优异选择性使样品中待测成分的分离和检测融为一体；测定时一般不需要另外填加其他试剂，因此测定过程简便迅速，容易实现自动分析。

3) 体积小、响应快、样品用量少，可检测 $0.1 \sim 1.0$ppm（1ppm $= 10^{-6}$）浓度的物质，最小极限为 10^{-10}g/mL。可以实现连续在位检测。

4) 通常其敏感单元是固定化生物敏感材料，可长期保持生物活性，因此能够多次使用。

5) 准确度高，一般相对误差可达到 1% 以内。

6) 可进入生物体内，进行活体分析。

7) 传感器连同测定仪的成本远低于大型的分析仪，因而便于推广普及。

8) 有的微生物传感器能可靠地指示微生物培养系统内的供氧状况和副产物含量，能比较容易地获取许多复杂的物理化学传感器综合作用才能获得的信息。

同时，生物传感器也具有如下缺点。

1) 稳定性相对较差，检测结果易受物理和化学环境因素的影响。

2) 由于其中的生物敏感材料有失活的可能，因此一般不能加热杀菌处理。

3) 制作工艺精细，废品率高，成本昂贵。

11.7　生物传感器的应用

生物传感器的出现是一场技术革命，许多国家都将其作为生物技术产业化的关键技术，投入了大量的人力、物力进行研制开发。部分应用的产品如图 11-24 所示。

近年来，生物传感器已经在食品工业、环境监测、发酵工业、医学领域等诸多领域中得

图 11-24 生物传感器应用的产品

a）乳酸自动分析仪 b）便携式血糖仪 c）尿液分析仪 d）免疫分析仪 e）水质检测仪

到了广泛的应用。应用范围如图 11-25 所示。

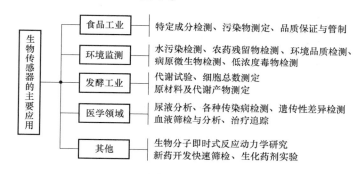

图 11-25 生物传感器的应用

1. 食品工业

生物传感器在食品分析中的应用包括原料成分、添加剂、有害毒物及食品鲜度等的测定分析。例如，鲜度是评价食品品质的重要指标之一，人的感官检验主观性强，个体差异大，故人们一直在寻找客观的量化指标来代替。在日本、加拿大等国，鱼鲜度测定仪广泛用于测定鱼类鲜度。鱼死后，其体内 ATP 经酶解依次形成 ADP、AMP、IMP、肌苷、次黄嘌呤和尿酸。鲜度可用 K 值表示为

$$K = \frac{肌苷 + 次黄嘌呤}{ATP + ADP + AMP + IMP + 肌苷 + 次黄嘌呤 + 尿酸}$$

鱼死后 5～20h，ATP、ADP 和 AMP 会分解尽；超过 24h，则鲜度主要取决于 IMP→肌苷→次黄嘌呤→尿酸。将这三个步骤的三种酶（5′-核苷酸酶、核苷磷酸化酶、黄嘌呤氧化酶）固定化在氧电极上，制成鱼鲜度测定仪。当 K 小于 20 时，鱼极新鲜，可供生食；K 在 20～40 之间时，鱼新鲜，必须熟食；K 大于 40 时，鱼不新鲜，不宜食用。

牛乳放置过程中，受细菌作用而产生乳酸，因此可以通过测量乳酸的含量来判断牛乳及其制品的新鲜度。如英国奶制品公司 Cravendale 就联合设计师 Oliver Newberry 设计了如图 11-26 所示的牛奶瓶，它可以自动地直接通过液晶屏幕显示出其中的牛奶是否新鲜（新鲜时显示"FRESH"，变质时就是"SOUR"）。

2. 环境监测

近年来，环境污染问题日益严重，传统的监测方法存在操作复杂、仪器昂贵、测量速度慢等缺陷，人们迫切希望能有一种可以对污染物进行连续、快速、在线监测的仪器，而生物传感器的发展为其提供了新的手段。

图 11-26　牛奶新鲜度测定瓶

在水质监测中，生化需氧量（BOD）是衡量水体有机污染程度的重要指标，BOD 的研究也成为水质检测科技发展的方向。在河流中放入特制的传感器及其附件可以现场测定 BOD，传统方法测一次 BOD 需要 5 天，且操作复杂；而应用 BOD 微生物传感器时，只需 15min 即能测出结果。国内外已研制出许多不同的 BOD 微生物传感器和适用于现场测定的便携式测定仪，不仅能满足实际监测的要求，而且具有快速、灵敏的特点，使得水质的在线监测成为可能。图 11-27 所示为一个浮标式水质在线自动监测系统，此系统能对现场水域环境进行实时在线监测，为湖泊、水库和河口等水体的环境保护和污染应急处置提供科学依据。

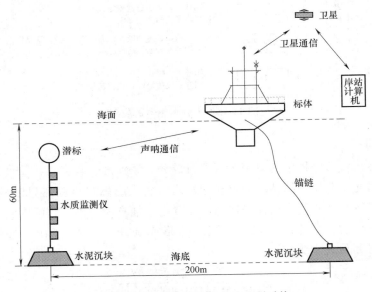

图 11-27　浮标式水质在线自动监测系统

此外，微生物传感器可监测 CO_2、NO_2、NH_3、CH_4 等气体。例如利用噬硫杆菌的微生物传感器，噬硫杆菌被固定化在两片硝化纤维薄膜之间，当微生物新陈代谢增加时，溶解氧浓度下降，氧电极响应变化，则可测出亚硫酸物含量。将含亚硫酸盐氧化酶的肝微粒体固定化在醋酸纤维膜上，与氧电极组合制成电流型生物传感器，可对 SO_2 形成的酸雨、酸雾样品进行检测。

3. 发酵工业

在发酵工业中，快速获得发酵过程参数是有效控制发酵过程的关键一步。需要检测的成分包括糖、甲醇、乙醇、醋酸、甲酸、谷氨酸、精氨酸、抗生物质等。由于微生物传感器具有成本低、设备简单、不受发酵液混浊程度限制等特点，因此在发酵工业中广泛地采用微生物传感器作为一种有效的测量工具，进而实现关键参数的连续、在线测定。图 11-28 所示为一个自动发酵系统，系统主要由种子发酵罐和主发酵罐组成，两个发酵罐通过线缆与控制柜相连。该系统通过对甲醇、乙醇、O_2、CO_2 等物质含量的检测，实现对发酵温度、pH 值、溶解氧、补料、消泡等参数的自动控制。

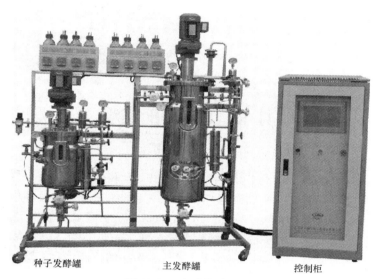

种子发酵罐　　　　　　主发酵罐　　　　　　控制柜

图 11-28　自动发酵系统

4. 医学领域

生物传感器在医学领域发挥着越来越大的作用，为基础医学研究及临床诊断提供了一种快速简便的新型方法。在临床医学中，酶电极作为应用最多的一种传感器，已成功地应用于血糖、乳酸、维生素 C、尿酸、尿素、谷氨酸、转氨酶等物质的检测。利用具有不同生物特性的微生物代替酶可制成微生物传感器，在临床中应用的微生物传感器有葡萄糖、乙酸、胆固醇等传感器。选择适宜的含某种酶较多的组织来代替相应的酶制成的传感器称为生物电极传感器，如用猪肾、兔肝、牛肝、甜菜、南瓜和黄瓜叶等制成的传感器，可分别用于检测谷酰胺、鸟嘌呤、过氧化氢、酪氨酸、维生素 C 和胱氨酸等。美国 YSI 公司推出一种固定化酶生物传感器，利用它可以测定运动员锻炼后血液中存在的乳酸水平或糖尿病患者的葡萄糖水平，还可预知疾病的发作。美国科技公司 Artefact 研发了一款名为 Dialog 的可穿戴产品，内置生物传感器、压力传感器、温度传感器、光学传感器、蓝牙芯片等，可以帮助癫痫病患者检测健康状况。Dialog 既可以用透明胶带粘在皮肤表面，也可以像手表一样戴在手上，能够与智能手机连接，让患者能够跟踪、管理和预测癫痫发作的时间，并且会在患者发病时通知路人或家人，该产品如图 11-29 所示。

在军事医学中，对生物毒素的及时快速检测是防御生物武器的有效措施。生物传感器已应用于监测多种细菌、病毒及其毒素。在法医学中，生物传感器可用于 DNA 鉴定和亲子认证等。

今后，随着科技的不断发展，人们还可以利用不同生物材料特殊功能与先进电子技术的

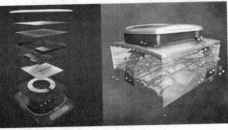

图 11-29　内置生物传感器的可穿戴产品

结合，研制出各种用途的新型生物传感器和生物硅片，从而推动人类社会的快速发展和进步。

11.8　工程设计实例

1. 实例来源

血液中的糖分称为血糖，绝大多数情况下都是以葡萄糖的形式存在。体内组织细胞活动所需的能量大部分来自葡萄糖，所以血糖必须保持一定的水平才能维持体内各器官和组织的正常工作。正常人的空腹血糖浓度为 $3.61 \sim 6.11 mmol/L$。空腹血糖浓度超过 $7.0 mmol/L$ 时称为高血糖，血糖浓度低于 $3.61 mmol/L$ 则称为低血糖。

血糖测定是临床实验室的常规检测项目，对某些疾病的诊断治疗、病情监测具有重要临床意义。快速血糖仪体积小，操作简单，携带方便，是临床科室必备的仪器。即使在家庭中使用也很方便，使患者能及时了解病情，掌握自身血糖状态。快速自测血糖仪实物如图 11-30 所示。

2. 方案设计

血糖仪的测试方法一般分为两种，即光化学法和电化学法。

（1）光化学法　光化学法测试血糖值是基于血液和试剂发生的化学反应，测试血糖试纸吸光度的变化值。化学反应方程式为

图 11-30　快速自测血糖仪

$$C_6H_{12}O_6 + O_2 \xrightarrow{GOD} C_6H_{10}O_6 + H_2O_2$$

$$H_2O_2 + OP \xrightarrow{POD} AH + H_2O$$

式中，$C_6H_{12}O_6$ 为葡萄糖；GOD 为葡萄糖氧化酶；$C_6H_{10}O_6$ 为葡萄糖酸内酯；OP 为燃料；POD 为过氧化物酶；AH 为产物。

由于采用光化学法测试时，试纸加样区必须直接连接仪器内部的触光孔，可能导致对触光孔的污染，且其自身易受强光污染，因此必须经常对血糖仪的触光孔进行清洁，否则污染后测试结果将产生偏差。另外，血糖仪光化学法法测试比电化学法测试需要的血样多。

（2）电化学法测试　电化学法测试的原理是，试纸上的酶与血液中的葡萄糖发生化学反应，产生电子并生成电流，根据电流值的大小测定葡萄糖的含量。

20 世纪 70 年代，Williams 等采用分子导电介质铁氰化钾代替氧分子进行氧化还原反应

的电子传递，实现了血糖的电化学测定，其反应原理为

$$C_6H_{12}O_6+FAD(GOX) \longrightarrow C_6H_{10}O_6+FADH_2(GOD)$$

$$FADH_2(GOD)+Fe(CN)_6^{3-} \longrightarrow FAD(GOX)+Fe(CN)_6^{4-}$$

$$Fe(CN)_6^{4-} \longrightarrow Fe(CN)_6^{3-}+e^-$$

式中，FAD 为一种辅酶，也是一种特殊的核苷酸；$FADH_2$ 为黄素腺嘌呤二核苷酸递氢体；$Fe(CN)_6^{3-}$ 为铁氰化根，是一种负离子根。

血糖仪的组成结构如图 11-31 所示。

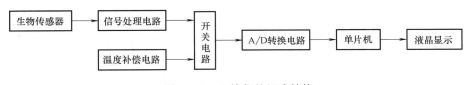

图 11-31　血糖仪的组成结构

思 考 题

11-1　生物传感器的基本组成是什么？

11-2　什么是生物敏感单元？

11-3　什么是生物敏感材料的固定化？常用的方法有哪些？

11-4　酶传感器、微生物传感器、免疫传感器的主要区别是什么？

11-5　什么是生物芯片？有哪些类型？

11-6　基因芯片技术的工作流程是什么？

11-7　利用酶传感器测量葡萄糖溶液浓度的基本机理是什么？

11-8　生物传感器具有怎样的优点和特性？

11-9　例述生物传感器的应用。

第12章　传感器的信号调理

传感器直接输出的电信号往往很微弱，在包含被测信号的同时，不可避免地被工业现场的噪声所污染，因此该信号一般不能被直接利用，还需要进一步处理。这种处理技术包括微弱信号的放大、滤波、隔离、变换、标准化、抗干扰、误差修正、量程切换等，统称为信号调理（Signal Conditioning）。

本章将详细介绍各种传感器相关的信号调理电路及方法，分别总结运算放大器、仪用放大器、程控放大器及隔离放大器的基本组成和工作原理，讲解传感器信号变换的常用方法和传感器使用过程中的抗干扰抑制技术。本章内容为传感器产品开发和工程应用的基础。

12.1　信号的放大与隔离

在传感器输出信息的调理通道中，针对被放大信号的特点和数据采集电路的现场要求，目前使用较多的放大器有运算放大器、仪用放大器、程控放大器和隔离放大器等。

12.1.1　运算放大器

对一个单纯的微弱信号，可采用由基本运算放大器组成的同相放大器或反相放大器进行放大，如图 12-1 所示。

（1）反相放大器　在如图 12-1a 所示反相放大器电路中，R_1 为输入电阻；R_f 为反馈电阻；R_2 为平衡电阻，其大小为 $R_2 = R_1 // R_f$。反相输入端没有接地，但其电位为地电位，所以也称为"虚地"。反相放大器的放大倍数为

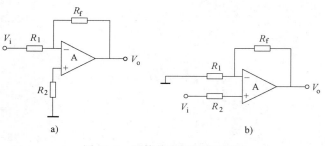

图 12-1　运算放大器基本电路
a）反相放大器　b）同相放大器

$$A_F = \frac{V_o}{V_i} = -\frac{R_f}{R_1} \qquad (12\text{-}1)$$

当 $R_1 = R_f$ 时，则为反相跟随器，$V_o = -V_i$。

（2）同相放大器　在如图 12-1b 所示同相放大器电路中，R_1、R_f 为反馈电阻；R_2 为平衡电阻，其大小为 $R_2 = R_1 // R_f$。同相放大器的放大倍数为

$$A_T = 1 + \frac{R_f}{R_1} \qquad\qquad (12\text{-}2)$$

运算放大器适用于信号回路不受干扰情况下的微弱信号的放大。

12.1.2　仪用放大器

仪用放大器是一种高性能的放大器，其对称结构使其适用于微弱信号放大和具有较大共模干扰的场合，又称为测量放大器或数据放大器。

仪用放大器的基本电路如图 12-2 所示。它由三个通用运算放大器构成，第一级为两个对称的同相放大器，输入信号加在 A_1、A_2 的同相输入端，从而具有很高的抑制共模干扰的能力和高输入阻抗；第二级是一个差动放大器，它不仅能够切断共模干扰的传输，还可以将双端输入方式变换成单端输出方式，适应对地负载的需要。

在如图 12-2 所示电路中，$R_1 = R_2$，$R_3 = R_4$，$R_5 = R_6$，则可以推算出仪用放大器闭环增益为

$$A_f = -\left(1 + \frac{2R_1}{R_G}\right)\frac{R_5}{R_3} \qquad (12\text{-}3)$$

假设 $R_3 = R_5$，即第二级运算放大器增益为 1，则仪用放大器闭环增益为

$$A_f = -\left(1 + \frac{2R_1}{R_G}\right) \qquad (12\text{-}4)$$

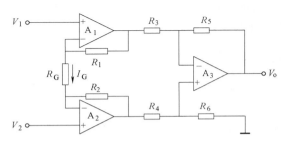

图 12-2　仪用放大器基本电路

由式（12-4）可知，通过调节电阻 R_G，可以方便地调节仪用放大器的放大倍数。通常 R_G 采用多圈电位器，改变 R_G 可使放大倍数在 1～1000 范围内调节。

国内外已有不少厂家生产了许多型号的仪用放大器芯片，如国内 749 厂生产的 ZF603、ZF604、ZF605、ZF606 等，美国公司生产的 AD521、AD522、AD605、AD612 等。单片仪用放大器芯片显然具有体积小、成本低、性能优异、电路结构简单等优点。

12.1.3　程控放大器

程控放大器是一种能够通过程序调节的可编程放大器。主要针对多路信号检测的场合，通过改变放大器的增益，使各通道均以最佳增益进行放大，是含有微控制器的检测系统的常用部件之一。其特点是硬件设备少，放大倍数可根据需要通过编程进行控制，使 A/D 转换器满量程信号达到均一化。例如，工业中使用的各种类型的热电偶，它们的输出信号范围为 0～60mV，但每一个热电偶都有其最佳测温范围，通常可划分为 0～±10mV，0～±20mV，0～±40mV、0～±80mV 四种量程，针对这四种量程，只需相应地把放大器设置为 500、250、125、62.5 四种增益，就可以把各种热电偶的输出信号都放大到 0～±5V。

程控放大器一般由基本放大器、可变反馈电阻网络和控制接口三个部分组成，其结构框图如图 12-3 所示。

程控放大器与普通放大器的差别在于反馈电阻网络可变且受控于控制接口的输出信号，不同的控制信号将产生不同的反馈系数，从而改变放大器的闭环增益。特别是当被测参数动态范围比较宽时，采用程控放大器会更方便、更灵活。

程控放大器可用于数字仪表中。例如，数字电压表的测量动态范围可以从几微伏到几百伏，过去是用拨动切换开关的方式进行量程选择，现在采用程控放大器和微处理器，就可以很容易实现智能化数字电压表量程的自动切换，其应用方式如图 12-4 所示。因此，程控放大器是解决大范围输入信号放大的有效办法之一。

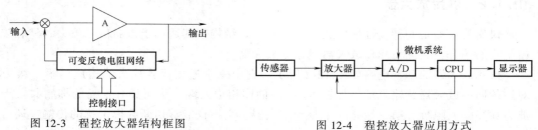

图 12-3 程控放大器结构框图   图 12-4 程控放大器应用方式

目前，程控增益放大器也被做成集成电路的形式，如美国 AD 公司生产的 AD524 和美国 B-B 公司的 PGA202、PGA204 等。

12.1.4 隔离放大器

隔离放大器主要用于要求高共模抑制比的模拟信号的传输过程中。例如在有强电或强磁场的环境中，传感器输出的模拟信号微弱，而测试现场的干扰却比较大，这种情况下通常考虑在模拟信号进入系统之前就采用隔离放大技术进行隔离，以保障系统工作的可靠性。在生物医疗仪器中，为了防止漏电流、高电压等对人体造成意外伤害，也常常采用隔离放大技术，而具有这种功能的放大器就称为隔离放大器。这是一种近十几年来发展起来的新器件，主要用于模拟信号的隔离。

隔离放大器属于一种将输入、输出和电源进行隔离的仪用放大器，按原理可分为变压器耦合方式和光耦合方式。利用变压器耦合实现载波调制时，首先需要将模拟信号调制成交流信号，然后通过变压器耦合给解调器，最后将解调后的信号输出。变压器耦合方法通常具有较高的线性度和隔离性能，但是带宽一般在 1kHz 以下。利用光耦合方式实现载波调制时，可获得 10kHz 带宽，但其隔离性能不如变压器耦合方式。上述两种方式均需对差动输入级提供隔离电源，以便达到预期的隔离性能。

隔离放大器原理示意如图 12-5 所示。它由四个基本部分组成：输入部分，包括输入运算放大器和调制器；输出部分，包括解调器和输出运算放大器；信号耦合变压器；隔离电源。

隔离放大器组件一般将四个基本部分装配在一起，组成模块结构，不仅使用方便，同时提高了可靠性，其中的核心技术是超小型变压器及其精密装配技术。国内应用较广泛的是美国 AD 公司的隔离放大器，如 Mode1277、Mode1278、AD293、AD294、ISO100、ISO102 等。

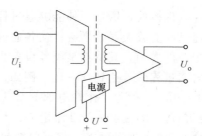

图 12-5 隔离放大器原理示意图

12.2 信号的变换

在自动检测装置中，传感器和仪表之间的信号传输都采用统一的标准信号，不仅便于使用微机进行巡回检测,而且可以使指示、记录仪表通用化。目前,国际电工委员会 (IEC) 将 4～20mA 的直流电流和 1～5V 的直流电压作为过程控制系统中模拟信号的统一标准。

12.2.1 信号变换的作用

在应用系统中,传输信号一般采用 4～20mA 的直流电流信号,而接收信号采用 1～5V 的直流电压信号。采用这种信号制式主要有如下优点。

1) 现场仪表可实现两线制,即电源和负载串联在一起且有一公共端,而现场变送器与控制室仪表之间的信号传输及供电仅需两条线。

2) 控制室仪表采用电压并联方式控制信号传输,同属一个控制系统的仪表之间有公共端,便于与检测仪表、调节仪表、计算机、报警装置配用,且方便接线。

工业中广泛采用 4～20mA 电流信号来传输模拟量主要为了减少干扰的影响和远距离传输中线路电阻造成的损耗,保证信号传送的精度。上限取 20mA 是因为 20mA 的电流通断引起的火花能量不足以引燃瓦斯,满足防爆的要求;下限没有取 0mA 的原因是为了能检测断线,正常工作时环路电流不会低于 4mA,而当传输线因故障而断路时环路电流值降为 0。

控制器接收信号采用 1～5V 电压信号主要为了便于多台仪表共同接收同一个信号,并有利于接线和构成各种复杂的控制系统。如果用电流作为接收信号,当多台仪表共同接收同一个信号时,它们的输入电阻必须串联起来,这会使最大负载电阻超过变送仪表的负载能力,而且各接收仪表的信号负端电位各不相同,会引入干扰。

信号传输的断线自检电路如图 12-6 所示。由于这种信号传输方式在正常工作时有 4mA 的基本电流 I,正常工作电压 U 在 1～5V 范围,当电路中出现断线时,接收端的电压信号 U 为 0V,即可以检出断线故障。

12.2.2 信号变换的方法

电压与电流的信号变换实质上是恒压源与恒流源的相互变换。一般来说,恒压源的内阻远小于负载电阻,恒流源的内阻远大于负载电阻。因此将电压变换为电流必须采用输出阻抗高的电流负反馈电路,而将电流变换为电压则必须采用输出阻抗低的电压负反馈电路。

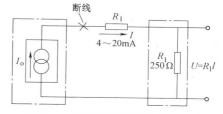

图 12-6 信号传输的断线自检电路

1. 电压转电流电路

传感器输出的信号多数为电压信号,为了将电压信号变换成电流信号,需采用电压-电流信号变换器 (V-I 变换器)。V-I 变换的典型电路如图 12-7 所示,其主要部件是运算放大器。

运算放大器 A 接成同相放大器,分析电路可知,此变换电路属于电流串联负反馈接法,具有很好的恒流性能。R_3 为电流反馈电阻,R 为小于 R_3 的负载电阻,三极管 VT_1 和 VT_2 组成电流输出级,用来扩展电流。

若运算放大器的开环增益和输入阻抗足够大,不难证明

$$U_i \approx U_F = I_o R_3 \tag{12-5}$$

输出电流 I_o 仅与输入电压 U_i 和反馈电阻 R_3 有关,与负载电阻 R 无关,说明该电路具有较好的恒流性能。选择合适的反馈电阻 R_3 便能得到所需的变换关系。

2. 电流转电压电路

控制器需要接收电压信号，因此需要将传输的电流信号变换为电压信号，采用电流-电压信号变换器（Ⅰ-V 变换器）。最简单的变换方法就是在电流回路串联一个负载电阻来获得电压信号。例如，在电流传输回路中串接一个 250Ω 的标准电阻，就可以把 4～20mA 的直流电流变换为 1～5V 的直流电压。在实际应用中，对负载输出部分需要加滤波和输出限幅等保护措施，如图 12-8a 所示。这种电路使用简单，却常常会导致后续 A/D 转换器成本增加。解决的办法是在信号输入控制器之前配置一个由运算放大器组成的缓冲电路，如图 12-8b 所示。

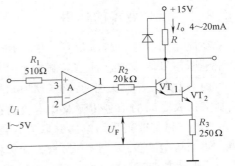

图 12-7　V-Ⅰ 变换的典型电路

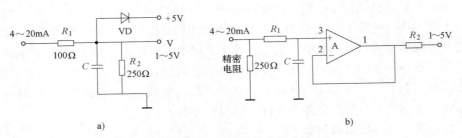

a)　　　　　　　　　　　　　　　　b)

图 12-8　Ⅰ-V 变换的典型电路

a）普通变换电路　b）包含缓冲电路的变换电路

上述变换通常通过以运算放大器为核心的模拟电路实现，也可采用如 AD693、AD694、AM462、XTR105 等专用 4～20mA 变换或隔离 IC 芯片。其他型号包括 ADI 公司的 AD420/421 系列、AD5410/5420 系列、TI 公司的 XTR110 系列等。

12.3　信号的抗干扰

在实际的工业现场，总有一些无用的信号与传感器输出的信号叠加在一起，这些无用信号称为噪声（Noise）。噪声会引起系统测量性能的下降，因此也称为干扰（Interference）。干扰信号轻则影响测量精度，重则导致检测仪表无法正常工作。

噪声对有用信号的影响常用信噪比（S/N）来衡量。信噪比是指信号通道中有用信号功率 P_S 与噪声功率 P_N 之比，或有用信号电压 U_S 与噪声电压 U_N 之比。信噪比常用对数形式表示，单位为分贝（dB），即

$$S/N = 10\lg\frac{P_S}{P_N} = 20\lg\frac{U_S}{U_N} \tag{12-6}$$

信噪比越高，表示信号受噪声影响越小。

12.3.1　干扰源

干扰因素来自干扰源，可分为外部干扰和内部干扰两大类。

1. 外部干扰

外部干扰主要来自于自然界及周围其他电气设备，是由使用条件和外界环境决定的，与系统装置自身的结构无关。外部干扰的形式如图 12-9 所示。

1）来自于自然界的干扰称为自然干扰，主要是指一些自然现象形成的干扰，如雷电、大气电离、宇宙射线、太阳黑子活动及其他电磁波干扰。自然干扰主要对通信、广播、导航设备有较大影响，对工业用电子设备影响不大，包括传感器装置。

2）来自于周围其他电气设备的干扰称为人为干扰（或工业干扰），主要是指电磁场、电火花、电弧焊接、高频加热、晶闸管整流装置等强电系统的影响。这些干扰主要通过供电电源对传感器装置产生影响。此外，振动噪声、热噪声、化学腐蚀等也对传感器装置产生干扰。

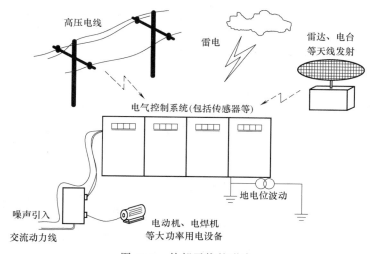

图 12-9 外部干扰的形式

2. 内部干扰

内部干扰是由装置内部的各种元器件引起的，主要有分布电容或分布电感产生的干扰、多点接地造成的电位差给系统带来的影响等。内部干扰包含过渡干扰和固定干扰。

1）过渡干扰是电路元器件在动态工作时引起的干扰。

2）固定干扰包括电阻中随机性电子热运动引起的热噪声；半导体内载流子随机运动引起的散粒噪声；两种导电材料之间不完全接触时，接触面电导率不一致而产生的接触噪声，如继电器的动、静触头接触时产生的噪声等；因布线不合理，寄生振荡引起的干扰热骚动的噪声干扰等。固定干扰是引起测量随机误差的主要原因，一般很难消除，主要靠改进工艺和元器件质量来抑制。

12.3.2 干扰的途径

干扰的形成必须具备三项因素，即干扰源、干扰途径和敏感接收电路（检测装置的前级电路）。它们之间的关系如图 12-10 所示。

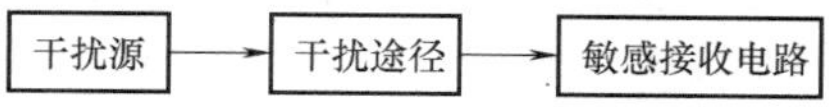

例如在电视机旁使用电吹风机时，电视屏幕上将出现雪花状干扰，扬声器也会发出"噼噼啪啪"的

图 12-10 干扰的形成

声响。在这个过程中，电吹风机就是干扰源，它产生的高频电磁波影响到了电视机的正常工作；一种干扰途径是通过共用的电源插座，从电源线侵入电视机的开关电源，从而到达电视机的高频信号接收装置；另一种干扰途径是电吹风机工作时，向空间辐射的电磁波以电磁场的方式传输到电视机的天线。

常见的作用于传感器系统的干扰形式如图 12-11 所示。从机理上看，内、外部干扰的物理性质相同，因而消除或抑制方法没有本质上的区别。

通常认为干扰的途径分为"路"的形式和"场"的形式。路的干扰存在干扰源与被干扰对象之间的电路连接部分，又称为传导干扰；场的干扰是以电磁场辐射的形式进行干扰，又称为辐射干扰。

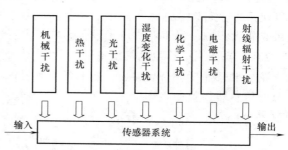

图 12-11　作用于传感器系统的干扰形式

1. 传导干扰

（1）漏电流耦合形成的干扰　由于元件支架、接线柱、印制电路板或外壳等材料绝缘不良，漏电流经过绝缘电阻会引起干扰。图 12-12 所示为漏电流干扰的等效电路。

图 12-12 所示电路中，E_n 为干扰源；R_a 为漏电阻；Z_i 为被干扰电路的输入阻抗；U_N 为作用在 Z_i 上的干扰电压，其大小为

$$U_N = \frac{Z_i}{R_a + Z_i} E_n \tag{12-7}$$

（2）公共阻抗耦合干扰　两个以上的电路共有一部分阻抗时，一个电路的电流流经公共阻抗所产生的电压降就成为其他电路的干扰源。例如，几个电路由同一个电源供电时，会通过电源内阻抗互相干扰；在放大器中，各级放大器通过地线阻抗互相干扰。公共阻抗耦合干扰如图 12-13 所示。

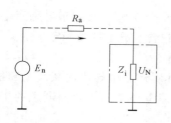

图 12-12　漏电流干扰等效电路

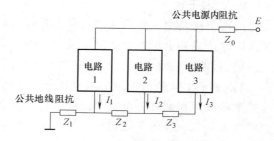

图 12-13　公共阻抗耦合干扰

（3）电源线耦合干扰　当导线经过有噪声的环境时便会拾取噪声，并传输到电路而造成干扰。特别是交流供电线路，其导线在现场的分布很自然地构成了吸收各种干扰的网络，而且十分易于以电路传导的形式传遍各处，并通过电源引线进入各种电子设备造成干扰。其原理如图 12-14 所示。

例如，许多仪表均使用开关电源，电磁兼容性不好的开关电源会经电源线向外泄漏出尖脉冲干扰信号，并通过仪表电源回路

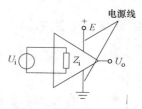

图 12-14　电源线耦合干扰

传入到仪表的放大电路中造成干扰。

2. 辐射干扰

（1）静电耦合形成的干扰　干扰信号通过分布电容进行传递的现象称为静电耦合。系统内部各导线之间、变压器线匝之间、元件之间、元件与导线之间都存在着分布电容，具有一定频率的干扰信号通过这些分布电容提供的电抗通道进行传递，对系统造成干扰。

静电耦合形成的干扰如图 12-15 所示。假设导线 1 上的噪声电压为 U_{NI}，导线 1 与导线 2 之间的分布电容为 C_{12}，导线 1 对地电容为 C_1，导线 2 对地电容和电阻分别为 C_2 和 R_2，在导线 2 感应出来的噪声干扰电压为 U_{NO}。

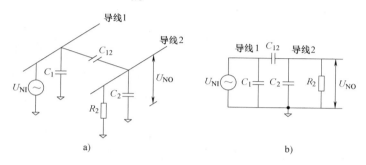

图 12-15　静电耦合形成的干扰

a）电容性静电耦合　b）等效电路

令噪声源的角频率为 ω。当 R_2 比 $C_{12}+C_2$ 的阻抗小得多时，可求得

$$U_{NO} = j\omega R_2 C_{12} U_{NI} \tag{12-8}$$

由式（12-8）可以得到如下结论：噪声源频率越高，静电耦合干扰越严重；降低接收电路的输入电阻 R_2，可减弱静电耦合干扰；减小分布电容 C_{12}，也可减弱静电耦合干扰。

（2）电磁耦合形成的干扰　电磁耦合是指在空间磁场中电路之间的互感耦合。因为任何载流导体都会在周围的空间中产生磁场，而交变磁场又会使周围的闭合电路中产生感应电动势，所以电磁耦合现象总是存在的，只是程度强弱不同而已。例如，在传感器内部，线圈或变压器的漏磁会对附近电路产生严重干扰；在电子装置外部，当两根导线在较长一段区间平行架设时，也会产生电磁耦合干扰。

电磁耦合干扰等效电路如图 12-16 所示。其中，M_{12} 为电路 1、电路 2 之间的互感系数，I_{NI} 为电路 1 的噪声电流源，U_{NO} 为电路 2 通过电磁耦合感应出来的噪声干扰电压。

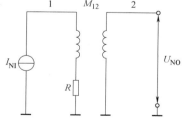

令噪声源的角频率为 ω，可求得 U_{NO}。

$$U_{NO} = j\omega M_{12} I_{NI} \tag{12-9}$$

图 12-16　电磁耦合干扰等效电路

由式（12-9）可知，被接收的噪声干扰电压 U_{NO} 与噪声源的角频率 ω、噪声电流大小 I_{NI} 和互感系数 M_{12} 成正比。

（3）辐射电磁场耦合形成的干扰　辐射电磁场通常来源于大功率高频电气设备、广播发射器、电视发射器等。如果在辐射电磁场中放置一个导体，则在导体上会产生正比于磁通量变化率的感应电动势。在供电线路中，架空配电线都将在辐射电磁场中感应出干扰电动势，并通过供电线路侵入传感器，造成干扰。在大功率广播发射器附近的强电磁场中，传感器的外壳或传感器内部尺寸较小的导体也能感应出较大的干扰电动势。

12.3.3 干扰的作用形式

各种干扰信号通过不同的耦合方式进入系统后，按照对系统的作用形式又可分为差模干扰和共模干扰。

1. 差模干扰

差模干扰就是指串联叠加在工作信号上的干扰，又称串模干扰、常态干扰、横向干扰等，如图 12-17 所示。其中，U_S 为信号源电压，U_N 为干扰电压，$U_{SN} = U_S + U_N$。

差模干扰通常来自高压输电线、与信号线平行铺设的电源线及大电流控制线所产生的空间电磁场。例如，一路电源线与信号线平行铺设时，信号线上的电磁感应电压和静电感应电压都可达到毫伏级，然而来自传感器的有效信号电压的动态范围通常仅有几十毫伏，甚至更小，这就会使得输出信号因差模干扰而产生较大误差。

图 12-18 所示就是一种较常见的由外来交变磁场对传感器的一端进行电磁耦合产生差模干扰的典型例子。磁通为 Φ 的外交变磁场穿过其中一条传输线，产生的感应干扰电动势 U_{nm} 便与热电偶电动势 e_r 相串联，产生差模干扰。

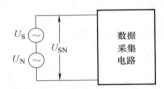
图 12-17 差模干扰示意图

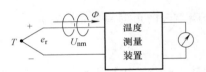
图 12-18 产生差模干扰的典型例子

常用的消除差模干扰的方法有如下几种。
1）用低通输入滤波器滤除交流干扰。
2）应尽可能早地对被测信号进行前置放大，以提高回路中的信噪比。
3）信号线应选用带屏蔽层的双绞线或电缆线，并有良好的接地系统。

2. 共模干扰

共模干扰是在电路输入端相对公共接地点同时出现变化的干扰，也称为共态干扰、对地干扰、纵向干扰等。如图 12-19 所示，A、B 两端叠加的干扰电压相同，所引入的干扰即为共模干扰。共模干扰本身不会使两输入端电压发生变化，但在输入回路两端不对称的条件下，便会转换为差模干扰，从而对测量产生影响。

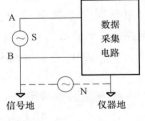
图 12-19 共模干扰示意图

抑制共模干扰有许多方法，常采用的有如下几种。
1）采用双端输入的差分放大器作为仪表输入通道的前置放大器。
2）采用变压器或光电耦合器把各种模拟负载与数字信号隔离开来，也就是把"模拟地"与"数字地"断开。
3）利用屏蔽方法使输入信号的"模拟地"浮空，从而达到抑制共模干扰的目的。

差模干扰和共模干扰的区别也可用图 12-20 表示。

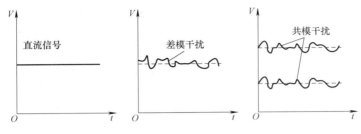

图 12-20　干扰信号形式

3. 共模干扰抑制比

共模干扰只有转换成差模干扰才会对检测装置产生干扰作用，这是由检测装置的特性决定的。为了衡量检测系统对共模干扰的抑制能力，引入共模干扰抑制比这一重要概念。共模干扰抑制比定义为作用于检测系统的共模干扰信号与使该系统产生同样输出所需的差模信号之比，通常以对数形式表示为

$$CMRR = 20\lg \frac{U_{cm}}{U_{nm}} \tag{12-10}$$

式中，U_{cm} 是作用此检测系统的实际共模干扰信号；U_{nm} 是检测系统产生同样输出所需的差模信号。

共模干扰抑制比也可以定义为检测系统的差模增益与共模增益之比，可用对数形式表示为

$$CMRR = 20\lg \frac{K_{cm}}{K_{nm}} \tag{12-11}$$

式中，K_{nm} 是差模增益；K_{cm} 是共模增益。

以上两种定义都说明了 $CMRR$ 愈高，检测装置对共模干扰的抑制能力愈强。

12.3.4　干扰抑制技术

信物百年
第一部国产雷达

干扰的形成必须同时具备干扰源、干扰途径和敏感接收电路三个条件，因此检测装置干扰抑制技术的着眼点就是放在抑制形成干扰的"三要素"上（扫描右侧二维码观看相关视频）。

（1）消除或抑制干扰源　就是使产生干扰的电气设备远离检测装置，常用的措施包括对继电器、接触器、断路器等采取触点灭弧措施或改用无触点开关；消除虚焊、假焊等。

（2）破坏干扰途径　就是提高绝缘性能，采用变压器、光电耦合器进行隔离以切断干扰传播路径；利用退耦、滤波、选频等电路手段引导干扰信号转移；改变接地形式，消除共阻抗耦合干扰途径；对数字信号可采用鉴别、限幅、整形等信号处理方法切断干扰途径。

（3）削弱接收电路对干扰信号的敏感性　就是电路中用选频措施削弱对全频带噪声的敏感性；利用负反馈削弱内部干扰源；对信号采用绞线传输或差动输入电路以有效削弱接收电路对干扰信号的敏感性。

在这三种措施中，消除干扰源是最有效、最彻底的方法。但在实际场合中，不少干扰源是很难消除的，因此干扰抑制技术主要是研究如何阻断干扰的传输途径和耦合通道。

阻断干扰途径可应用硬件干扰抑制技术，包括屏蔽技术、接地技术、隔离技术、滤波技术、浮空技术等；也可应用软件干扰抑制技术，包括数字滤波技术、软件容错技术等。

1. 屏蔽技术

屏蔽是利用良导体材料（铜或铝等）把电路包围起来，以隔离内外电磁相互干扰的方法。在生活中，如果将收音机用铜网包围起来并且接到大地上，原来能收到电台广播的收音机便寂静无声了，这是因为电台广播的电磁波已经被铜网屏蔽了的缘故。常见的屏蔽方法包括静电屏蔽、高频电磁屏蔽和低频磁屏蔽。

（1）静电屏蔽　静电屏蔽的原理如图 12-21 所示。图 12-21a 所示为一个空间中孤立存在的导体 A，其电力线射向无穷远处，使附近物体产生感应；图 12-21b 所示为用低阻抗金属容器 B 将导体 A 罩起来，仅能中断电力线，尚不能起到屏蔽作用；图 12-21c 所示为将容器 B 接地，容器外电荷流入地而消失，外部电力线才消失，这样就可以将导体 A 所产生的电力线封闭在容器 B 的内部，容器 B 具有静电屏蔽作用。容器 B 上的负电荷将通过地线被引至零电位，即容器 B 和接地线上产生了电流。

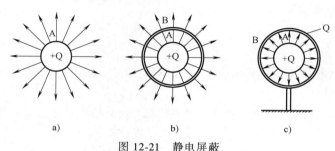

图 12-21　静电屏蔽

a）孤立的导体 A　b）将 A 罩起来　c）静电屏蔽

（2）高频电磁屏蔽　电磁屏蔽主要是抑制高频电磁场的干扰。电磁屏蔽采用铜、铝或镀银铜板等良导体材料，利用电涡流原理，使高频干扰磁场在屏蔽金属内产生电涡流，一方面消耗干扰磁场能量，另一方面电涡流可产生反磁场抵消高频干扰磁场，从而达到电磁屏蔽的效果。若把电磁屏蔽层接地，则可兼具静电屏蔽作用。

（3）低频磁屏蔽　在低频磁场中，电涡流作用不太明显，因此，需要采用高导磁材料做屏蔽层，使低频干扰磁场的磁力线被限制在磁阻很小的屏蔽层内并构成回路，如图 12-22 所示。在干扰严重的地方常采用复合屏蔽电缆，通过最外层的低磁导率铁磁材料和最内层的铜质电磁屏蔽层，强化消耗干扰磁场能量。工业应用中将屏蔽线穿在铁质蛇皮管或普通铁管内，达到双重屏蔽目的。

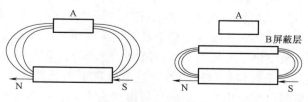

图 12-22　低频磁屏蔽

2. 接地技术

接地就是将电气设备的某一部分通过接地装置与大地连接起来，常常和屏蔽技术结合使用。良好的接地可以很大程度上抑制内部噪声的耦合，防止外部干扰的侵入，提高系统的抗干扰能力。接地技术主要分为安全接地和工作接地。

（1）安全接地　安全接地是为了防止电荷在外壳积累、泄漏，或者防止雷击而将设备外壳与大地相连接，以保护设备和人身安全，如图 12-23 所示。

（2）工作接地　工作接地主要是为电路正常工作提供一个基准电位，防止各种电路在工作中互相干扰，使它们能相互兼容地工作。根据电路的性质，将工作接地分为不同的种类，如直流地、交流地、信号地（数字地、模拟地）、功率地、电源地等。

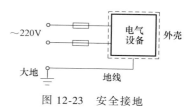

图 12-23　安全接地

（3）接地方式　对于低频电路，常采用的接地原则为"一点接地"。因为任何导体，包括大地在内，都有电阻抗，当其中通过电流时，导体中呈现出电位。如果数据采集系统存在两点接地，由于大地各处电位很不一致，因此两个分开的接地点很难保证为等电位，造成它们之间有一电位差，从而对两点接地电路产生共模干扰，因此一点接地就可以有效地克服这种干扰。

1）机内一点接地。单级电路有输入端与输出端，以及电阻、电容等不同性质的信号地线，如图 12-24a 所示。由于母线本身存在电阻，不同点间的电位差就有可能成为这级电路的干扰信号，因此采用一点接地方式就会避免这种现象发生。需要注意的是，各点接地时，应接在公共参考端附近。

多级电路中的地线并联，一点接地，如图 12-24b 所示。这种接地方式最适用于低频电路，因为各电路之间的地电流不致耦合。

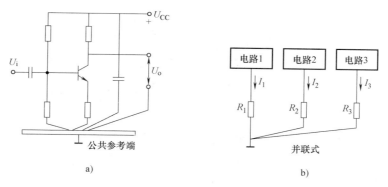

图 12-24　机内一点接地

a）单级电路一点接地　b）多级电路一点接地

2）系统一点接地。对于一个包括传感器和检测装置的检测系统，其接地方式如图 12-25 所示。图 12-25a 所示为采用两点接地的情况，因两接地点电位差产生的共模干扰电流 i_{cm} 要流经信号线，转换为差模干扰，对检测装置造成严重影响。图 12-25b 所示为改为在信号源处一点接地的情况，干扰信号流经屏蔽层和输入端与外壳的分布电容（漏电容），不再流经信号线，因此对检测装置影响很小，干扰情况有较大改善。

机电一体化系统设计时，要综合考虑各种地线的布局和接地方法。图 12-26 所示为数控机床的接地方法示意。

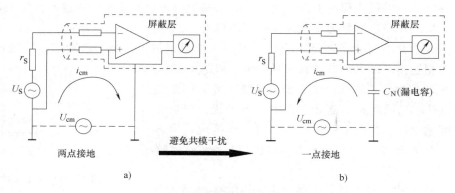

图 12-25　检测系统的接地方式

a）两点接地　b）一点接地

3. 隔离技术

隔离是从电路上把干扰源与敏感接收电路隔离开来，削弱它们之间的联系。特别是当传感器系统含有模拟与数字、低压与高压混合电路时，必须对电路各环节进行隔离，这样还可以同时起到抑制漂移和安全保护的作用。隔离的方法主要是包括光电隔离、继电器隔离和变压器隔离。

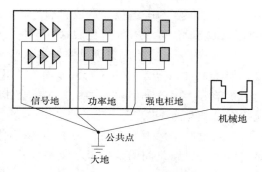

图 12-26　数控机床的接地方法示意图

（1）光电隔离　光电隔离以光为媒介在隔离的两端之间进行信号传输，所用的器件是光电耦合器。由于光电耦合器在传输信息时，不是将其输入和输出的电信号进行直接耦合，而是借助于光作为媒介进行"电→光→电"耦合，因而完全隔离了两个电路的电气联系，具有较强的干扰抑制能力。常见的光电耦合器件由发光二极管和光电晶体管组成，若发光二极管有信号输入，它就输出与电流大小成正比的光通量，光电晶体管再把光通量转换成相应的电流。

在直流或低频检测系统中，多采用光电耦合的方法来隔离，如图 12-27 所示。

（2）继电器隔离　继电器的线圈和触点没有电气联系，因此，可利用继电器的线圈接收信号，再通过触点输出控制信号，从而避免强电和弱电信号之间的直接接触，实现了隔离。

继电器输出隔离如图 12-28 所示，它可以实现强电和弱电的隔离，使高压交流侧的干扰无法进入低压直流侧。由于继电器触点较多，且其触点能承受较大的负载电流，因此继电器隔离方法应用非常广泛。

（3）变压器隔离　对于交流信号的传输，一般使用隔离变压器来隔离干扰信号。隔离变压器的原理和普通变压器的原理相同，都是利用电磁感应原理实现输入绕组与输出绕组间的电气隔离，一次绕组和二次绕组的匝数比为 1∶1。变压器耦合隔离如图 12-29 所示，当含有直流或低频干扰的交流信号从一次侧输入时，根据变压器原理，二次侧输出的信号便会滤掉了直流干扰，且低频干扰信号幅值也被大大衰减，从而达到了抑制干扰的目的。

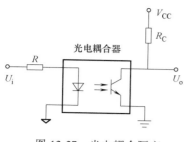

图 12-27 光电耦合隔离

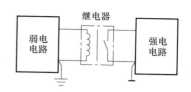

图 12-28 继电器输出隔离

4. 滤波技术

滤波是利用相应的滤波器来滤除各种干扰信号的方法。滤波器作为一种允许某一频带信号通过而阻止某些频带信号通过的网络，特别适用于抑制经导线传导耦合到电路中的噪声干扰。滤波器抑制检测系统干扰的原理框图如图 12-30 所示。

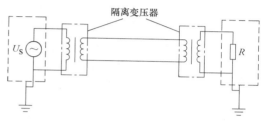

图 12-29 变压器耦合隔离

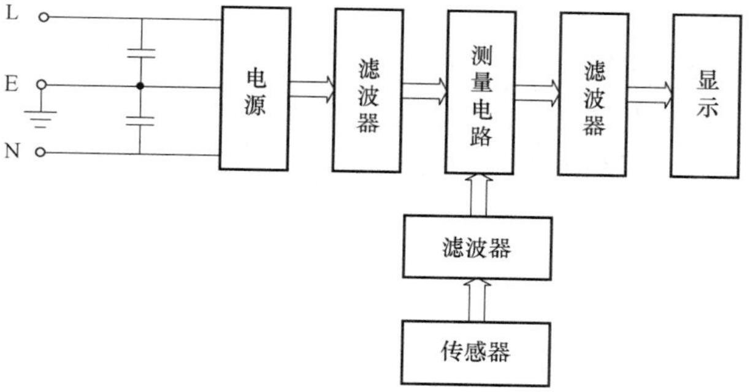

图 12-30 滤波器抑制检测系统干扰的原理框图

在自动检测系统中，常用的滤波器包括 R-C 滤波器、交流电源滤波器、直流电源滤波器。

（1）R-C 滤波器 在工程测试系统中，当信号源为热电偶、应变仪和其他输出缓慢变化信号的元器件时，信号频率不高，利用体积小、成本低的无源 R-C 低通滤波器将对串模干扰有较好的抑制效果。采用一阶无源 R-C 低通滤波器或两个无源 R-C 低通滤波器串联的方式，可以很好地抑制各种高频干扰及 50Hz 的工频干扰。

R-C 低通滤波器的电路及其幅频、相频特性如图 12-31 所示。

R-C 低通滤波器是一个典型的一阶系统。令 $\tau = RC$，称为时间常数。系统的幅频、相频特性公式为

$$A(f) = \mid H(f) \mid = \frac{1}{\sqrt{1 + (2\pi\tau f)^2}} \tag{12-12}$$

$$\varphi(f) = -\arctan 2\pi\tau f \tag{12-13}$$

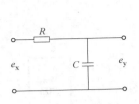 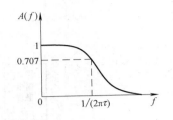 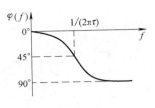

图 12-31　R-C 低通滤波器

分析可知，当 f 很小时，$A(f)=1$，信号无衰减地通过；当 f 很大时，$A(f)=0$，信号完全被阻挡，不能通过。

（2）交流电源滤波器　工业电网中，多种电气设备接入同一供电网络中，设备的起停常会产生很大的电压及电流的变化，这不仅会引起电网波形产生一定程度的畸变，而且还会通过电源线耦合到各种电路中去，对检测系统造成干扰。一般情况下，通过交流电源输入的 100MHz 的干扰信号对工业数据采集装置没有多大影响，而造成干扰的主要的是 100MHz 以下的高频噪声干扰信号。为了抑制这种高频噪声干扰，可以在交流电源进线端串联一个电源滤波器，它允许 50Hz 的交流电源电流通过，但会使高频噪声干扰信号产生较大的衰减，如图 12-32 所示。

（3）直流电源滤波器　检测装置一般都采用直流稳压电源供电，这样不仅可以进一步抑制来自交流电网的干扰，而且还可以抑制由负载变化造成的直流电压的波动。由于直流电源往往是几个电路公用的，因此为了减弱公用电源内阻在电路之间形成的噪声耦合，需对直流电源的输出加滤波器，如图 12-33 所示。其中，C_1 为低频滤波电容，C_2 为高频滤波电容。

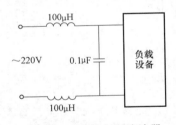 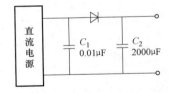

图 12-32　交流电源滤波器　　　　　图 12-33　直流电源滤波器

5. 软件干扰抑制技术

当检测装置工作在比较恶劣的外部环境中时，尽管采用了硬件抗干扰措施，但在数据传输过程中仍然会有一些干扰侵入系统，造成采集数据不准确而形成误差。因此将软件干扰抑制技术与硬件干扰抑制技术相结合，可大大提高检测装置工作的可靠性。常用的软件干扰抑制技术主要有数字滤波技术和软件容错技术等。数字滤波技术主要解决来自检测装置输入通道的干扰信号；而软件容错技术主要解决干扰信号使 CPU 不能按正常状态执行程序从而引起误动作的问题。

（1）数字滤波技术　所谓数字滤波，就是通过一定的计算或判断程序减少干扰在有用信号中的比重。数字滤波具有很多硬件滤波器所没有的优点：它是由软件算法实现的，不需要增加硬件设备；各个通道可以共用一个数字滤波器，而不像硬件滤波器那样存在阻抗匹配问题；它使用灵活，只要改变滤波程序或运算数，就可实现不同的滤波效果，很容易解决较低频信号的滤波问题。

常用的数字滤波方法有算术平均值法、中值法、复合滤波法（抑制脉冲算术平均值法）。

1）算术平均值法是对某一被测参数连续采样 n 次，然后取其平均值，用算式表示为

$$y = \frac{1}{n}\sum_{k=1}^{n} x_k \tag{12-14}$$

式中，y 为 n 次测量的平均值；x_k 为第 k 次测量的测量值。

算术平均值法是最常用和最简单的方法，对周期性波动的信号有良好的平滑作用，其滤波的平滑程度完全取决于 n。当 n 较大时，平滑度高，但灵敏度低，即外界信号的变化对测量计算结果 y 的影响小；当 n 较小时，平滑度低，但灵敏度高。因此应按具体情况确定 n 值。如一般的流量测量场合，可取 $n = 8 \sim 16$；一般的压力测量场合，可取 $n = 4$。

2）中值滤波法是对某一被测参数连续采样 n 次（$n \geqslant 3$，一般取奇数），然后把 n 个采样值按大小顺序排列并取中值为本次采样值，流程如图 12-34a 所示，所采集的信号滤波前后对比如图 12-34b 所示。

中值滤波能够有效地克服偶然因素引起的波动和脉冲干扰。对温度、液位等缓慢变化的参数可采用此法且能获得良好的滤波效果，但对于流量、压力等快速变化的参数一般不宜采用中值滤波。

3）复合滤波法。从以上的讨论分析可知，算术平均值法对周期性波动的信号有良好的平滑作用，但对脉冲干扰的抑制能力较差。而中值法有良好的去除脉冲干扰的能力，然而各采样点连续采样次数的限制阻碍其性能的提高。在实际应用中，往往把这两种方法结合起来使用，形成复合滤波算法，其特点是先用中值法滤掉采样值中的脉冲干扰，然后把剩下的各采样值进行平滑滤波。

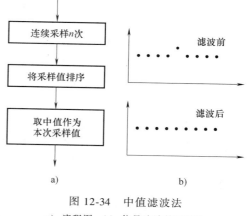

图 12-34 中值滤波法
a）流程图 b）信号滤波前后对比

对某一被测参数连续采样 n 次，如果得到的测量值 $x_1 \leqslant x_2 \leqslant \cdots \leqslant x_n$，其中 x_1 和 x_n 分别是所有采样值中的最小值和最大值，则

$$y = \frac{x_2 + x_3 + \cdots + x_{n-1}}{n-2} \tag{12-15}$$

由于复合滤波法兼容了算术平均值法和中值法的优点，所以无论是对缓慢变化的信号还是对快速变化的信号，都能起到很好的滤波效果。

（2）软件容错技术 干扰信号通过某种途径作用到 CPU 上，使 CPU 不能按正常状态执行程序，从而引起混乱，这就是所说的程序"跑飞"。程序"跑飞"时，可以通过人工复位使 CPU 重新执行程序，但是往往复位不及时。软件容错的主要目的是通过算法程序，使系统在实际运行中能够及时发现程序设计错误，采取补救措施，保证整个计算机系统的正常运行。

1）软件"陷阱"法的基本指导思想是把系统存储器（RAM 和 ROM）中不在使用的单元用某一种重新启动的指令代码填满，作为软件"陷阱"，以捕获"飞掉"的程序。一般当 CPU 执行到该条指令时，程序就自动转到某一起始地址，从这一起始地址开始存放一段使程序重新恢复运行的热启动程序，该热启动程序扫描现场的各种状态，并根据这些状态判断程序应该转到系统程序的哪个入口，使系统重新恢复正常运行状态。

2）软件"看门狗"（Watch Dog）就是用程序的办法定时检查某段程序或接口，当超过一定时间系统没有检查这段程序或接口时，可以认定系统运行出错（干扰出现），可通过软件对系统进行复位或使其按事先预定的方式运行。"看门狗"是工业控制计算机普遍采用的一种软件抗干扰措施。当侵入的尖峰电磁干扰使计算机程序"飞掉"时，"看门狗"能够帮助系统自动恢复正常运行。

软件"看门狗"与软件"陷阱"相比，能够处理陷入死循环的程序，但在捕捉"跑飞"程序时不如软件"陷阱"速度快，两者常常在系统中共同使用。

思 考 题

12-1 为什么要对传感器的信号进行调理？

12-2 信号放大与隔离常常涉及哪些应用芯片？

12-3 程控放大器与普通放大器的差别有哪些？

12-4 什么是程控放大器？它具有什么样的特性？

12-5 按照 IEC 规定，过程控制系统中模拟信号的统一标准是什么？

12-6 为什么工业中广泛采用 4~20mA 电流来传输模拟量？

12-7 为什么控制器接收信号采用 1~5V 电压信号？

12-8 工业噪声和干扰有什么区别？

12-9 干扰形成的基本要素是什么？

12-10 例述干扰抑制技术的基本措施包括哪些方面？

第13章　传感器在物联网领域的应用

物联网是指通过信息传感设备按照约定的协议，把任何物品与信息网络连接起来，进行信息交换和通信，以实现智能化的识别、定位、跟踪、监控和管理的一种网络。简言之，物联网就是"物物相连的互联网"，英文名称为 Internet of Things（IoT）。它是新一代信息技术的重要组成部分，是继计算机、互联网之后世界信息产业发展的第三次浪潮（扫描下方二维码观看相关视频）。传感器作为信息采集的终端工具和感知的主要部件，是实现物联网的基础和前提，并将随着物联网技术的广泛应用迎来巨大的发展空间。

科普之窗
数字技术的世界1

科普之窗
数字技术的世界2

科普之窗
数字技术的世界3

本章将分别从感知层、网络层、应用层分析物联网的体系结构，对物联网感知层中的 RFID 技术和 WSN 技术进行介绍，阐述物联网与传感器之间的关系，并举例说明传感器在智能交通、智慧医疗、智能家居、智慧农业等诸多物联网领域的应用，最终建立由单个传感器基本原理到多个传感器系统应用的知识体系。

13.1　物联网基础知识

13.1.1　物联网与互联网的关系

物联网就是一个将所有物体连接起来而形成的物物相连的互联网络，其核心和基础仍然是互联网，只是其用户端延伸和扩展到了任何物品与物品之间进行信息交换的层面。与传统的互联网相比，物联网有其鲜明的特征。

1）它是各种感知技术的广泛应用。物联网上部署了多种类型的传感器，每个传感器都是一个信息源，获得的数据具有实时性，不同类型的传感器所捕获的信息内容和信息格式不同。

2）它是一种建立在互联网上的泛在网络。物联网技术的重要基础和核心仍旧是互联网，通过各种有线和无线网络与互联网相融合，将物体的信息实时准确地传递出去。在物联网上的传感器采集的信息需要通过网络传输，由于其数量极其庞大，因此会形成海量信息。

3）它自身也具有智能处理的能力。物联网将传感器与智能处理相结合，利用云计算、模式识别等各种智能技术，从传感器获得的海量信息中分析出有意义的数据，实现对物品的智能控制。

由此可见，物联网是传感网加互联网，把人与人之间的互联互通扩展到人与物、物与物之间的互联互通。

13.1.2 物联网的体系架构

物联网的体系构架主要有三层：感知层、网络层和应用层，各层所用到的公共技术包括标识解析技术、安全技术、质量管理技术和网络管理技术等。体系架构如图 13-1 所示。

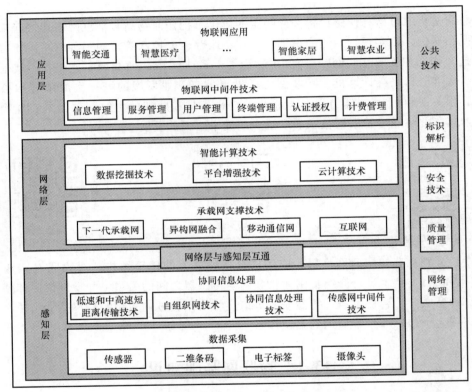

图 13-1 物联网的体系架构

（1）感知层 感知层相当于物联网的"五官"，用于识别物体和采集信息。物联网感知层解决的就是人类世界和物理世界的数据获取问题，包括各类物理量、标识信息、多媒体数据等。所采用的装置包括传感器、二维条码、电子标签、摄像头、GPS 模块等，可随时随地获取物品信息，实现全面感知。感知层处于三层架构的最底层，是物联网发展和应用的基础，具有物联网全面感知的核心能力。

感知层主要实现数据采集和协同信息处理，需要的关键技术涉及检测技术、短距离数据传输技术、自组织网技术、协同信息处理技术、传感器中间件技术等，能够通过各类集成化的微型传感器的协作而实时监测、感知和采集各种环境或监测对象的信息，并通过随机自组织无线通信网络以多跳中继方式将所感知到的信息传输到接入层的基站节点和接入网关，最终到达用户终端。

（2）网络层　网络层是物联网的"神经中枢"和"大脑"，用于信息传递和处理。物联网的网络层建立在现有的移动通信网和互联网基础上，通过各种接入设备与移动通信网和互联网相连，主要包括通信与互联网的融合网络、网络管理中心和信息处理中心等。由于物联网是一个异构网络，不同实体间的协议规范可能存在差异，需要通过相应的软、硬件进行转换，保证物品之间信息的实时、准确传递。

网络层能够实现传感网数据的存储、查询、分析、挖掘、理解及决策，涉及的关键技术主要包括承载网支撑技术和智能计算技术。其中，前者包含下一代承载网、异构网融合、移动通信网、互联网等相关技术，后者包括数据挖掘技术、平台增强技术和云计算技术等。特别是云平台相关技术，利用它们能够针对不同的应用需求对海量数据进行处理、分析，是物联网网络层的重要组成部分，也是应用层众多应用的基础。

（3）应用层　物联网应用层主要面向用户需求，利用所获取的感知数据，经过前期分析和智能处理，为用户提供特定的服务。应用层体现物联网与行业专业技术的深度融合，与行业需求结合，实现行业智能化。这类似于人的社会分工，最终构成人类社会。

应用层是物联网发展的目的，依托信息管理、服务管理、用户管理、终端管理、认证授权、计费管理等物联网中间件技术，为用户提供各种各样的物联网应用，而各种行业的应用开发将会推动物联网的普及。物联网的应用可分为监控型（物流监控、污染监控等）、查询型（智能检索、远程抄表等）、控制型（智能交通、智能家居、路灯控制等）、扫描型（手机钱包、高速公路不停车收费等）等。

13.2　物联网中的感知技术

对物品属性的"感知"是物联网的关键。物品的静态属性可以直接存储在标签中，而动态属性则需要由识别设备实时探测。因此需要传感器完成对物品属性的读取和识别，这个感知过程主要涉及 RFID 技术和 WSN 技术。

13.2.1　RFID 技术

射频识别（Radio Frequency Identification，RFID）技术是一种利用射频通信实现的非接触式自动识别技术，其基本原理是利用射频信号和空间耦和传输特性，实现对被识别物品的自动识别。在物联网中，通过对所有物品安装智能芯片，并利用 RFID 技术让物品能"开口说话"，告知其他人或物有关的静态、动态信息。

RFID 系统通常由 RFID 电子标签、识读器、天线、计算机应用系统四部分组成。电子标签是 RFID 系统的真正载体，由标签芯片和天线组成，芯片用于存储物品属性信息；识读器可通过识读器的天线非接触地采集电子信息，读取并识别电子标签中所存储的信息，从而达到自动识别物品的目的；天线在电子标签和识读器间发射电磁波，给标签提供微量能量，并负责接收来自标签发出的射频信号；计算机应用系统是 RFID 系统框架中的重要一环，它接收由识读器传输过来的信息，并对数据做相应的处理。

RFID 系统的工作原理如图 13-2 所示。首先，识读器通过天线发出射频信号，当电子标签通过由识读器产生的射频区域时，识读器发出询问信号并向电子标签提供电磁能量；然后，电子标签凭借感应电流所获得的能量，以射频信号的形式将芯片中的信息发送给识读

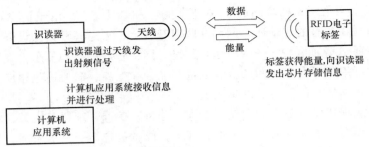

图 13-2　RFID 系统的工作原理

器；识读器接收电子标签的信息，接收完毕后送至计算机应用系统进行处理。

RFID 技术最大的特点是以无线方式通信且能够非接触高速识别，易于操控，满足自动控制的灵活性要求，具有高速移动物体识别、多目标识别等能力；环境适应能力强，可工作在恶劣环境下，可以替代条码识别技术。此外，还具有读取方便、识别速度快、数据容量大、可反复读写、使用寿命长、应用范围广、标签数据可动态更改等特点。

13.2.2　WSN 技术

无线传感器网络（Wireleess Sensor Network，WSN）就是由部署在监测区域内大量的微型传感器节点通过无线电通信技术形成的一个自组织网络系统，其目的是协作感知网络覆盖监测区域内被监测对象的信息，并发送给观察者。

典型的 WSN 主要由三部分组成，即传感器节点、基站（汇聚节点）和监控管理中心。其中，传感器节点分布于整个监测区域中，它们能够通过自组织的方式构成无线网络，具有网络终端和路由器的双重功能，除了进行本地信息收集和简单数据处理，还要对其他节点转发的数据进行管理和融合；基站用来实现内、外两个通信网络之间数据的交换，实现两个协议栈之间的通信协议转换、节点管理，并把收集到的数据转发到外部网络上；监控管理中心对整个网络的数据进行处理，并能对 WSN 进行管理、配置、发布监测任务等操作。WSN 的工作原理如图 13-3 所示。

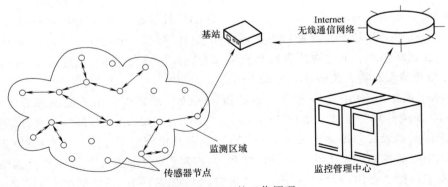

图 13-3　WSN 的工作原理

WSN 通信协议栈主要包括物理层、数据链路层、网络层、传输层和应用层。比较常用的无线数据传输组网技术包括 Zigbee（2.4G）、433MHz、Wi-Fi、GPRS 等无线传输方式，其中，前三者都属于近距离无线通信技术，并且都使用免执照和费用的频段。

相较于传统式的网络和其他传感器,WSN 技术具有以下特点:组网方便,网络规模大、节点数量多,具有自组织能力,信息采集的精确度高,网络可靠性好,可以以"任何地点、任何时间、任何人、任何物"的形式被部署。

13.2.3 RFID 技术与 WSN 技术融合

RFID 技术和 WSN 技术具有不同的技术特点,WSN 技术可以利用传感器感应和监测各种信息,但缺乏对物品的标识能力,而 RFID 技术恰恰具有强大的物品标识能力。尽管 RFID 技术经常被描述成一种基于标签并用于目标识别的传感器技术,但 RFID 识读器不能实时感应当前环境的变化,其识读范围受到识读器与电子标签之间距离的影响。因此提高 RFID 系统的感应能力,扩大 RFID 系统的覆盖能力是亟待解决的问题。而 WSN 较长的有效距离将拓展 RFID 技术的应用范围。WSN 技术和 RFID 技术都是物联网技术的重要组成部分,它们的相互融合和集成将极大地推动物联网的应用。

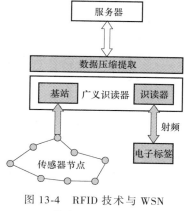

图 13-4　RFID 技术与 WSN 技术的融合方式

物联网架构下 RFID 技术与 WSN 技术的融合方式如图 13-4 所示。

13.3　传感器在物联网中的应用

物联网作为传感器应用的一个重要领域,已经在智能交通、智慧医疗、智能家居、智慧农业、智能物流、智能电网、环境监测等诸多领域得到了推广和应用。

13.3.1　智能交通

智能交通系统中传感器种类及数量繁多。道路及车辆中的传感器感知并发射信号,信号控制器对信号进行实时采集并通过专网发送至交通管理中心,交通管理中心分析数据进而实时监测管控路况,优化人们的路线,提升人们的出行体验。几种常见的用于智慧交通的传感器应用范例介绍如下。

1. 图像传感器

图像传感器主要应用于闯红灯、违章并线等违规行为的识别及车牌的识别,也可以与其他交通监测设备协作,完成交通监测和管理工作。例如当交通运行监测设备发现交通拥堵时,智能联动图像传感器获取现场图像,并把图像上传到系统平台或本地的信息发布中心,提示车辆绕行,服务公众出行。

2. 激光传感器

激光传感器利用高频率的激光脉冲对路面及路面上的车辆进行扫描,通过实时监测被测区域高度值的变化,捕获行驶车辆信息,并对车辆轮廓进行三维成像,以获取车长、车宽、车高等外形特征数据。这些信息可以很方便地应用于交通流量统计、车辆分类分型和车辆超高检测等智能交通工程中。

3. 电磁传感器

基于感应线圈的电磁传感器是交通情况检测中应用最广泛的,同时也是技术最成熟和最稳定的。它在智能交通工程中主要用于检测可看作金属导体的车辆驶入和驶离的时间，从而实现车流量统计、车速检测等功能。

4. 微波传感器

微波传感器常用作车辆检测器，它向路面连续发射线性调频微波波束，根据反射信号检测目标是否存在并计算其交通参数，包括每一车道的车流量、车辆速度、车道占有率、车型分类等。微波车辆检测器检测精度高，检测范围宽，可以跨越中央隔离带、树丛等检测到被遮挡的车辆，大大降低了障碍物对检测精度的影响。

13.3.2 智慧医疗

目前，绝大多数医疗信息都可以通过医用传感器感知和采集。医用传感器特指应用于生物医学领域的传感器，它们能够感知人体生理信息，并将这些生理信息转换成与之有确定函数关系的电信号。智慧医疗中最常用的传感器包括体温传感器、电子血压计、脉搏血氧仪、血糖仪、心电传感器等，它们的应用范例介绍如下。

1. 体温传感器

体温传感器测量人的体温指标，为被监护者的健康状况判断提供依据，可以在临床过程中对患者体温进行持续监测，避免交叉感染，可与多参数监护仪配套使用。常见的体温传感器包括热辐射式式、热电阻式、光纤式等传感器。

2. 电子血压计

电子血压计是利用现代电子技术与血压间接测量原理相结合进行血压测量的医疗设备，用于在手臂或手腕部位测量人的血压。因为电子血压计属于便携式仪器，要求传感器体积小、重量轻，所以多采用固态压阻式压力传感器。

3. 脉搏血氧仪

脉搏血氧仪是测量病人动脉血液中氧气含量的一种医疗设备。典型的血氧仪有两个LED，其中一个发射波长为 660nm 的红光，另一个发射波长为 940nm 的红外线。它们发射的光线通过病人身体的半透明部位（通常是指尖或耳垂），由正对着它们的一个光电二极管接收光线信号。被吸收的光量与血液中的氧含量有关，微处理器接收光电二极管的信号，并计算血液吸收的这两种光谱的比率，并与存储器中的饱和度数值表进行比较，从而得出血氧饱和度。

4. 血糖仪

血糖仪又称为血糖计，可以通过全血、血浆或血清样品来测量其中的葡萄糖浓度，是检测糖尿病必不可少的检测工具。其工作原理是利用葡萄糖氧化酶法，使血液与葡萄糖氧化酶试纸产生化学反应，然后通过不同的反应结果（颜色）来读出血糖数值。

5. 心电传感器

心电传感器用于收集人体心脏信号图谱，指示心脏是否存在异常。人体的每次心跳都会从心脏起搏点产生电流，电流从右心房流向下面的两个心室，心电传感器就是测量这种电信号，心电图就是遍布身体的电极记录的心脏信号图谱。医院经常通过电脑显示器、示波器或打印纸带来观察心电图，为医生进行心脏病情诊断提供帮助。

13.3.3 智能家居

智能家居是利用先进的计算机技术、网络通信技术、综合布线技术，将与家居生活有关的，如安全防护、灯光控制、窗帘控制、煤气阀控制、信息家电、场景联动、地板采暖等各个子系统有机地结合在一起，通过网络化、综合化、智能化的控制和管理，实现"以人为本"的全新家居生活体验。其基本原理是利用传感器对住宅内的湿度、温度、光照及空气成分等信息进行收集并记录，再通过无线网络与远程监控系统进行连接，最终在远程监控系统中完成对空调、门窗及其他电器家具的控制。智能家居常用的几种传感器介绍如下。

1. 温湿度传感器

温湿度传感器能够通过一定的装置检测到空气中的温度和湿度，并按一定的规律将其变换成电信号或其他所需形式的信号输出。温度和湿度不仅关系到家居环境的质量，更与人体健康紧密相连，因此可以说温湿度传感是智能家居中至关重要的一环。这些温湿度传感器的信息被家庭自动化解决方案用于将房间内的温湿度调节到所需的水平，并根据需要打开风扇和空调、放下窗帘等。

2. 红外传感器

在智能家居领域，红外传感器用来实现带红外开关的电器设备的开启与关闭。另外配合智能灯泡，可以实现人来开灯、人走关灯的效果。此外，还可以侦测人的移动，配合监控报警装置可以实现陌生人闯入情况下的自动抓拍并报警的功能。

3. 电流传感器

电流传感器能自动检测和显示电流，并在过电流、过电压等危险情况发生时具有自动保护功能。此外，还可以运用电流传感器对插座用电电流和充电孔电流进行智能检测，并对插座用电数进行统计。以及使插座在过热过载的情况下自动切断电源，并实时推送报警信息。

4. 门磁传感器

门磁传感器可以用来探测门、窗、抽屉等是否被非法打开或移动。这种传感器一般被安装在门、窗上来感应门窗的开关，也可配合其他智能安全防护产品使用，防止意外入侵的发生。它是由门磁主体和永磁体两部分组成，两者离开一定距离后，门磁传感器将发射无线电信号以向系统终端报警。

5. 气体浓度传感器

可燃气体、污染气体等有害气体是影响人身体健康的重要因素。在智能家居中，可以通过气体浓度传感器实现对有害气体的检测分析，从而采取有针对性的控制策略。这种检测是维护家庭生命安全，提前消灭危险的重要环节。

6. 光照度传感器

光照度传感器用来测量环境的光照度水平，从而控制灯光的打开或关闭，或者在需要时调整亮度。

随着多种传感器的集成融合，更细微、更精准、更智能的传感器必将对智能家居的发展起到至关重要的作用。

13.3.4　智慧农业

智慧农业是物联网技术与传统农业的深度融合，通过传感器对农作物的生长区域进行远程科学检测，可以有效减少人力消耗，增强农业抗灾减灾能力，提高农业生产效率。智慧农业可将温湿度传感器、光照度传感器风速传感器、CO_2 传感器等部署于农作物的生长环境中，实时采集现场数据信息，并对这些数据进行分析，掌握农作物生长规律。智慧农业可以将大棚卷帘电动机、水泵喷洒装置、光照设备、施肥设备等农业生产设备集成在一起，针对农作物的生长需求调节养分和温湿度，利用物联网实现设备的自动控制，进一步提高作物运行状态管理能力，推进国家农业产业向智能化、高效化发展。一种典型的智慧大棚整体方案如图 13-5 所示。其中的各种传感器介绍如下。

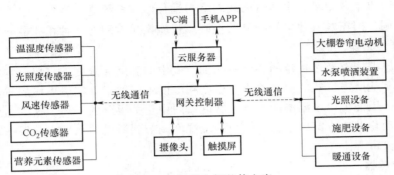

图 13-5　智慧大棚整体方案

1. 温湿度传感器

温湿度传感器是智慧农业中应用最为广泛的传感器，可用于温室大棚、土壤、露天环境、植物叶面、粮食及蔬菜水果储藏等过程的温湿度检测。土壤温湿度传感器安装在作物根部土壤中，根据不同作物的根系深度确定传感器的埋土深度，用以检测作物生长发育过程中土壤温度、水分含量的变化情况，便于及时适量浇灌。

2. 光照度传感器

智慧农业采用光照度传感器来检测温室大棚中作物生长所需要的光照度是否满足作物的生长要求，从而决定是否需要遮阳或补光。

3. 风速传感器

温室中普遍采用遮阳网和大棚膜进行遮阳和保温。当遮阳网或大棚膜展开时，风速若过大，将对遮阳网和大棚膜造成损害。智慧农业系统可根据风速传感器提供的风速信息计算处理，在高风速的情况下及时地收回遮阳网和大棚膜，避免大风损坏遮阳网和大棚膜。

4. CO_2 传感器

CO_2 传感器实时监测温室内的 CO_2 浓度，智慧农业系统据此判断是否补充 CO_2 气体，以保证温室内植物光合作用所需要的 CO_2 浓度。

5. 营养元素传感器

营养元素传感器一般应用于无土栽培营养液中各种元素的含量检测，也可以应用于普通温室大棚中的土壤营养元素含量检测，以决定土壤是否需要施肥。

随着农业现代化的进程加快，国家对农业的支持力度也越来越大。未来的农业领域定将涌现出更多种类型的传感器，推动我国农业技术高速发展，使农业全面进入智慧农业时代。

思 考 题

13-1　物联网与互联网有什么关系？

13-2　物联网的体系构架包括哪几部分？各有什么作用？

13-3　简述传感器在物联网中的应用。

13-4　智慧农业常用到哪几种传感器？其工作原理是什么？

参 考 文 献

[1]　吴建平，彭颖，覃章健. 传感器原理及应用［M］. 3 版. 北京：机械工业出版社，2016.

[2]　周真，苑惠娟. 传感器原理与应用［M］. 北京：清华大学出版社，2011.

[3]　胡向东. 传感器与检测技术［M］. 3 版. 北京：机械工业出版社，2018.

[4]　郁有文，常健，程继红. 传感器原理及工程应用［M］. 4 版. 西安：西安电子科技大学出版社，2014.

[5]　张志勇，王雪文，翟春雪，等. 现代传感器原理及应用［M］. 北京：电子工业出版社，2014.

[6]　钱爱玲，钱显毅. 传感器原理与检测技术［M］. 2 版. 北京：机械工业出版社，2015.

[7]　程德福，凌振宝，赵静，等. 传感器原理及应用［M］. 2 版. 北京：机械工业出版社，2019.

[8]　夏银桥. 传感器技术及应用［M］. 武汉：华中科技大学出版社，2011.

[9]　张洪润，张亚凡，邓洪敏. 传感器原理及应用［M］. 北京：清华大学出版社，2008.

[10]　童敏明，唐守峰. 传感器原理与检测技术［M］. 北京：机械工业出版社，2014.

[11]　刘靳，刘笃仁，韩保君. 传感器原理及应用技术［M］. 3 版. 西安：西安电子科技大学出版社，2013.

[12]　周润景. 传感器与检测技术［M］. 2 版. 北京：电子工业出版社，2014.

[13]　杨清梅，孙建民. 传感技术及应用［M］. 北京：北京交通大学出版社，2014.

[14]　樊尚春. 传感器技术及应用［M］. 2 版. 北京：北京航空航天大学出版社，2010.

[15]　钱裕禄. 传感器技术及应用电路项目化教程［M］. 北京：北京大学出版社，2013.

[16]　周杏鹏. 传感器与检测技术［M］. 北京：清华大学出版社，2010.

[17]　徐科军，马修水，李晓林，等. 传感器与检测技术［M］. 4 版. 北京：电子工业出版社，2013.

[18]　高成，杨松，佟维妍，等. 传感器与检测技术［M］. 北京：机械工业出版社，2015.

[19]　朱晓青，凌云，袁川. 传感器与检测技术［M］. 北京：清华大学出版社，2014.

[20]　李林功. 传感器技术及应用［M］. 北京：科学出版社，2015.

[21]　谢志萍，禹伟，林金泉. 传感器与检测技术［M］. 3 版. 北京：电子工业出版社，2013.

[22]　俞云强. 传感器与检测技术［M］. 2 版. 北京：高等教育出版社，2019.

[23]　陈卫. 传感器应用［M］. 北京：高等教育出版社，2014.

[24]　柳桂国，葛鲁波，李方圆，等. 传感器与自动检测技术［M］. 北京：电子工业出版社，2013.

[25]　俞志根. 传感器与检测技术［M］. 北京：科学出版社，2011.

[26]　魏学业. 传感器与检测技术［M］. 北京：人民邮电出版社，2012.

[27]　马修水. 传感器与检测技术［M］. 2 版. 杭州：浙江大学出版社，2012.

[28]　刘娇月，杨聚庆. 传感器技术及应用项目教程［M］. 北京：机械工业出版社，2016.

[29]　唐文彦. 传感器［M］. 5 版. 北京：机械工业出版社，2020.

[30]　苑会娟. 传感器原理及应用［M］. 北京：机械工业出版社，2017.

[31]　王庆有. 光电传感器应用技术［M］. 2 版. 北京：机械工业出版社，2014.

[32]　刘典文，庄传友. 一种可调式声光控灯头的制作［J］. 现代电子技术，2013（23）：145-146.

[33]　陈艳红. 传感器技术及应用［M］. 2 版. 西安：西安电子科技大学出版社，2018.

[34]　王庆有. 图像传感器应用技术［M］. 2 版. 北京：电子工业出版社，2013.

[35]　贾石峰. 传感器原理与传感器技术［M］. 北京：机械工业出版社，2009.

[36]　高晓蓉，李金龙，彭朝勇. 传感器技术［M］. 2 版. 成都：西南交通大学出版社，2013.

[37]　赵燕. 传感器原理及应用［M］. 北京：北京大学出版社，2010.

[38] 俞志根. 热释电传感器在防盗报警中的应用 [J]. 传感器世界, 2007 (3)：18-20.

[39] 徐湘元, 王萍, 田慧欣. 传感器及其信号调理技术 [M]. 北京：机械工业出版社, 2012.

[40] 王文成. 分布式粮仓温度实时监测系统的设计 [J]. 仪表技术与传感器, 2010 (11)：50-52.

[41] 付家才. 传感器与检测技术原理及实践 [M]. 北京：中国电力出版社, 2008.

[42] 姜香菊. 传感器原理及应用 [M]. 北京：机械工业出版社, 2015.

[43] 陈文涛. 传感器技术及应用 [M]. 北京：机械工业出版社, 2013.

[44] 俞志根, 于洪永. 传感器与检测技术 [M]. 3 版. 北京：科学出版社, 2015.

[45] 黄传河. 传感器原理与应用 [M]. 北京：机械工业出版社, 2015.

[46] 宋涛, 汤利东. 传感器应用实例 [M]. 北京：机械工业出版社, 2017.

[47] 陈江进, 杨辉. 传感器与检测技术 [M]. 北京：国防工业出版社, 2012.

[48] 郭玉, 李彦梅, 王鹏. 基于电涡流传感器的硬币辨伪系统的设计 [J]. 传感技术学报, 2012, 25 (4)：557-560.

[49] 梁森, 欧阳三泰, 王侃夫. 自动检测技术及应用 [M]. 3 版. 北京：机械工业出版社, 2019.

[50] 梁森, 黄杭美, 王明霄, 等. 传感器与检测技术项目教程 [M]. 北京：机械工业出版社, 2020.

[51] 栾桂冬, 张金铎, 金欢阳. 传感器及其应用 [M]. 2 版. 西安：西安电子科技大学出版社, 2012.

[52] 童敏明, 唐守锋, 董海波. 传感器原理与应用技术 [M]. 北京：清华大学出版社, 2012.

[53] 周真, 苑惠娟. 传感器原理与应用 [M]. 北京：清华大学出版社, 2011.

[54] 何希才. 传感器技术及应用 [M]. 北京：北京航空航天大学出版社, 2005.

[55] 余愿, 刘芳. 传感器原理与检测技术 [M]. 武汉：华中科技大学出版社, 2017.

[56] 彭杰纲. 传感器原理及应用 [M]. 2 版. 北京：电子工业出版社, 2017.

[57] 孟立凡, 蓝金辉. 传感器原理与应用 [M]. 2 版. 北京：电子工业出版社, 2011.

[58] 康瑞清. 传感器技术及应用 [M]. 北京：机械工业出版社, 2013.

[59] 索雪松, 纪建伟. 传感器与信号处理电路 [M]. 北京：中国水利水电出版社, 2008.

[60] 金发庆. 传感器技术及其工程应用 [M]. 2 版. 北京：机械工业出版社, 2017.

[61] 刘利秋. 传感器原理与应用 [M]. 北京：清华大学出版社, 2015.

[62] 宋德杰. 传感器技术与应用 [M]. 北京：机械工业出版社, 2014.

[63] 聂辉海. 传感器技术及应用 [M]. 北京：电子工业出版社, 2012.

[64] 田裕鹏, 姚恩涛, 李开宇. 传感器原理 [M]. 3 版. 北京：科学出版社, 2011.

[65] 陈杰, 黄鸿. 传感器与检测技术 [M]. 2 版. 北京：高等教育出版社, 2010.

[66] 常健生, 石要武, 常瑞. 检测与转换技术 [M]. 3 版. 北京：机械工业出版社, 2007.

[67] 王建龙, 张悦, 施汉昌, 等. 生物传感器在环境污染监测中的应用研究 [J]. 生物技术通报, 2000 (3)：13-18.

[68] 史建国, 李一苇, 张先恩. 我国生物传感器研究现状及发展方向 [J]. 山东科学, 2015, 28 (1)：28-35.

[69] 王锋, 刘美金, 范江玮. 霍尔传感器温度补偿方法研究 [J]. 电子测量技术, 2014, 37 (6)：97-99.

[70] 马飒飒, 王伟明, 张磊, 等. 物联网基础技术及应用 [M]. 西安：西安电子科技大学出版社, 2018.

[71] 魏东东. 传感器在物联网中的应用 [J]. 数字技术与应用, 2018, 36 (8)：44-46.

[72] 孙晓东, 井云鹏. 传感器在环境监测中的应用 [J]. 计量与测试技术, 2006, 33 (10)：38-39.